食品微生物检验技术
SHIPIN WEISHENGWU JIANYAN JISHU
（第二版）

主　编　李殿鑫

副主编　戴远威　阮志燕　罗映霞　肖　剑

参　编　（按姓氏笔画排序）

王莉嫦　左映平　卢勉飞　刘柱明　许少丹

李宝玉　汪　宁　郑培君　钟旭美　姚　莉

黄　敏　康艳梅　程天德　潘兆广

主　审　苏新国

华中科技大学出版社
http://www.hustp.com
中国·武汉

内 容 简 介

本书的主要内容包括绪论、微生物在食品中的应用及危害、食品卫生微生物检验室及操作技术要求、食品微生物检验基础知识与实训、食品微生物检验中常见检样的采集与制备、食品中常见微生物检验项目实训等。同时,本书根据企业的需要,设置了实验室的建设及要求和实验室环境微生物检测等基础知识,并且设置了菌落总数测定、大肠菌群计数、致病菌检测等在食品行业中针对性较强的实训项目。

本书是校企合作、工学结合的成果,可供高职高专的食品专业(如食品检测、食品加工、食品储藏等专业)和要求具备一些相关的微生物检验基础知识的专业(如商检技术、生物技术、酒店管理等专业)的学生使用,也可以作为从事食品行业的检验人员、生产技术人员和管理人员的参考用书。

图书在版编目(CIP)数据

食品微生物检验技术/李殿鑫主编. —2 版. —武汉:华中科技大学出版社,2018.6(2021.12 重印)
ISBN 978-7-5680-4250-5

Ⅰ.①食…　Ⅱ.①李…　Ⅲ.①食品微生物-食品检验-高等职业教育-教材　Ⅳ.①TS207.4

中国版本图书馆 CIP 数据核字(2018)第 119945 号

食品微生物检验技术(第二版)　　　　　　　　　　　　　　　　　　　　　　李殿鑫　主编
Shipin Weishengwu Jianyan Jishu(De Er Ban)

策划编辑:袁　冲
责任编辑:赵巧玲
封面设计:龙文装帧
责任监印:朱　玢
出版发行:华中科技大学出版社(中国·武汉)　　　电话:(027)81321913
　　　　　武汉市东湖新技术开发区华工科技园　　　邮编:430223
录　　排:武汉正风天下文化发展有限公司
印　　刷:武汉市籍缘印刷厂
开　　本:787 mm×1092 mm　1/16
印　　张:14.75　插页:2
字　　数:382 千字
版　　次:2021 年 12 月第 2 版第 2 次印刷
定　　价:39.00 元

第二版前言

　　本次修订以最新的《食品安全国家标准》中的食品微生物学检验为依据，对教材中的相关微生物（主要包括菌落总数、大肠菌群、酵母菌和霉菌、沙门氏菌、乳酸菌、金黄色葡萄球菌等）的检验方法进行了修订。同时，针对教材中原来不完善的地方进行了适当的修订。增加了附录《化妆品安全技术规范》中的微生物检验部分，为部分专业拓展（化妆品微生物检验）所用。

　　此次修订任务由李殿鑫（广东科贸职业学院）负责分配，具体分工如下：模块一由李殿鑫修订；模块二由康艳梅（广东科贸职业学院）、戴远威（广东科贸职业学院）修订；模块三项目一由潘兆广（广东环境保护工程职业学院）修订，模块三项目二、项目三由李殿鑫修订；模块四项目一由李宝玉（广东农工商职业技术学院）修订；模块四项目二、项目三由阮志燕（广东食品药品职业学院）修订，模块四项目四至项目七由李殿鑫修订；模块五由钟旭美（阳江职业技术学院）、姚莉（广东科贸职业学院）修订；模块六项目一至项目六由李殿鑫修订，模块六项目七至项目十由阮志燕修订，项目十一由卢勉飞（广东环凯微生物科技有限公司）修订；附录由李殿鑫修订。全书由李殿鑫统稿，由苏新国担任主审。感谢参与修订的各位老师及单位对本书的大力支持，同时也感谢苏新国的认真审核。

编　者

2017 年 5 月 20 日

第一版前言

本书根据教育部对高职高专教材建设的要求和高等职业教育的特点来进行编写。在内容安排上,以满足职业岗位的知识和技能要求为目标,以理论"必需、够用"为度,涵盖了微生物检验的基础知识和食品中常用微生物指标的检验内容。

本书以国家最新颁布的《食品安全国家标准》中的食品微生物学检验为依据,根据企业的实际需求,由食品企业的一线技术人员和相关检测科研单位的专家,与其他兄弟院校教师联合,共同编写的一本真正适合高职高专院校学生使用的校企合作、工学结合的高职高专教材。

本书的最大特点是将最新的食品微生物学检验的国家标准融入教材的相应内容中,避免了教材中知识内容滞后等相关问题。同时,联合企业一线技术人员参与教材的编写,能够更好地完成学校培养和企业应用之间的无缝对接。

本书在编写过程中,得到了广东省微生物研究所、广州市食品检测所、广东环凯微生物科技有限公司、广州鹰金钱企业集团公司等科研单位和企业的大力支持,同时还得到了编者所在院校的帮助,在此一一深表感谢。

本书的模块一由李殿鑫编写,模块二由许少丹和康艳梅编写,模块三项目一由潘兆广编写,模块三项目二、项目三由戴远威、李殿鑫编写,模块四项目一由李宝玉编写,模块四项目二由黄敏、刘柱明编写,模块四项目三由郑培君、程天德和左映平编写,模块四项目四至项目七由罗映霞、李殿鑫编写,模块五项目一至项目六由钟旭美编写,模块五项目七至项目十一由姚莉编写,模块六项目一至项目四由李殿鑫编写,模块六项目五至项目六由罗映霞编写,模块六项目七至项目十由肖剑编写,项目十一由王莉嫦和汪宁编写,附录由卢勉飞和李殿鑫编写。全书由李殿鑫统稿。

由于编者水平有限,加之时间仓促,收集的材料有限,疏漏和不足之处在所难免,敬请同行专家和广大读者批评指正。

编　者

2012 年 7 月

实 验 须 知

　　开设食品微生物检验技术课的目的是通过大量的实验操作,训练学生掌握食品微生物检验最基本的操作技能,加深理解课堂讲授的相关食品微生物检验的基本理论和基础知识,同时对最新颁布的国家《食品卫生微生物学检验总则》中常见的微生物检验标准进行练习。通过实验,培养学生观察、思考、分析和解决问题的能力,实事求是、严肃认真的科学态度,以及勤俭节约、爱护公物的良好作风。

　　为了上好实验课并保证安全,需要注意如下事项。

　　(1) 每次实验前必须对实验内容进行充分预习,以了解实验的目的、原理和方法,做到心中有数,思路清晰。

　　(2) 实验室内应保持整洁、安静,勿高声谈话和随便走动。

　　(3) 实验时应小心仔细,全部操作应严格按操作规程进行,万一遇到盛菌试管或瓶不慎打破、皮肤破伤或菌液吸入口中等意外情况,应立即报告指导教师,及时处理,切勿隐瞒。

　　(4) 认真及时做好实验记录,对当时不能得到结果而需要连续观察的实验,则须记下每次观察的现象和结果,以便分析。

　　(5) 在实验过程中,切勿将酒精、乙醚、丙酮等易燃药品接近火焰。如遇火险,应先关掉火源,再用湿布或沙土掩盖灭火,必要时用灭火器。

　　(6) 使用显微镜或其他贵重仪器时,应细心操作,特别爱护。对消耗的材料和药品等要力求节约,用完后放回原处。

　　(7) 每次实验完毕后,必须把所用仪器抹净、放妥,将实验室收拾整齐,擦净桌面。如有菌液污染桌面或其他地方,可用 3% 的来苏水溶液或 5% 的苯酚溶液覆盖其上,半小时后擦去。若芽孢杆菌污染桌面或其他地方,应适当延长消毒的时间。凡带菌的工具(如吸管、玻璃刮棒等),在洗涤前须浸泡在 3% 的来苏水中消毒。

　　(8) 每次实验须进行培养的材料,应标明自己的组别及处理方法,放在教师指定的地点进行培养。实验室中的菌种和物品等,未经教师许可,不得带出实验室。

　　(9) 每次实验的结果应以实事求是的科学态度填入报告表格中,力求简明准确,并连同思考题一起及时上交给教师批阅。

　　(10) 离开实验室前应将手洗净,关门窗、灯、火、煤气等。

目　　录

模块一 绪 论

一、食品微生物检验概念

食品中微生物的种类、数量、性质、活动规律与人类健康关系极为密切。微生物与食品的关系复杂,既有其有益的一面,又有其不利的一面,食品必须经过检验才能确保其安全性。

食品微生物检验是利用食品微生物学的基础理论与技能、细菌的生化试验和血清学试验的基本知识,在掌握与食品卫生检验中的有关微生物特性的基础上,通过系统的检验方法,研究食品中微生物的种类、数量、性质、生存环境及活动规律,及时、准确地对食品样品做出食品卫生检验的报告,为食品安全生产及卫生监督提供科学的依据。

二、食品微生物检验学的特点

1. 研究对象和研究范围广

食品种类多,各地区有各地区的特色,在食品来源、加工、运输等环节都有可能受到各种微生物的污染。微生物的种类非常多,数量巨大。

2. 涉及学科多样

食品微生物检验以微生物学为基础,同时涉及生物学、生物化学、工艺学、发酵学,以及兽医学等方面的知识。根据不同的食品、不同的微生物,采取的检验方法也不同。

3. 实用性及应用性强

食品微生物检验学在促进人类的健康方面起着重要的作用。通过检验,可以掌握微生物的特点及活动规律,识别有益的、腐败的、致病的微生物,从而在食品生产和保藏过程中,可以充分利用有益微生物为人类服务,同时控制腐败微生物和病原微生物的活动,防止食品变质和杜绝因食品而引起的疾病,保证食品卫生的安全。

4. 采用标准化

在《食品安全国家标准》中,有明确的微生物学标准。在食品的生产加工等各个环节中必须达到法规规定的标准。

三、微生物检验的目的

微生物检验的目的就是为生产出安全、卫生、符合标准的食品提供科学依据。使生产工序的各个环节得到及时控制,不合格的食品原料不能投入生产,不合格的食品成品不能投放市场。

四、食品微生物检验的内容

食品微生物检验的内容:研究各类食品中微生物种类、分布及其特性,为科学研究做准备;研究食品的微生物污染及其控制,提高食品的卫生质量;研究微生物与食品保存的关系;了解食品中的致病性、中毒性、致腐性微生物;掌握各类食品中微生物的检验方法及标准。

五、食品微生物检验的发展

食品微生物检验学的发展与整个微生物学的发展是分不开的。公元前两千多年的夏禹时期,就有仪狄酿酒的记载。2 500 年前,我国就已经利用微生物制酱、酿醋,知道用曲治疗消化道疾病;北魏(公元 386—534 年)时期的《齐民要术》一书中详细记载了制醋的方法。民间常用的盐腌、糖渍、烟熏、风干等保存食物的方法,实际上正是通过抑制微生物的生长而防止食物变质的。

在预防医学方面,我国自古就有将水煮沸后饮用的习惯。明朝李时珍在《本草纲目》中指出,将病人的衣服蒸过后再穿就不会传染上疾病,说明明朝时期就有消毒的方法。

1. 致病菌检测阶段

首先观察到微生物的是荷兰人安东尼·列文虎克。他于 1676 年用自磨镜片制造了世界上第一架显微镜(约放大 300 倍),并从雨水、牙垢等标本中第一次观察和描述了各种形态的微生物,有力地证明了微生物的存在,并确定了细菌的三种基本形状:球菌、杆菌和螺旋菌。安东尼·列文虎克也被称为“显微镜之父”。

从此以后,人们对微生物的形态、排列、大小等有了初步的认识,但仅限于形态学方面,进展不大。其主要原因是自然发生论起了阻碍的作用。

19 世纪是近代微生物学发展非常迅速的一个时期,法国科学家巴斯德首先用实验证明了有机物质的发酵与腐败是微生物作用的结果,而不是发酵产生了微生物。

路易·巴斯德的研究开创了微生物的生理学时代。自此,微生物开始成为一门独立学科。路易·巴斯德在蚕病、狂犬病、鸡霍乱和炭疽病的病原体研究和预防方面做出了卓越的贡献,他发明的巴氏消毒法至今仍然用于各种液态食品的工业化生产中,路易·巴斯德被称为“现代微生物学之父”。

19 世纪末至 20 世纪初,在路易·巴斯德和科赫光辉业绩的影响下,国际上形成了寻找病原微生物的热潮。由于国际交往的增加,尤其是第一次世界大战的爆发,一些烈性传染病的全球性大流行,促使人们必须将视线集中在病原微生物的研究方面,一提到微生物,就会联想到疾病与灾难。有关食品微生物学方面的研究也主要是检测致病菌。

2. 指示菌检测阶段

指示菌是指在常规安全卫生检测中,用以指示检验样品卫生状况和安全性的指示微生物。检验指示菌的目的,主要是以指示菌在检品中存在与否,以及数量多少为依据,对照国家卫生标准,对检品的饮用、食用或使用的安全性做出评价。

指示菌可分为以下三种类型。

(1)为了评价被检样品的一般卫生质量、污染程度和安全性,最常用的是菌落总数、霉菌和酵母菌数。

(2)特指粪便污染的指示菌。主要指大肠菌群,其他还有肠球菌、亚硫酸盐还原梭菌等,它们的检出标志着检品受过人、畜粪便的污染,而且有肠道病原微生物存在的可能性。

(3)其他指示菌。包括某些特定环境不能检出的菌类,如特定菌、某些致病菌或其他指示微生物。

在我国,80%的传染病是肠道传染病。为了预防肠道传染病,各种食品微生物的检验方法和检验标准的制定是食品微生物检验的重要研究内容之一。

从肠道传染病污染的样品中直接检测目的病原微生物有一定的难度,原因是在环境中病原微生物数量少、种类多、生物学性状多样,检验和鉴定的方法比较复杂。因此,需要寻找某些指示性微生物。这些微生物在环境中存在的数量较多,易于检出,检测方法也较简单,而且具有一定的代表性。根据其检出的情况,可以判断样品被污染的程度,并间接指示致病微生物有无存在的可能,以及对人群是否构成潜在的威胁。

3. 微生态制剂检测阶段

19 世纪人们就发现并开始认识厌氧菌,但是到 20 世纪 70 年代,人们了解到厌氧菌主要是无芽孢专性厌氧菌后,才开始重新重视有关它的研究。

由此,市场上出现了以乳酸菌、双歧杆菌为主,以调节生态平衡为目的的各种微生态制剂时,检验其菌株的特性和数量就成了 20 世纪末食品微生物检测的一项重要内容。

4. 现代基因工程菌和尚未能培养菌的检测

生物化学和分子生物学的发展促进了微生物学的飞跃发展,从细胞水平进入亚细胞水平及分子水平。随着转基因动物、植物和基因工程菌被批准使用的数目,以及进入商品化生产的种类日益增多,食品微生物检测的任务也越来越多。目前,也发现了一些尚未能培养的微生物,这也促进了食品微生物检验技术的发展。

微生物的应用技术、实验方法等也有极其迅速的发展。如电镜技术的进步,再配合生物化学、电泳法、免疫化学等,使人们对各种微生物的特性、抗原构造等都有了进一步的认识,对微生物的种属做出正确的分类和鉴定。荧光抗体技术、单克隆抗体技术、PCR 技术等技术手段进一步推动了微生物学的发展。

在我国《食品安全国家标准》中,统一了全国食品微生物的检验方法,对促进食品卫生工作起到一定的作用。

六、我国的食品卫生检验机构

1949 年以后,全国各地都建立了卫生防疫站,在站内设立食品检验科。20 世纪 80 年代,我国成立了动植物检疫局等,从此,国家的食品卫生机构和组织不断增加和扩大。各卫生检测单位,商业、食品加工单位的化验室,卫生部门设置的食品卫生检验所和乳肉蛋食品检测中心站等,都可以进行包括食品卫生检验的工作。之后我国又成立了国家质量监督检验检疫总局及地方质量监督检验检疫局。经国家质量监督检验检疫总局批准,正式成立国家食品质量安全监督检验中心。《中华人民共和国食品安全法》中第 84 条明确规定,食品检验机构资质认定条件和检验规范,由国务院食品药品监督管理部门规定,并在第五章中对食品检验工作进行了详细、具体的规定,提出对食品检验机构实施资质认定制度。随后,国务院办公厅印发的《国务院办公厅关于认真贯彻实施食品安全法的通知》,以及同年公布的《中华人民共和国食品安全法实施条例》中均对食品检验工作提出了要求。食品微生物检验学,作为给人类提供有益于健康、确保食用安全的食品的科学保障之一,越来越受到国家和普通民众的重视,食品微生物检验学有着广阔的发展前景。

模块二　微生物在食品中的应用及危害

项目一　微生物在食品制造中的应用

利用微生物制造食品在我国已有数千年的历史。在食品工业中,可利用微生物制造出许多食品,如乳酸饮料、酒类及调味品等。

一、微生物的菌体及其内含物作为食品的应用

1. 食用菌

食用菌是指可供人类食用(或医用)的大型真菌,主要有蘑菇、银耳、香菇、木耳、羊肚菌、牛肝菌、鸡枞菌、茯苓、灵芝等。由于这类食用菌的菌体比其他真菌都大,其外形尺寸一般为$(3.0\sim18.0)cm\times(4.0\sim20.0)cm$,故称为大型真菌。

(1)食用菌的种类。

在现代生物分类学上,食用菌属于子囊菌亚门和担子菌亚门,其中属于担子菌的有木耳科、银耳科、口蘑科、侧耳科等,属于子囊菌的有地菇科、马鞍菌科、盘菌科等。据估计,我国已知的食用菌有 350 余种。常见的食用菌种类见表 2-1。

表 2-1　我国常见的食用菌种类

属　名	代 表 种	属　　名	代 表 种
木耳属	黑木耳	小苞脚菇属	草菇
银耳属	银耳	香菇属	香菇
猴头菌属	猴头菇	侧耳属	平菇
蘑菇属	双孢蘑菇	金钱菌属	金针菇

(2)食用菌的营养保健作用。

食用菌是一类营养丰富、味道鲜美、风味独特的菌类蔬菜。它含有丰富的蛋白质(占干重的 $10\%\sim50\%$)、8 种必需的氨基酸、B 族维生素等多种维生素,还含有膳食纤维和多种矿物质。食用菌除了可供直接食用外,还可用于提取增鲜剂等。此外,食用菌中一些有价值的药用成分具有医疗保健作用。例如,木耳有润肺和消化纤维素的作用,因而是纺织工人的保健食品,并具有减少血中胆固醇的沉积和通便等功效。近年来,临床试验已经证明,从灵芝、银耳、猴头菇、金针菇、香菇等大型真菌中提取的多糖具有抗肿瘤、抗病毒、抗细菌感染等功效。

(3)食用菌菌体的生产。

目前,食用菌的生产采用子实体固体栽培和菌丝体液体发酵两种方法。前者适用于农村、城镇的大面积栽培,后者适用于工厂,在人工控制条件下的发酵罐液体深层培养。在子实体栽

培中,控制食用菌生长的环境条件主要是温度、湿度、空气、光线、pH 值等。发酵罐液体培养获得的食用菌的菌丝体可作为人类的蛋白质食品、调味品等,并可用其制备各种药物和提取多糖类等代谢产物,制成各种口服液和其他保健食品,其生产工艺流程为:保藏菌株→斜面菌种→摇瓶种子→种子罐→繁殖罐→发酵罐→过滤→菌丝体和滤清液→提取(抽提、浓缩、透析、离心、沉淀、干燥)→深加工成为成品。

采用发酵法生产食用菌能节省时间、劳力,并且菌龄一致,因而可实现大规模工业化生产。

2. 单细胞蛋白质的生产

单细胞蛋白质(简称 SCP)是指利用各种营养基质培养单细胞的微生物(包括细菌、酵母菌、霉菌和单细胞藻类)所获得的菌体蛋白质。由于世界人口增长,耕地面积减少,导致动植物蛋白匮乏,因此,从微生物中获得 SCP 是解决人类蛋白质食品资源的重要途径。

1) SCP 的优点

SCP 具有动植物蛋白无法比拟的优点:①生长繁殖迅速,微生物在发酵罐中培养,生产能力达 $2\sim6$ kg/(m³·h),可在短时间内获得大量菌体;②不受外界条件的影响,不受季节气候限制,不占耕地面积,生产容易控制,适应性强,能够工业化生产;③营养价值高,SCP 含有较高的蛋白质和种类齐全的氨基酸。

此外,SCP 中还含有丰富的碳水化合物和维生素(B 族维生素、β-胡萝卜素)、麦角固醇、矿物质(如磷、钾、镁等)、各种酶和未知生长因子等。

2) 生产菌种

良好的 SCP 必须具有无毒、蛋白质含量高、必需氨基酸含量丰富、核酸含量较低、易消化吸收、适口性好、制造容易和价格低廉等基本要求。目前,用于生产 SCP 的微生物有酵母菌、细菌、单细胞藻类、霉菌等。

(1) 酵母菌。

酵母菌细胞中含有蛋白质、脂肪、维生素和无机盐等,其中蛋白质含量占细胞干物质的 $40\%\sim55\%$。含有的糖类包括糖原、海藻糖、脱氧核糖、直链淀粉等。其氨基酸组成齐全,尤其是赖氨酸、苏氨酸、组氨酸、苯丙氨酸的含量高。酵母菌含有的维生素有 14 种以上。因此,酵母菌 SCP 具有较高的营养价值,是良好的食用和饲用 SCP 资源。

生产 SCP 的常用酵母菌有热带假丝酵母、产朊假丝酵母、解脂假丝酵母解脂变种、啤酒酵母、扣囊拟内孢霉、脆壁酵母、脆壁克鲁维酵母等。热带假丝酵母和产朊假丝酵母等主要以亚硫酸盐纸浆废液、木材水解液等为原料生产饲用酵母,而啤酒酵母主要以糖蜜生产食用或医用酵母。脆壁酵母、脆壁克鲁维酵母能利用乳清生产食用 SCP。酵母菌体的培养,采用液体深层培养法和固体通风发酵法,均可得到良好的效果。SCP 作为饲料可用粗制品,如果作为食品或医药则须精制处理。

(2) 细菌。

常用细菌有嗜甲烷单胞菌、甲烷假单胞菌、荚膜甲基球菌等专性甲烷菌,可以甲烷为唯一碳源生产 SCP。此外,尚有甲醇菌和纤维素单胞菌能分别利用甲醇和纤维素生产 SCP;胶质红色假单胞菌多用于淀粉废水和豆制品废水的 SCP 生产。由于细菌菌体比酵母小,分离困难,菌体成分比较复杂(除蛋白质外),并且 SCP 不如酵母菌易消化,尚有带毒性物质的危险,故目前我国大多用酵母菌生产 SCP。

(3) 螺旋蓝细菌。

螺旋蓝细菌隶属于蓝细菌中的螺旋蓝细菌,旧称螺旋藻。螺旋蓝细菌外观为青绿色,呈螺旋状,为由多细胞组成的螺旋状盘曲的不分支的丝状体。本菌繁殖能力强,能利用阳光、CO_2 和其他矿物质合成有机物,释放 O_2,光合作用效果高,多数最适宜生长温度为 25～36 ℃,最适宜 pH 值为 9～11。

螺旋蓝细菌的 SCP 含量为 50％～65％（占干物质重）,由 18 种氨基酸组成,其中含有人体必需的 8 种氨基酸。此外,还含有功能性的多肽,它是一种强烈刺激人体细胞增长的拟生长因子。藻蓝蛋白含量达干重的 18％,不仅是良好的天然蓝色素,而且有提高机体免疫力和抗癌的功效。该菌含有 B 族维生素（B_1、B_2、B_3、B_6、B_{12}）、维生素 E、维生素 PP 及 β-胡萝卜素、叶酸、泛酸等多种维生素,其中维生素 B_{12}、β-胡萝卜素和维生素 A 的含量较高。β-胡萝卜素可降低肺癌、口腔癌的发病率,其 γ-亚麻酸和不饱和脂肪酸的含量为 1.7％,γ-亚麻酸是人体前列腺素的前体,有降血脂、软化血管的功能,不饱和脂肪酸参与体内调节血压、胆固醇合成及细胞增生等生理过程。螺旋蓝细菌还含有多种人体必需的微量元素,如铁、锌、铜、硒等,它们均与有机物结合而易被人体吸收,因而能有效调节机体平衡和酶的活性。螺旋蓝细菌产品对治疗和辅助治疗某些疾病有独特的功效。例如,每天食用 4.2 g 的螺旋蓝细菌产品可以降低胆固醇、血脂,有利于构建肠道内的乳酸菌群,提高铁的生物有效性,常作为缺铁性贫血的食物辅助治疗物。螺旋蓝细菌广泛应用于食品、饲料、精细化工、医药等领域,我国已开发出多种螺旋蓝细菌保健食品。目前,用于生产螺旋蓝细菌产品的菌种有盘状螺旋蓝细菌和最大螺旋蓝细菌等。

（4）小球藻。

小球藻中的椭圆小球菌和粉粒小球菌在 CO_2 和阳光适宜的条件下,会以数倍于高等植物的速度生长。小球菌的营养价值很高,含有约 50％的 SCP、糖类、碳水化合物、维生素 A、维生素 B_1、维生素 B_2、维生素 C 等成分。此外,还含有未知生长因子。近年来,在宇宙生物学研究试验中以小球菌作为宇宙航空中的食品。

（5）霉菌。

生产饲用 SCP 常用的霉菌有白地霉、拟青霉、米曲霉、黑曲霉、康氏木霉、绿色木霉等。其中白地霉的 SCP 含量高,增殖速度快,以玉米浸泡液为原料生产饲用 SCP 可获得满意结果。此外,白地霉还可利用淀粉废水和豆制品废水生产 SCP。利用霉菌生产 SCP,具有生长快,耐酸,不易染杂菌,菌丝体大,易于筛滤收集,淀粉酶和纤维素酶活力高等特点,可直接利用淀粉和纤维素为碳源。霉菌可利用的原料有酒糟、豆制品和淀粉的废水,甘蔗,以及甜菜渣（含果胶、纤维素与半纤维素）、玉米淀粉渣等。

3）工艺流程

以糖蜜为原料的液体深层通气培养的工艺流程为:

糖蜜→水解(加硫酸、水)→中和(石灰乳)→澄清→添加糖液(配入硫酸铵、尿素、磷酸、碱水)→发酵(酒母、通入空气)→分离(去废液)→洗涤(加水)→压榨→压条→沸腾干燥→活性干酵母

二、细菌在食品制造中的应用

细菌在食品制造中的应用非常广泛,日常生活中的很多食品都是利用细菌制造的,如食醋、酸奶等。下面选择几种用细菌生产的食品做简要介绍。

1. 食醋

食醋是一种国际性的酸性调味品,它能增进食欲,帮助消化,在人们的饮食中不可缺少。我国在长期的食醋生产中,逐渐产生了具有独特风味的多种名醋,这些醋风格各异,销往国内

外,深受人们的欢迎。

食醋按加工方法可分为合成醋、酿造醋、再制醋三大类。其中产量最大且与我们关系最为密切的是酿造醋,它是用粮食等淀粉质为原料,经微生物制曲、糖化、酒精发酵、醋酸发酵等阶段酿制而成。其主要成分除醋酸(3%～5%)外,还含有各种氨基酸、有机酸、糖类、维生素、醇和酯等营养成分及风味成分,具有独特的色、香、味,是调味佳品,长期食用对身体健康也十分有益。

1）酿造微生物

传统工艺酿醋是利用自然界中的野生菌制曲、发酵,因此涉及的微生物种类繁多。新法制醋均采用人工选育的纯培养菌株进行制曲、酒精发酵和醋酸发酵,因而发酵周期短、原料利用率高。

（1）淀粉液化、糖化微生物。

淀粉液化、糖化微生物能够产生淀粉酶、糖化酶。使淀粉液化、糖化的微生物很多,而适合于酿醋的微生物主要是曲霉菌。常用的曲霉菌种有以下几种。

① 甘薯曲霉 AS 3.324。因适用于甘薯原料的糖化而得名,该菌生长适应性好、易培养、有强单宁酶活力,适合于甘薯及野生植物等酿醋。

② 东酒一号。它是 AS 3.758 的变异株,培养时要求较高的湿度和较低的温度,上海地区应用此菌制醋较多。

③ 黑曲霉 AS 3.4309(UV-11)。该菌糖化能力强、酶系纯,最适培养温度为 32 ℃。制曲时,前期菌丝生长缓慢,当出现分生孢子时,菌丝迅速蔓延。

④ 宇佐美曲霉 AS 3.758。该菌是日本在数千种黑曲霉中选育出来的糖化力极强、耐酸性较高的糖化型淀粉酶菌种。菌丝黑色至黑褐色,孢子成熟时呈黑褐色。该菌能同化硝酸盐,其生酸能力很强,对制曲原料适宜性也比较强。

此外,还有米曲霉菌株,沪酿 3.040、沪酿 3.042（AS 3.951）、AS 3.863 等,黄曲霉菌株,AS 3.800,AS 3.384 等。

（2）酒精发酵微生物。

酒精发酵在生产上一般采用子囊菌亚门酵母属中的酵母,但不同的酵母菌株,其发酵能力不同,产生的味道和香气也不同。北方地区常用 1300 酵母,上海香醋选用工农 501 黄酒酵母。K 字酵母适用于以高粱、大米、甘薯等为原料酿制普通食醋。AS 2.109、AS 2.399 适用于淀粉质原料,而 AS 2.1189、AS 2.1190 适用于糖蜜原料。

（3）醋酸发酵微生物。

① 醋酸菌的选择。

醋酸菌是醋酸发酵的主要菌种。过去主要依靠空气、填充料及麸曲上自然附着的醋酸菌,因此生产周期较长,产品质量不稳定,现在大多数醋厂采用人工培养。

醋酸菌具有氧化酒精生成醋酸的能力,革兰氏染色呈阴性,好氧,喜欢在含糖和酵母膏的培养基上生长。其生长最适温度为 28～32 ℃,最适 pH 值为 3.5～6.5。

醋厂选用的醋酸菌的标准为:氧化酒精速度快、耐酸性强、不再分解醋酸制品、风味良好的菌种。目前,国内外在生产上常用的醋酸菌有以下几种。

a.奥尔兰醋杆菌 该菌生长最适温度为 30 ℃,能产生少量的酯,产酸能力较弱,但耐酸能力较强。

b.许氏醋酸菌 它是目前制醋工业中较重要的菌种之一。其在液体中生长的最适温度为 25.0～27.5 ℃,固体培养的最适温度为 28～30 ℃,最高生长温度为 37 ℃。该菌产酸高达 11.5％,并且对醋酸没有氧化作用。

c.恶臭醋酸菌 它是我国酿醋常用菌株之一。该菌在液面处形成菌膜,并沿容器壁上升,菌膜下液体不浑浊。一般能产酸 6％～8％,有的菌株副产 2％的葡萄糖酸,并能把醋酸进一步氧化成 CO_2 和 H_2O。

d.AS 1.41 醋酸菌 它属于醋杆菌属的巴氏酸酸杆菌,是我国酿醋常用菌种之一。该菌细胞呈杆状,常呈链状排列,单个细胞大小为$(0.3～0.4)\mu m×(1～2)\mu m$,无运动性、无芽孢。在不良的环境条件下,细胞会伸长变成线形、棒形或管状膨大。平板培养时菌落隆起,表面平滑,菌落呈灰白色,液体培养时则形成菌膜。该菌生长的适宜温度为 28～30 ℃,生成醋酸的最适宜温度为 28～33 ℃,最适 pH 值为 3.5～6.0,耐受酒精浓度为 8％(体积分数)。最高产醋酸为 7％～9％,产葡萄糖酸的能力弱,能进一步氧化分解醋酸为 CO_2 和 H_2O。

e. 沪酿 1.01 醋酸菌 它是从丹东速酿醋中分离得到的,是我国食醋工厂常用的菌种之一。该菌细胞呈杆形,常呈链状排列,菌体无运动性、无芽孢。在含酒精的培养液中,常在表面生长,形成淡青灰色薄层菌膜。在不良的条件下,细胞会伸长,变成线状或棒状,有的呈膨大状、分支状。该菌由酒精生成醋酸的转化率高达 93％～95％。

② 醋酸菌的培养及保藏。

a.醋酸菌的斜面培养:试管斜面培养基(介绍下列两种培养基,可以任意选用一种)。

一种为 6％的酒液 100 mL,葡萄糖 3 g,酵母膏 1 g,碳酸钙 1.5 g,琼脂 2.5 g,水 100 mL;另一种为酒精 2 mL,葡萄糖 1 g,酵母膏 1 g,碳酸钙 1.5 g,琼脂 2.5 g,水 100 mL。

培养 选定配方后,加热融化琼脂,分装试管,灭菌冷却后做成斜面试管。在无菌箱内将原菌接入斜面试管中,置于 30～32 ℃恒温箱内培养 48 h 即成熟。

保藏 醋酸菌因为没有芽孢,易被自己所产生的酸杀死。醋酸菌中,特别能产生酯香的菌种很容易死亡,因此,宜保藏在 0～4 ℃冰箱内备用。由于培养基中已加入碳酸钙,可以中和醋酸菌产生的酸,所以其保藏时间长一些。

b.三角瓶培养。

培养基制备 称取酵母膏 1 g、葡萄糖 0.3 g、加水 100 mL,溶解后分装入容量为 1 000 mL 三角瓶内,每瓶装入量为 100 mL,采用 0.1 MPa 蒸汽压力灭菌 30 min。取出冷却后,放入无菌室中备用。

接种 在三角瓶内接入刚培养 48 h 的试管斜面菌种,每支试管接 2～3 瓶,摇匀。

培养 接种后将三角瓶置于恒温箱内静置培养 5～7 d,待液面生长出菌膜,嗅之有醋酸的味道时,即为醋酸菌成熟。如果利用摇瓶振荡培养,三角瓶内装入量可加至 120～150 mL,于 30 ℃的温度下培养 24 h,镜检菌体正常,无杂菌即可使用。测定酸度一般达 1.5～2.0 g/100 mL (以醋酸计)。

c.生产车间阶段培养。

固态大缸培养 固态培养的醋酸菌是在醋醅上进行固态培养,利用自然通风回流法促进其大量繁殖。醋酸菌固态培养的纯度虽然不是很高,但已达到除液体深层发酵制醋外的各种醋酿造要求。

培养时,取生产上配制的新鲜醋醅放置于设有假底、下面开洞加塞的大缸内,把培养菌种拌入醋醅表面,使之分布均匀,接种量为原料的 2％～3％。然后将缸口盖好,使醋酸菌在醅内生长繁殖。1～2 d 后品温不超过 38 ℃。培养至醋汁酸度(以醋酸计)达到 4 g/100 mL 以上时,则说明醋酸菌已大量繁殖,即可将固态培养的醋酸菌种子接种到大生产醋醅中。菌种培养期间,要防止杂菌污染,如果醋醅中有白花或异味,则应进行镜检。污染严重的大缸醋种不能大生产,否则会影响正常的醋酸发酵。

种子罐培养　种子罐内盛酒度为 4%～5% 的酒精醪,装填系数为 0.7～0.75,用夹层蒸汽加热至 80 ℃,再用直接蒸汽加热至压力为 0.1 MPa,维持 30 min,冷却至 32 ℃,接入三角瓶里的菌种,接种量为 10%,于 30～31 ℃通风培养,通风量 1:0.1,培养时间为 22～24 h,即醋酸菌成熟。

2) 固态法食醋生产

醋酸菌在充分供给氧的情况下生长繁殖,并把基质中的乙醇(俗称酒精)氧化为醋酸,总反应式为:

$$C_2H_5OH + O_2 \rightarrow CH_3COOH + H_2O$$

(1) 醋酸菌种制备工艺流程。

斜面原种→斜面菌种(30～32 ℃,48 h)→三角瓶液体菌种(一级种子,30～32 ℃,振荡 24 h)→种子罐液体菌种(二级种子,30～32 ℃,通气培养 22～24 h)→醋酸菌种子

(2) 固态法食醋的工艺流程。

薯干(或碎米、高粱等)→粉碎→加麸皮、谷糠混合→润水→蒸料→冷却→接种→入缸糖化发酵

麸曲、酵母

醋酸菌

→拌糠接种→醋酸发酵→翻醅→加盐后熟→淋醋→储存陈醋→配兑→灭菌→包装→成品

2. 发酵乳制品

原料牛乳经有益微生物的发酵作用可以制成多种风味独特的发酵乳制品,如酸奶、酸乳饮料、干酪、奶酪、酸乳酒等。牛乳发酵可产生满意的芳香味或使产品质地改变,不仅可以使产品具有良好的风味,提高适口性,而且还具有较高的营养和保健作用。

1) 生产发酵乳制品所用菌种

用于发酵乳制品的菌种,主要是能产生乳酸的细菌。发酵细菌的发酵糖类的类型可分为两种:同型乳酸发酵和异型乳酸发酵。同型乳酸发酵,即乳酸菌几乎能将全部葡萄糖转变成乳酸;异型乳酸发酵,即乳酸菌除了将葡萄糖转变为乳酸外,还同时产生酒精和 CO_2。能引起同型乳酸发酵的乳酸细菌称为同型乳酸菌。例如,干酪乳杆菌、保加利亚乳杆菌、乳链球菌等。能引起异型乳酸发酵的乳酸细菌称为异型乳酸菌,如葡聚糖明串珠菌等。

从形状上分,乳酸细菌可分为乳酸球菌和乳酸杆菌两类。乳酸球菌按照其形态构造和生化反应特征的不同可归属于三个属:链球菌属、片球菌属和明串珠菌属。前两个属中的乳酸球菌都进行同型乳酸发酵。后一属中的乳酸菌则进行异型乳酸发酵。所有的乳酸杆菌都归属于一个属——乳杆菌属,这一属的乳酸菌发酵葡萄糖的类型不定。

乳酸细菌通常是不运动的,不形成芽孢,兼性厌氧,罕见色素,营养要求复杂。在固体培养基上形成的菌落较小。它们对酸具有高度的耐性。

目前,发酵乳制品的品种很多,如酸奶、饮料、干酪、乳酪等。下面简单介绍一下酸奶的生产工艺。

2) 酸奶

酸奶具有较高的营养价值和特殊风味,极易被身体吸收,还对某些疾病有一定的疗效,因而受到人们的欢迎。

酸奶是以优质鲜乳为原料,经两种或两种以上的乳酸菌发酵制成的发酵乳制品。它是由优质鲜乳经标准化消毒后,接入乳酸发酵菌剂后发酵而成。其工艺流程是:鲜乳→过滤→标准化→杀菌→均质→接入发酵菌剂→装瓶发酵→冷却储藏→成品。

酸奶一般使用嗜热链球菌和保加利亚乳杆菌两种菌的混合菌种作为纯培养发酵剂。

酸奶中含有大量的活乳酸菌,一般每克中有106~107个活乳酸菌,研究表明,这些乳酸菌对肠道疾病有一定的疗效。

3. 味精

味精化学名称为 L-谷氨酸钠,又称谷氨酸钠、麸酸钠、味素等。它是增强食品风味的增味剂,主要呈现鲜味,也称鲜味剂。人体食入味精后,受胃酸作用,反应生成谷氨酸,谷氨酸不仅是合成人体蛋白质的主要成分,而且还参与体内许多其他代谢过程,因而有较高的营养价值。

1) 生产谷氨酸的菌株

自从 1956 年日本木下祝郎等人发现谷氨酸小球菌(后改名为谷氨酸棒杆菌)以后,又相续发现小球菌、棒杆菌、短杆菌、节杆菌和小杆菌等菌属的一大批谷氨酸产生菌,代表菌株除谷氨酸棒杆菌外,还有黄色短杆菌、乳糖发酵短杆菌、嗜氨小杆菌、硫殖短杆菌等。我国国内谷氨酸生产菌有北京棒杆菌 AS 1.299、7338,钝齿棒杆菌 AS 1.542、HU7251.B-9,这些菌株的谷氨酸产率在 5% 左右,糖对酸的转化率为 40%~45%。

近几年,一些科研单位及生产厂家接连筛选出了一批产酸高、转化率高、生产周期短的新菌株用于生产。例如:沈阳味精厂从果酒厂储存葡萄渣的土壤中分离出一种耐高糖、产酸高的菌种 S-94,其产酸率达 8.01%;黑龙江轻工业研究所以 AS 1.299 为出发菌株经紫外线、硫酸二乙酯复合诱变得到一种新菌株 D10,其产酸率可达 8.23%;天津轻工职业技术学院以 AS 1.299 为出发菌株经紫外线、硫酸二乙酯及氯化锂等复合诱变得到突变株 WTH,该菌株以甜菜糖蜜为原料进行生产,谷氨酸产率达 10%;复旦大学生物系以 FM 820-7 为出发菌株经亚硝基胍诱变获得一种高产菌株 FM 840415,其谷氨酸产率最高可达 11.92%,居国内领先地位。目前,使用较多的是 T 6-13 菌株,由于该菌株耐高温、生长快、产酸量高,故深受味精企业的欢迎。

在已报道的谷氨酸产生菌中,除芽孢杆菌外,虽然它们在分类学上属于不同的属种,但都有一些共同的特点,如菌体为球形、短杆至棒状、无鞭毛、不运动、不形成芽孢、呈革兰氏阳性、需要生物素、在通气条件下培养产生谷氨酸等。

2) 生产原料及工艺流程

发酵生产谷氨酸的原料:淀粉质原料,如玉米、小麦、甘薯、大米等,其中甘薯和淀粉最为常用;糖蜜原料,如甘蔗糖蜜、甜菜糖蜜等;氮源原料,如尿素或氨水等。

味精生产全过程可分为五个部分:淀粉水解糖的制取、谷氨酸生产菌种子的扩大培养、谷氨酸发酵、谷氨酸的提取与分离、由谷氨酸制成味精。其工艺流程如下:

菌种的扩大培养
↓

淀粉质原料→糖化→中和、脱色、过滤→培养基调配→接种→发酵→提取(等电点法、离子交换法等)→谷氨酸→谷氨酸钠→脱色→过滤→干燥→成品

4. 黄原胶

1) 黄原胶概况

黄原胶别名汉生胶,又称黄单胞多糖,是由甘蓝黑腐病野油菜黄单胞菌以碳水化合物为主要原料,经通风发酵、分离提纯后得到的一种微生物高分子酸性胞外杂多糖。1983 年

联合国粮农组织和世界卫生组织批准黄原胶正式作为食品添加剂,因此,推动了黄原胶的生产与发展。

目前,国内黄原胶主要应用于石油行业和食品行业。在食品行业中,黄原胶是理想的增稠剂、乳化剂和成型剂。在某些苛刻的条件下,黄原胶的性能比明胶、CMC(羧甲基纤维素钠)、海藻胶等现有的食品添加剂更具优越性。相关机构曾指出,仅食品行业的五大龙头产品,若其中的黄原胶添加量平均按 0.1% 计,每年就需要黄原胶 8 000 t,加上啤酒、饮料和奶制品的需求,数量将十分可观。因此,国内许多资料认为,目前,国内黄原胶的潜在市场需求量为每年1.5 万吨至 2 万吨。

我国生产黄原胶的淀粉含量一般在 5% 左右,发酵周期为 72～96 h,产胶能力 30～40 g/L,与国外相比,生产水平较低。随着黄原胶生产和应用范围的进一步发展,目前,北京、四川、郑州、苏州、山东等地都有黄原胶生产新厂建成,预示着我国的黄原胶生产将呈现一个新的局面。

2)黄原胶的生产

(1)工艺流程。

菌种的扩培→发酵原料配比→发酵→发酵条件控制→分离→提纯→干燥

(2)菌种。

黄原胶生产有广泛的微生物来源,黄单胞菌属的许多种类菌株都能产生黄原胶。目前,国内外用于生产黄原胶的菌种大多是从甘蓝黑腐病病株上分离到的甘蓝黑腐病黄单胞菌,也称野油菜黄单胞菌。另外,生产黄原胶的菌种还有菜豆黄单胞菌、锦葵黄单胞菌和胡萝卜黄单胞菌等。我国目前已开发出的菌株有南开-01、山大-152、L4 和 L5。这些菌株一般呈杆状,革兰氏染色呈阴性,产荚膜。在琼脂培养基平板上可形成黄色黏稠菌落,液体培养可形成黏稠的胶状物。

(3)发酵。

① 摇瓶发酵。

摇瓶发酵条件:接种量为 1%～5%,旋转式摇床转速 220 r/min,培养温度为 28 ℃,发酵时间为 72 h 左右。发酵结束,黄原胶产酸能力为 20～30 g/L,对碳源的转化率为 60%～70%。

② 工业化生产。

工业化生产接种量为 5%～8%。由于培养基的高黏度,黄原胶生产属于高需氧量发酵,需要大的通风量。发酵温度为 25～28 ℃。碳源的起始浓度一般为 2%～5%。

黄原胶的得率取决于碳、氮源的种类和发酵条件。目前,得率一般为起始糖量的 40%～75%。黄单胞菌容易利用有机氮源,而不易利用无机氮源。有机氮源包括鱼粉蛋白胨、大豆蛋白胨、鱼粉、豆饼粉、谷糠等。其中以鱼粉蛋白胨为最佳,它对产物的生成有明显的促进作用,一般使用量为 0.4%～0.6%。当起始氮源的浓度较低时,随氮源浓度的提高,细胞浓度也增加,黄原胶的合成速率加快,黄原胶得率也相应提高。起始氮源在中等浓度时,细胞浓度和黄原胶的合成速率均有提高,发酵时间被缩短,但黄原胶的得率却降低,这是因为细胞生长过快,用于细胞生长及维持细胞生命的糖量增加,用于合成黄原胶的糖反而减少,导致黄原胶得率下降。如果采用发酵后期添加糖的方法,使糖浓度始终维持在一定的水平,那么,由于补加的糖只用于细胞维持生命及合成黄原胶,而没有生长的消耗,从而得率就会比间歇发酵有较大幅度的提高。若起始氮源的浓度再提高,虽然细胞浓度有所增加,但黄原胶得率及合成速率却降低了。其主要原因是"氧限制",高浓度细胞随着发酵的进行,发酵液黏度不断增大,体积传质系数降低,造成氧供应能力逐渐下降,合成速率变慢,使得黄原胶得率降低。

黄原胶发酵培养基的起始 pH 值一般控制在 6.5～7.0,这有利于初期的细胞生长和后期的黄原胶合成。

三、食品制造中的酵母及其应用

酵母是对人类贡献最大的微生物工业产业。自从人类开始酿酒之时,就与酵母"打交道",这可以追溯到古巴比伦时代和中国的周朝以前。酵母作为微生物菌体被人类工业化生产,这是没有任何微生物品种可与之相比的。酵母的全世界产量达上百万吨,世界各国中,不分国家大小和贫富都有酵母厂或用酵母生产的产品。因为面粉食品是必须经酵母发酵才能食用的,人们喜爱的各种酒类饮料都必须经酵母菌发酵而成。利用酵母菌生产的产品种类很多,下面仅介绍两种主要产品。

1. 酒

我国是一个酒类生产大国,也是一个酒文化文明古国,在应用酵母菌酿酒的领域里,有着举足轻重的地位。

我国酿酒具有悠久的历史,并且产品种类繁多,如黄酒、白酒、啤酒、果酒等。而且形成了各种类型的名酒,如绍兴黄酒、贵州茅台酒、青岛啤酒等。酒的品种不同,酿酒所用的酵母及酿造工艺也不同,而且同一类型的酒各地也有自己独特的酿造工艺。

1) 啤酒

啤酒是以优质大麦芽为主要原料,大米、酒花等为辅料,经过制麦、糖化、啤酒酵母发酵等工序酿制而成的一种含有 CO_2、低酒精浓度和多种营养成分的饮料酒。啤酒是世界上产量最大的酒种之一。

(1) 啤酒酵母。

根据酵母在啤酒发酵液中的性状可将啤酒酵母分成两大类:上面啤酒酵母和下面啤酒酵母。上面啤酒酵母在发酵时,酵母细胞随 CO_2 浮在发酵液面上,发酵终了形成酵母泡盖,即使长时间放置,酵母也很少下沉。下面啤酒酵母在发酵时,酵母悬浮在发酵液内,在发酵终了酵母细胞很快凝聚成块并沉积在发酵罐底。国内啤酒厂一般都使用下面啤酒酵母生产啤酒。

用于生产上的啤酒酵母,种类繁多。不同的菌株,其形态和生理特性都不一样,在形成双乙酰高峰值和双乙酰还原速度上都有明显差别,所制作的啤酒风味各异。

(2) 啤酒酵母的扩大培养流程。

酵母的扩大培养是将纯种酵母增殖达到一定数量后,供生产所需。其流程如下:

斜面试管→5 mL 麦芽汁试管 3 支(活化 3 次)→25 mL 麦芽汁试管 3 支→250 mL 麦芽汁三角瓶 3 个→3 L 麦芽汁三角瓶 3 个→100 L 铝桶 1 只(第 1 次加麦芽汁 18 L,第 2 次加麦芽汁 73 L)→100 L 大缸 3 个(一次加满)→1 t 增殖槽 1 个(加麦芽汁 600 L)→5 t 发酵槽(第一次加麦芽汁 1.8 t,第二次加麦芽汁 3.2 t)。

(3) 啤酒发酵。

将酵母泥与麦芽汁按 1∶1 的比例进行混合,通入无菌空气,使麦芽汁与酵母细胞充分均匀混合,待满池后再放置 12～24 h。在长出新酵母细胞和分离凝固物后,将酵母培养液和新麦芽汁同时添加到发酵罐。

由于其容量较大,常需要分批送入麦汁,一般要求在 10～18 h 内装满罐,品温以 9 ℃为宜。装满罐后麦汁即进入发酵阶段。24 h 后要在锥罐底排放一次冷凝固物和酵母死细胞。5～7 d 后,当麦汁温度降到 4.8～5.0 ℃时,要封罐让其自升温至 12 ℃,当罐压升到 0.08～0.09 MPa,温度降到 3.6～3.8 ℃时,要提高罐压到 0.10～0.12 MPa,并以 0.2～0.3 ℃/h 的速度使罐温降温到 5 ℃,并保持此罐温 12～24 h,自发酵的第 7～8 d 开始排放酵母。在接近发酵后期时,在 2～3 d 内继续以 0.1 ℃/h 的速度降温,使罐温降至 0～1 ℃,保持此温 7～10 d,并保持罐压 0.1 MPa,啤酒发酵总时间需要 21～28 d。

在啤酒发酵过程中,酵母在厌氧环境中经过糖酵解途径将葡萄糖降解成丙酮酸,然后脱羧生成乙醛,后者在酒精脱氢酶催化下还原成酒精。在整个啤酒发酵过程中,酵母利用葡萄糖除了产生酒精和 CO_2 外,还生成乳酸、醋酸、柠檬酸、苹果酸和琥珀酸等有机酸,这些复杂的发酵产物决定了啤酒的风味、泡持性、色泽及稳定性等各项指标,使啤酒具有独特的风格。

2)葡萄酒

葡萄酒是由新鲜葡萄或葡萄汁通过酵母的发酵作用而制成的一种低酒精含量的饮料。葡萄酒质量的好坏与葡萄的品种及酵母有着密切的关系。因此,在葡萄酒生产中,葡萄的品种、酵母菌种的选择是相当重要的。

(1)葡萄酒酵母的特征。

葡萄酒酵母在植物学分类上为子囊菌纲酵母属啤酒酵母种。广泛用于酿酒、酒精、面包等的生产中,各酵母的生理特性、酿造副产物、风味等有很大的不同。

葡萄酒酵母除了用于葡萄酒生产以外,还广泛用于苹果酒、山楂酒等果酒的发酵。如我国张裕 7318 酵母、法国香槟酵母、匈牙利多加意酵母等。

优良的葡萄酒酵母具有以下特性:除葡萄(其他酿酒水果)本身的果香外,酵母也能产生良好的果香与酒香;能将糖分全部发酵完,残糖在 4 g/L 以下;具有较高的对二氧化硫的抵抗力;具有较高的发酵能力,一般可使酒精含量达到 16%以上;具有较好的凝集力和较快的沉降速度;能在低温或果酒适宜温度下发酵,以保持果香和新鲜清爽的口味。

(2)酵母扩大培养。

从斜面菌种到生产的酒母需要经过数次扩大培养,每次扩大倍数为 10～20 倍。

① 工艺流程。

斜面试管菌种(活化)→麦芽汁斜面试管培养(10 倍)→液体试管培养(12.5 倍)→三角瓶培养(12 倍)→玻璃瓶(或卡氏罐)(20 倍)→酒母罐培养→酒母

② 培养工艺。

a. 斜面试管菌种。

由于长时间储存于低温下,细胞已处于衰老状态,需要转接于 $50Be'$ 麦芽汁制成的新鲜斜面培养基上,在 25 ℃下培养 4～5 d。

b. 液体试管培养。

取灭菌的新鲜澄清葡萄汁,分别装入经干热灭菌的试管中,每支试管约 10 mL,用 0.1 MPa 的蒸汽灭菌 20 min,放冷备用。在无菌条件下接入斜面试管活化培养的酵母,每支斜面可接入 10 支液体试管,在 25 ℃的温度下培养 1～2 d,发酵旺盛时接入三角瓶。

c. 三角瓶培养。

在 500 mL 的三角瓶注入新鲜澄清的葡萄汁 250 mL,用 0.1 MPa 蒸汽灭菌 20 min,冷却后接入液体培养试管,在 25 ℃的温度下培养 24～30 d,发酵旺盛时接入玻璃瓶。

d. 玻璃瓶（或卡氏罐）培养。

在洗净的 10 L 细口玻璃瓶（或卡氏罐）中加入新鲜澄清的葡萄汁 6 L，常压蒸煮（100 ℃）1 h 以上，冷却后加入亚硫酸，使其二氧化硫含量达 80 mL/L，经 4～8 h 后接入两个发酵旺盛的三角瓶中培养酒母，摇匀后换上发酵栓于 20～25 ℃ 培养 2～3 d，其间需要摇瓶数次，至发酵旺盛时接入酒母培养罐。

e. 酒母罐培养。

一些小厂可用两只 200～300 L 带盖的木桶（或不锈钢罐）培养酒母。木桶洗净并用硫黄烟熏杀菌，过 4 h 后向一桶中注入 80％ 容量的新鲜成熟的葡萄汁，加入 100～150 mg/L 的亚硫酸，搅匀，静置过夜。吸取上层清液至另一桶中，随即添加 1～2 个玻璃瓶培养酵母，在 25 ℃ 的温度下培养，每天用酒精消毒过的木把搅动 1～2 次，使葡萄汁接触空气，经 2～3 d 至发酵旺盛时即可使用。每次取培养量的 2/3（留 1/3），然后再放入处理好的澄清葡萄汁继续培养。若卫生管理严格，可连续分割培养多次。

（3）红葡萄酒生产工艺。

酿制红葡萄酒一般采用红葡萄品种。我国酿造红葡萄酒主要以干红葡萄酒为原酒，然后按标准调配成半干型、半甜型、甜型葡萄酒。

① 工艺流程：

红葡萄分选除梗→ SO₂ 葡萄浆

添桶 ← 后发酵 ← 调整成分 ← 压榨 ← 发酵

第一次换桶 ← 酒脚 ← 蒸馏 ← 白兰地 皮渣 酵母

干红葡萄酒原料→陈酿→第二次换桶→均衡调配

干红葡萄酒 ← 包装灭菌 ← 澄清处理

白兰地 ← 蒸馏 ← 酒脚

② 前发酵（主发酵）。

葡萄酒前发酵的主要目的是进行酒精发酵、浸提色素物质和芳香物质。前发酵进行得好坏是决定葡萄酒质量好坏的关键。红葡萄酒发酵方式分为开放式发酵和密闭发酵。接入酵母 3～4 d 后发酵进入主发酵阶段。此阶段升温明显，一般持续 3～7 d，控制最高品温不超过 30 ℃，最好在 25 ℃ 左右的温度下进行。当发酵液的相对密度下降到 1.02 g/L 以下时，即停止发酵，出池取新酒。

③ 压榨。

一般前发酵时间为 4～6 d。当残糖降至 5 g/L 以下时，发酵液面只有少量的 CO_2 气泡，"酒盖"已经下沉，液面较平静，发酵液温度接近室温，并且有明显的酒香，此时表明前发酵已结束，可以出池。出池时先将自流原酒由排汁口放出，放净后打开入孔清理皮渣进行压榨，得压榨酒。自流原酒和压榨原酒成分差异较大，若酿制高档名贵葡萄酒应单独储存。

④ 后发酵。

后发酵的目的主要有以下四点。一是残糖继续发酵：前发酵结束后，原酒中还残留 3～5 g/L 的糖分，这些糖分在酵母作用下继续转化成酒精与 CO_2。二是澄清作用：前发酵得到的原酒，还残留有部分酵母及其他果肉纤维悬浮于酒液中，在低温缓慢的发酵中，酵母及其他成分逐渐沉降,后发酵结束后形成的沉淀即酒泥,使酒逐步澄清。三是陈酿作用:新酒在后发酵过程中,进行缓慢的氧化还原反应,并促使醇酸酯化,使酒的口味变得柔和,并使其风味更趋完善。四是降酸作用:有些红葡萄酒在压榨分离后诱发苹果酸-乳酸发酵,对降酸及改善口味有很大的好处。

2. 面包

面包是产小麦国家的主食,世界各国几乎都有生产。它是以面粉为主要原料,以酵母菌、糖、油脂和鸡蛋为辅料生产的发酵食品,其营养丰富,组织蓬松,易于消化吸收,食用方便,深受消费者的喜爱。

(1)酵母菌种。

酵母是生产面包必不可少的生物松软剂。面包酵母是一种单细胞生物,学名为啤酒酵母。

生产上应用的酵母主要有鲜酵母、活性干酵母和即发干酵母。鲜酵母发酵力较低,发酵速度慢,不易储存和运输。活性干酵母是鲜酵母经低温干燥而制成的颗粒酵母,发酵活力及发酵速度都比较快,并且易于储存和运输,使用较为普遍。即发干酵母又称速效干酵母,是活性干酵母的换代产品,使用方便,一般无须活化处理,可直接生产。

(2)酵母菌在面包制作中的作用。

酵母在发酵时利用糖类进行发酵作用,产生 CO_2,使面团体积膨大,结构疏松,呈海绵状结构。发酵后的面包与其他各类主食品相比,其风味有其特异之处。产品中有发酵制品的香味,这种香气的构成极其复杂。

酵母中的各种酶对面团中的有机物发生反应,将高分子的物质变成结构简单的小分子有机物,这对人体的消化吸收非常有利。酵母本身蛋白质含量甚高,并且含有多种维生素,使面包的营养价值增高。

四、食品制造中的霉菌及其应用

霉菌在食品加工工业中用途十分广泛,许多酿造发酵食品、食品原料的制造,如豆腐乳、豆豉、酱、酱油、柠檬酸等都是在霉菌的参与下生产加工出来的。绝大多数霉菌能把加工所用原料中的淀粉、糖类等碳水化合物、蛋白质等含氮化合物及其他种类的化合物进行转化,制造出多种多样的食品、调味品及食品添加剂。不过,在许多食品制造中,除了利用霉菌以外,还要在细菌、酵母的共同作用下来完成。只有将淀粉转化为糖才能被酵母菌及细菌利用。

生产用霉菌菌种:淀粉的糖化、蛋白质的水解均是通过霉菌产生的淀粉酶和蛋白质水解酶进行的。通常情况下是先进行霉菌培养制曲。淀粉、蛋白质原料经过蒸煮糊化加入种曲,在一定温度下培养,曲中由霉菌产生的各种酶起作用,将淀粉、蛋白质分解成糖、氨基酸等水解产物。

在生产中利用霉菌作为糖化菌种的应用很多。根霉属中常用的有日本根霉、米根霉、华根霉等;曲霉属中常用的有黑曲霉、宇佐美曲霉、米曲霉和泡盛曲霉等;毛霉属中常用的有鲁氏毛霉。红曲属中的一些种也是较好的糖化剂,如紫红曲霉、安氏红曲霉、锈色红曲霉、变红曲霉等。

1. 酱类

酱类包括大豆酱、蚕豆酱、面酱、豆瓣酱、豆豉及其加工制品,都是由一些粮食和油料作物为主要原料,利用以米曲霉为主的微生物经发酵酿制的。酱类发酵制品营养丰富,易于消化吸收,既可做小菜,又可做调味品,具有特有的色、香、味,并且其价格便宜,是一种受欢迎的大众化调味品。

用于酱类生产的霉菌主要是米曲霉,生产上常用的有沪酿3.042、黄曲霉 Cr-1 菌株(不产生毒素)、黑曲霉等。所用的曲霉具有较强的蛋白酶、淀粉酶及纤维素酶的活力,它们把原料中的蛋白质分解为氨基酸,淀粉变为糖类,在其他微生物的共同作用下生成醇、酸、酯等,形成酱类特有的风味。

市场上的豆酱种类繁多,其生产酿造工艺也不尽相同,生产用的原辅料差异很大。下面是大豆酱的生产工艺。

1) 制曲

① 制曲工艺流程。

    水 水   面粉 种曲
    ↓ ↓   ↓ ↓
大豆 → 洗净 → 浸泡 → 蒸煮 → 冷却 → 混合 → 接种 → 厚层通风培养 → 大豆曲

② 制曲原料的处理。

大豆洗净、浸泡及蒸熟;面粉在过去采用炒焙方法,现在有些厂家直接利用生面粉。

③ 制曲操作。

制曲时原料配比为大豆 100 kg,标准粉 40~60 kg。种曲用量为 0.15%~0.3%,种曲使用时先与面粉拌和。为了使豆酱中麸皮含量减少,种曲最好用分离出的孢子(曲精);由于豆粒较大,水分不易散发,制曲时间适当延长。

2) 制酱

① 制酱工艺流程。

  食盐＋水→配制→澄清→盐水加热─────────────────────┐
            ↓   ↓
大豆曲→发酵容器→自然升温→加第一次盐水→酱醅保温发酵→加第二次盐水及盐→翻酱→成品

② 制酱工艺。

先将大豆曲倒入发酵容器内,表面扒平,稍予以压实,很快会自然升温至 40 ℃左右。再将准备好的 14.5°Bé 热盐水(加热至 60~65 ℃)加至面层,让它逐渐全部渗入曲内。最后面层上加封面用细盐一层,并将盖盖好。大豆曲加入热盐水后,醅温即能达到 45 ℃左右,以后维持此温度 10 d,酱醅就成熟了。发酵完毕,补加 24°Bé 盐水及所需细盐(包括封面盐),用压缩空气或翻酱机充分搅拌,务必使所加的细盐全部溶化,同时混合均匀,在室温中后发酵即得成品。

2. 酱油

酱油是人们常用的一种食品调味料,其营养丰富,味道鲜美。它是用蛋白质原料(如豆饼等)和淀粉质原料(如麸皮、面粉、小麦等),利用曲霉及其他微生物通过共同发酵作用酿制而成的。

酱油生产中常用的霉菌有米曲霉、黄曲霉和黑曲霉等,应用于酱油生产的曲霉菌株应符合如下条件:不产黄曲霉毒素;蛋白酶、淀粉酶活力高,有谷氨酰胺酶活力;生长快速、培养条件粗放、抗杂菌能力强;不产生异味,制曲酿造的酱制品风味好。

1) 酱油生产霉菌

酱油生产所用的霉菌主要是米曲霉。生产上常用的米曲霉菌株有 AS 3.951(沪酿3.042)、UE328、UE336、AS 3.863、渝 3.811 等。

生产中常常是将两种以上菌种复合使用,以提高原料蛋白质及碳水化合物的利用率,提高成品中还原糖、氨基酸、色素,以及香味物质的含量。除曲霉外,还有酵母菌、乳酸菌参与发酵,它们对酱油香味的形成也起着十分重要的作用。

2)种曲制备

(1)工艺流程。

一级种→二级种→三级种

↓

麸皮、面粉→加水混合→蒸料→过筛→冷却→接种→装匾→曲室培养→种曲

(2)试管斜面菌种培养。

培养基　5°Brix 豆饼汁 100 mL,$MgSO_4$ 0.05 g,NaH_2PO_4 0.1 g,可溶性淀粉 2.0 g,琼脂 1.5 g,0.1 MPa 蒸汽灭菌 30 min,制成斜面试管。

培养　将菌种接入斜面,置于 30 ℃的培养箱中培养 3 d,待长出茂盛的黄绿色孢子,并无杂菌,即可作为三角瓶菌种扩大培养。

(3)三角瓶纯菌种扩大培养。

培养基　麸皮 80 g,面粉 20 g,水 80～90 mL 或麸皮 85 g,豆饼粉 15 g,水 95 mL。原料混合均匀分装入带棉塞的三角瓶中,瓶中料厚度 1 cm 左右,在 0.1 MPa 蒸汽压力下灭菌 30 min,灭菌后趁热摇松曲料。

培养　曲料冷却后接入试管斜面菌种,摇匀,置于 30 ℃的培养箱内培养 18 h 左右,当瓶内曲料已发白结饼时,摇瓶一次,将结块摇碎,继续培养 4 h,再摇瓶一次,经过 2 d 培养后将三角瓶倒置,以促进底部曲霉生长,继续培养 1 d,待全部长满黄绿色的孢子即可使用。若要放置较长的时间,应置于阴凉处或冰箱中。

(4)种曲培养。

曲料配比　目前一般采用的配比有两种:麸皮 80 kg,面粉 20 kg,水 70 kg 左右;麸皮 100 kg,水 95～100 kg。加水量应视原料的性质而定。根据经验,加水到使拌料后的原料能捏成团,触之即碎为宜。原料拌匀后过 3.5 目筛,堆积润水 1 h,在 0.1 MPa 蒸汽压下蒸料 30 min,或者常压蒸料 1 h 再焖 30 min。要求熟料疏松,含水量 50%～54%。

培养　待曲料品温降至 40 ℃左右即可接种,将三角瓶的种曲散布于曲料中,翻拌均匀,使米曲霉孢子与曲料充分混匀,接种量一般为 0.5%～1%。

3)成曲生产

(1)工艺流程。

种曲

↓

原料→粉碎→润水→蒸料→冷却→接种→通风培养→成曲

(2)发酵。

① 原料的选择和配比,使用豆饼和麸皮为原料,常用的配比是 8:2、7:3、6:4 和 5:5。

② 制曲原料的处理。

③ 厚层通风制曲。

④ 固态低盐发酵(以固态低盐发酵为例)的工艺流程。

成曲→打碎→加盐水拌和(在 12°～13° Bé、55 ℃左右的盐水,含水量 50%～55%等条件下)→保温发酵(50～55 ℃,4～6 d)→成熟酱醅

⑤ 浸出提油及成品配制。

a. 工艺流程。

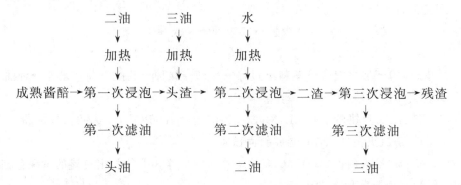

b. 成品配制。

以上提取的头油和二油并不是成品,必须按统一的质量标准或不同的食用用途进行配兑,调配好的酱油还需要经灭菌、包装,并经检验合格后才能出厂。

3. 柠檬酸

柠檬酸的分子式为 $C_6H_8O_7$,又名枸橼酸。外观为白色颗粒状或白色结晶粉末,无臭,具有令人愉快的强烈的酸味。柠檬酸天然存在于果实中,其中以柑橘、菠萝、柠檬、无花果等果实中含量较高。柠檬酸是生物体主要代谢产物之一。早期的柠檬酸是以柠檬、柑橘等天然果实为原料加工而成的。1893 年,德国微生物学家 Wehmen 发现有两种青霉菌能够积累柠檬酸。1923 年,美国科学家成功研究发现了以废糖蜜为原料的浅盘法柠檬酸发酵,并设厂生产。1951 年,美国 Miles 公司首先采用深层发酵法大规模生产柠檬酸。我国于 1968 年用薯干为原料采用深层发酵法成功生产柠檬酸。由于工艺简单、原料丰富、发酵水平高,各地陆续办厂投产,至 20 世纪 70 年代中期,柠檬酸工业已初步形成了生产体系。柠檬酸在食品中常作为酸味剂加入饮料、果酱、糖果中,可以增进风味,并具有抗氧化作用。

1) 柠檬酸发酵菌种

能产生柠檬酸的微生物很多,但以霉菌为主,例如,梨形毛霉、淡黄青霉、桔青霉、黑曲霉、棒曲霉、文氏曲霉、宇佐美曲霉、绿色木霉等。其中黑曲霉和文氏曲霉产生柠檬酸的能力较强,并且能够利用多种碳源,因此常用作生产上使用的菌种。

在固体培养基上,黑曲霉菌落由白色逐渐变至棕色。孢子区域为黑色,菌落呈绒毛状,边缘不整齐。菌丝有隔膜和分枝,是多细胞的菌丝体,为无色或有色,有足细胞,顶囊生成一层或两层小梗,小梗顶端产生一串串分生孢子。

黑曲霉生产菌可在薯干粉、玉米粉、可溶性淀粉糖蜜、葡萄糖、麦芽糖、糊精、乳糖等培养基上生长、产酸。黑曲霉生长最适 pH 值因菌种而异,一般 pH 值为 3～7;产酸最适 pH 值为 1.8～2.5。其生长最适温度为 33～37 ℃,产酸最适温度为 28～37 ℃,温度过高易形成杂酸,斜面培养要求在麦芽汁 40° Brix 左右的培养基上。黑曲霉以无性生殖的形式繁殖,具有多种活力较强的酶系,能分解淀粉类物质,并且对蛋白质、单宁、纤维素、果胶等具有一定的分解能力。黑曲霉可以边长菌,边糖化,边发酵产酸的方式生产柠檬酸。

2）柠檬酸发酵机理

关于柠檬酸发酵的机制虽有多种理论，但目前大多数学者认为它与三羧酸循环有密切的关系。糖经糖酵解途径，形成丙酮酸，丙酮酸羧化形成 C4 化合物，丙酮酸脱羧形成 C2 化合物，两者缩合形成柠檬酸。

3）柠檬酸发酵用原料

柠檬酸发酵用原料有糖质原料（甘蔗废糖蜜、甜菜废糖蜜）、淀粉质原料（主要是番薯、马铃薯、木薯等）和正烷烃类原料三大类。

4）柠檬酸发酵工艺

（1）试管斜面菌种培养。

① 察氏琼脂培养：$NaNO_3$ 3 g、蔗糖 20 g、K_2HPO_4 1 g、KCl 0.5 g、$MgSO_4 \cdot 7H_2O$ 0.5 g、$FeSO_4$ 0.01 g、琼脂 20 g，用水定容至 1 000 mL，pH 值为自然。

② 蔗糖合成琼脂培养基：蔗糖 140 g、NH_4NO_3 2 g、KH_2PO_4 2 g、$MgO_4 \cdot 7H_2O$ 0.25 g、$FeCl_3 \cdot 6H_2O$ 0.02 g、$MnSO_4 \cdot 4H_2O$ 0.02 g、麦芽汁 20 mL、琼脂 20 g，用水定容至 1 000 mL。

③ 米曲汁琼脂培养基：一份米曲加四倍质量的水，于 55 ℃保温糖化 3～4 h 后煮沸，滤液用水调整浓度至 10° Brix，并用碱液将 pH 值调制到 6.0，接着添加琼脂 2%。确认所制成的斜面无杂菌污染后，接入黑曲霉孢子悬液 0.1 mL，于 32 ℃培养 4～5 d。

（2）种子扩大培养。

① 二级扩大培养。

培养基　有琼脂固体培养和液体表面培养两种方法，前者的培养基组成与斜面培养基相同，后者的组成是，麦芽汁 7° Brix，氯化铵 2%，尿素 0.1%。

培养　固体培养时，500 mL 茄子瓶装 80 mL 琼脂培养基，250 mL 茄子瓶装 50 mL 琼脂培养基。灭菌后摆成斜面，凝固后的斜面放至 37 ℃下培养 24 h。确认无杂菌污染即可使用。液体培养时，将液体培养基装入三角瓶中，使液层深度达 45 cm，于 0.1 MPa 下湿热灭菌 15 min。按无菌操作接种。培养温度 32 ℃。液体表面培养需要 7～10 d，琼脂固体培养需要6～7 d。

② 三级扩大培养。

可采用麸曲固定培养、液体表面培养或琼脂固定培养三种方式。

麸曲培养基　新鲜小麦麸皮 1 kg，加水 1.1～1.3 L。液体培养基与第二级扩大培养基所用液体培养基相同。

琼脂固体培养基　与斜面培养基相同。

（3）发酵生产。

以薯干粉为原料的液体深层发酵工艺流程：

斜面菌种→麸曲瓶→种子

↓

薯干粉→调浆→灭菌（间歇式或连续式）→冷却→发酵→发酵液→提取→成品

↑

无菌空气

以薯渣为原料的固体发酵工艺流程：

试管斜面→三角瓶菌种→种曲

薯渣→粉碎→蒸煮→摊凉接种→装盘→发酵→出曲→提取→成品

米糠

项目二　食品的微生物污染及其主要变质微生物

食品的微生物污染是指食品受到外来的多种微生物的作用而引起的污染。微生物可以直接或间接地通过各种途径污染食品，并不断地利用食品中的丰富营养进行侵入、生长、繁殖，甚至可以引起食物中毒。因此，了解微生物在自然界的分布规律，掌握食品微生物的主要来源对切断污染途径、控制其对食品的污染、延长食品保藏期、防止食品腐败变质与食物中毒的发生都有非常重要的意义。食品中微生物的污染主要包括细菌及细菌毒素污染和霉菌及霉菌毒素污染。

一、污染食品的微生物来源及其途径

微生物广泛分布于自然界，在不同的环境中，微生物的存在类型和数量不尽相同。食品从原料开始，经过生产、加工、储存、运输、销售直至烹调等各个环节，都会与环境发生接触，进而导致微生物的污染。污染食品的微生物来源包括土壤、空气、水、操作人员、动植物、加工设备、包装材料等方面。

（一）污染食品的微生物来源

1. 土壤

土壤素有"微生物的天然培养基"和"微生物大本营"之称。土壤中各种微生物的含量变化很大，其中细菌所占的比例最大，放线菌次之，真菌再次之，藻类和原生动物则较少。不同土壤中，微生物种类的分布不同。在酸性土壤中，霉菌较多；碱性土壤和含有机质较多的土壤中，细菌、放线菌较多；在森林土壤中，分解纤维素的微生物较多；在油田地区的土壤中，分解碳氢化合物的微生物较多；在盐碱地中，可分离出嗜盐微生物。

土壤也是某些病原微生物存在的温床，如炭疽芽孢杆菌、肉毒梭状芽孢杆菌、破伤风菌等，特别是它们的芽孢体，可以在土壤中几十年不死。这些病原体一旦散布出去感染人畜、污染食品，就有可能在人畜体内大量繁殖，危害人畜的健康。还有些肠道致病菌，随人畜的排泄物排出，也很容易污染土壤。

2. 空气

由于空气中缺乏微生物生长繁殖所需要的营养物质和足够的水分，加上光、电、射线等作用，所以空气不是微生物生命活动的理想场所，进入空气的微生物可做短暂停留而不能生长繁殖。空气中的微生物主要来自土壤飞扬起的灰尘、水面吹起的水滴、生物体体表干燥脱落的物质、人和动物的排泄物等。这些物体上附着的微生物不断地以微粒、尘埃等形式散布到空气中。

空气中的微生物主要是霉菌、放线菌的孢子和细菌的芽孢等，因为芽孢和孢子具有一定的抵抗不良环境的能力,它们可以随空气的流动而四处传播。当食品暴露在空气中时,首先侵入的是霉菌;当环境湿度较大时,也可能污染一些细菌或污染可能存在的病原菌。

空气中可能会出现一些病原微生物,它们直接来自人或动物的呼吸道、皮肤干燥脱落物和排泄物,或者间接来自土壤,如结核杆菌、金黄色葡萄球菌、沙门氏菌、流感嗜血杆菌和病毒等。从患病者口腔喷出的飞沫小滴中含有 1 万～2 万个细菌。

3. 水

在天然的水体中有可溶性的无机盐和有机物,并有溶解氧,pH 值大多为 6.5～8.5,水温为 0～36 ℃,具备微生物生长繁殖的条件,因此水体是仅次于土壤的微生物栖息的又一天然场所。江河、湖泊、海洋、池塘、水井或下水道中,都存在着大量的微生物。水体中的微生物,主要来自土壤、空气、动物的排泄物、动植物尸体、工厂废水和生活污水等。

水也是传染病的媒介。水中最常见的病原微生物,主要是一些肠道致病菌,如伤寒沙门氏菌、副伤寒沙门氏菌、霍乱弧菌、痢疾杆菌等,牛瘟病毒、猪瘟病毒、口蹄疫病毒等也可能污染水体。

4. 人及动植物体

人自出生后,外界的微生物就逐渐进入人体。在正常人体的皮肤、黏膜和与外界相通的各种腔道(如口腔、鼻咽腔、肠道和泌尿道)等部位中,存在着对人体无害的微生物群,包括细菌、真菌、螺旋体、支原体等。各种动物,如犬、猫、鼠等的皮肤、毛发、口腔、消化道、呼吸道中均带有大量的微生物,如未经清洗的动物被毛,皮肤微生物数量可达 10^5～10^6 个/cm^2。

当人或动物感染了病原微生物后,体内产生大量数量的病原微生物,其中还有一些菌种是人畜共患病原微生物,如沙门氏菌、结核杆菌、布氏杆菌等。这些微生物可以通过直接接触或通过呼吸道和消化道向体外排出而污染食品。

健康的植物在其生长期与自然界广泛接触,体表存在有大量的微生物,所以收获后的粮食一般都含有其原来生活环境中的微生物。据测定,每克粮食中含有几千个细菌。此外,粮食中还含有相当数量的霉菌孢子,植物体表还会附着有植物病原菌及来自人畜粪便的肠道微生物及病原菌。

此外,一些昆虫,如蚊、蝇及蟑螂等也都携带有大量的微生物,其中可能有多种病原微生物,它们接触食品也会造成微生物的污染。

(二)微生物污染食品的途径

食品在生产加工、运输、储存、销售,以及食用过程中都可能遭受到微生物的污染,其污染的途径可分为以下两大类。

1. 内源性污染

内源性污染是指作为食品原料的动植物体在生活过程中,由于本身带有的微生物而造成食品的污染,也称为第一次污染。

畜禽在其生活期间,其消化道、上呼吸道和体表总是存在一定类群和数量的微生物。当受到沙门氏菌、布氏杆菌、炭疽杆菌、结核分枝杆菌、葡萄球菌等病原微生物感染时,畜禽的某些器官和组织内就会有病原微生物的存在。

健康乳畜的乳房内也生存有一些细菌,特别是乳头管及其分支,常生存着特定的乳房菌群,主要有微球菌属、链球菌属、乳杆菌属。因此,刚生产出来的鲜乳总是会含有一定数量的微生物。当乳畜患乳腺炎时,乳房内还会含有引起乳腺炎的病原菌,如无乳链球菌、化脓棒状杆菌、乳房链球菌和金黄色葡萄球菌等。患有结核或布氏杆菌病时,乳房中也可能有相应的病原菌存在。

当家禽感染了鸡白痢、鸡伤寒等传染病,病原微生物可通过血液循环侵入卵巢,使受精卵在蛋黄形成时被病原菌污染,则所产的卵中也含有相应的病原菌。

水果和蔬菜的表皮和表皮外覆盖着一层蜡质状物质,这种物质有防止微生物侵入的作用,因此,一般情况下正常的果蔬内部组织是无菌的。但是当果蔬表皮组织受到昆虫的咬伤或其他机械损伤时,微生物就会从损伤部位侵入并进行繁殖。

被感染后的植物组织内部会存在大量的病原微生物,这些病原微生物是在植物的生长过程中通过根、茎、叶、花、果实等不同途径侵入组织内部的。这些微生物虽然对人和动物没有感染性,但有些植物的病原微生物能产生有毒的代谢产物,从而引起人类的食物中毒。

2. 外源性污染

外源性污染是指食品原料在生产加工、运输、储存、销售、食用的过程中,通过水、空气、人、动物、用具和杂物等使食品产生的微生物污染,也称为第二次污染。

1)通过水污染

各种天然水源(地表水和地下水)不仅是微生物污染源,也是微生物污染食品的主要途径。在多数情况下,微生物对食品的污染是通过水的媒介造成的。在食品的生产加工过程中,水既是许多食品的原料或配料成分,也是清洗、冷却、冰冻不可缺少的物质。如果直接使用未经净化消毒的天然水,尤其是地表水,食品上会被较多的微生物污染,而且也有可能受到其他污物和毒物的污染。我们使用的自来水是天然水经过了净化和消毒的,在正常情况下含菌较少,但如果自来水管出现漏洞、管道中压力不足,以及暂时变成负压时,则会引起管道周围环境中的微生物渗漏进入管道,使自来水中的微生物数量增加;生产中所使用的水如果被生活污水、医院污水或厕所粪便污染,也会使水中微生物数量骤增。被污染的水中不仅会含有细菌、病毒、真菌、钩端螺旋体,还可能会含有寄生虫。所以水的卫生质量与食品的卫生质量有密切的关系。食品生产用水必须符合饮用水标准,采用自来水或深井水。循环使用的冷却水要防止被畜禽粪便及下脚料污染。在生产加工的过程中,即使使用符合卫生标准的水源,如果方法不当,也会导致微生物污染范围的扩大。如在屠宰加工场的宰杀、除毛、开膛取内脏的工序中,皮毛或肠道内的微生物可通过用水的散布而造成畜体之间的相互感染。

2)通过空气污染

空气中的微生物来自土壤、水、人及动植物的脱落物和呼吸道、消化道的排泄物,它们能随着灰尘、水滴的飞扬或沉降而污染食品。大的水滴可悬浮在空气中达 30 min 之久,小的水滴可在空气中悬浮 4~6 h。因此,只要食品暴露在空气中,被微生物污染是不可避免的。人的痰沫、鼻涕与唾液的小水滴中所含有的微生物包含有病原微生物,当有人讲话、咳嗽或打喷嚏时,均可直接或间接污染食品。

3)通过人和动物接触污染

人接触食品时,人体可作为媒介,将微生物传给食品,尤其是由于人手的接触而造成的食品污染最为常见。从事食品生产的人员,如果他们的身体、衣帽不经常清洗消毒,就会有大量的微生物附着其上,通过皮肤、毛发、衣帽与食品接触而造成污染。

此外,有食品的地方,也正是鼠、蝇、蟑螂等一些小动物活动频繁的场所,这些动物体表或消化道内均带有大量的微生物,它们是微生物的传播者,而且鼠类常是沙门氏菌的带菌者。在食品的加工、运输、储存及销售过程中,如果鼠、蝇、蟑螂等直接或间接接触食品,其体表面与消化道内大量微生物会给食品造成污染。试验证明,每只苍蝇带有数百万个细菌,80％的苍蝇肠道中带有痢疾杆菌,鼠类粪便中带有沙门氏菌、钩端螺旋体等病原微生物。

4)通过用具和杂物污染

应用于食品的一切用具,如原料的包装物品、运输工具、生产的加工设备和成品的包装材料及容器等,都有可能成为微生物污染食品的媒介。因为所有上述物品常常暴露在空气中,并且经常接触食品原料,在未经消毒或灭菌前,总是带有不同数量的微生物,当遇到包装物品的更换和运输环节变动时,就会造成更多的微生物污染。装运易腐败食品的运输工具和容器,如果在用过后未进行彻底的清洗和消毒而连续使用,就会使运输工具和容器中残留较多数量的微生物,从而造成以后装用的食品的污染。食品在加工过程中,要通过许多设备,通过不加高热的设备越多,造成污染的机会也就越多。已经消毒或无菌的食品,如果使用材料不洁净的包装容器,就会使含菌不多的食品或无菌的食品重新遭受污染,这样甚至会造成食品一经包装完毕就已经成为不符合卫生质量指标的食品了。

二、主要变质微生物

食品从原料到加工成产品,随时都有可能被微生物污染。而新鲜食品是微生物的良好培养基,在适宜条件下,微生物能迅速生长繁殖,促使食品中的营养成分迅速分解,由高分子物质分解为低分子物质,使食品的质量下降,进而发生变质和腐败,成为不符合卫生要求的食品。能引起食品发生腐败变质的微生物种类很多,主要有细菌、酵母菌和霉菌等。

1. 细菌

食品中常见的来自内源和外源污染的细菌在食品卫生学上被称为食品细菌。食品细菌包括致病菌、相对致病菌和非致病菌。食品细菌主要来自生产、加工运输、储存、销售和烹调等各个环节的外界污染。食品细菌既是评价食品卫生质量的重要指标,又是食品腐败变质的原因。污染食品后可引起腐败变质、造成食物中毒和引起疾病的细菌有以下几种。

1)革兰氏阴性需氧杆菌和球菌

(1)假单胞菌属。

该属菌多存在于土壤、水中及各种植物体上,对营养要求简单。大部分菌种在不含维生素、氨基酸的合成培养基中仍能生长良好。具有分解蛋白质和脂肪的能力,其中有些分解能力很强。可发酵酒精和葡萄糖,氧化酶阳性,糖代谢方式为呼吸型。部分菌株可产生水溶性荧光色素。

该属菌生长温度范围大,4～43 ℃均可生长,部分好冷菌可在5 ℃以下生长,具有很强的产生氨等腐败产物的能力。因而,假单胞菌污染肉及肉制品、鲜鱼贝类、禽蛋类、牛乳和蔬菜等食品后可引起腐败变质,经常可使低温储存条件下的食品变质,是使冷藏食品腐败变质的重要的细菌。例如:荧光假单胞菌在低温下可使肉、乳及乳制品腐败;生黑色腐败假单胞菌能使动物性食品腐败,并在其上产生黑色素;菠萝软腐病假单胞菌可使菠萝果实腐烂,被侵害的组织变黑并枯萎。此外,假单胞菌属中的有些种对人或动物有致病性。

(2)醋酸杆菌属。

该属菌菌落为灰白色,大多数菌株不产生色素,少数菌株产生褐色水溶性色素,或者由于细胞内含卟啉而使菌落呈粉红色。液体培养形成菌膜。能利用葡萄糖、果糖、蔗糖、麦芽糖、酒精作为碳源,不水解乳糖、糊精和淀粉。其生长所需的最好碳源是酒精、甘油和乳酸,能将酒精氧化成醋酸,并可将醋酸和乳酸氧化成 CO_2 和 H_2O。可利用蛋白质水解物、尿素、硫酸铵作为氮源,其生长繁殖需要的无机元素主要有 P、K、Mg。接触酶反应阳性,具有醇脱氢酶等氧化酶类。最适宜生长温度为 25～30 ℃,温度范围为 5～42 ℃,不耐热。最适生长 pH 值为5.4～6.3。

醋酸杆菌属细菌主要分布在花、果实、葡萄酒、啤酒、苹果汁、醋和果园土等环境中,并可引起菠萝的粉红病和苹果、梨的腐烂。

(3) 葡糖杆菌属。

该属细菌幼龄菌革兰氏染色呈阴性,老龄菌常由革兰氏阴性变为阳性。菌落为灰白色。最适生长温度为 25～30 ℃,在 37 ℃环境下不生长。最适 pH 值为 5.5～6.0,大多数菌株能在 pH 值为 3～6 的环境下生长。专性好氧,能氧化酒精成醋酸,但不能将醋酸或乳酸氧化成 CO_2 和 H_2O。该属菌广泛分布于花、果实、蜂蜜、苹果汁、葡萄酒、醋和软饮料等环境中,可导致含酒精饮料变酸。

2) 革兰氏阴性兼性厌氧杆菌

肠杆菌科细菌为革兰氏阴性杆菌。好氧或兼性厌氧,最适生长温度为 37 ℃(除欧文氏菌属和耶尔森氏菌属外),对热抵抗力弱,巴氏消毒即可将其杀死。氧化酶阳性。能发酵糖类,在肉膏培养基中易生长,能利用葡萄糖、其他碳水化合物、醇类等发酵产酸和产气,为异型发酵菌。

肠杆菌科的细菌大多存在于人和动物的肠道内,是肠道菌群的一部分。其中一些菌种是人和动物的致病菌,一些是植物的病原菌,还有一些是引起食品腐败变质的腐败菌。该科中的主要属有如下几种。

① 埃希氏菌属。埃希氏菌属中的代表菌种是大肠埃希氏菌,简称大肠杆菌。大肠杆菌是人和动物肠道中的正常菌群之一,污染食品引起腐败变质后,可产生不洁净或粪便气味。绝大多数大肠杆菌在肠道内无致病性,但当机体抵抗力下降或大肠埃希菌侵入肠外组织或器官时,可作为条件致病菌而引起肠道外感染。有些血清型可引起肠道感染。已知引起腹泻的大肠埃希菌有 4 类,即产肠毒素大肠埃希菌、侵袭性大肠埃希菌、肠出血大肠埃希菌和肠道致病性大肠埃希菌。部分埃希氏菌株与婴儿腹泻有关,并可引起成人腹泻或食物中毒的爆发。大肠埃希氏菌 O157:H7 是导致 1996 年日本食物中毒爆发的罪魁祸首,它是出血性大肠埃希氏菌中的致病性血清型,主要侵犯小肠远端和结肠。常见中毒食品为各类熟肉制品、冷荤、牛肉、生牛奶,其次为蛋及蛋制品、乳酪及蔬菜、水果、饮料等食品。大肠杆菌是食品中常见的腐败菌,也是食品和饮用水的粪便污染指示菌之一。

② 志贺氏菌属。该属细菌在 10～40 ℃、pH 值为 6.4～7.8 的环境下生长良好,最适宜生长温度为 37 ℃,最适宜 pH 值 7.2。于营养琼脂平板上培养 18～24 h,形成圆形微隆起、边缘整齐、光滑湿润、无色半透明、中等大小的菌落。该属菌具有呼吸和发酵两种类型的代谢,接触酶阳性,氧化酶阴性,不发酵乳糖和蔗糖,不液化明胶,不产生硫化氢,不分解尿素,不能利用柠檬酸或丙二酸作为唯一碳源,大多数菌株不分解乳糖,能分解葡萄糖产酸但不产气。根据生化和血清学反应,可将其分为痢疾志贺氏菌(A 亚群)、弗氏志贺氏菌(B 亚群)、鲍氏志贺氏菌(C 亚群)和宋内氏志贺氏菌(D 亚群)4 个亚群。该菌由患者及带菌者的粪便排出,通过污染饮用水、食物、药品,手指的接触及苍蝇的传播等传染。污染食品经口进入人体后,可侵入大肠的上皮细胞,引起以下痢、发热、腹痛为主要症状的细菌性红痢。

③ 沙门氏菌属。该属细菌最适宜生长温度为 35～37 ℃。该属菌能发酵葡萄糖、麦芽糖、甘露醇、山梨酸,产酸产气,不分解乳糖、蔗糖,不产生吲哚,产生硫化氢。根据其生化性状差

别,可分为Ⅰ～Ⅴ个亚属。根据细胞表面抗原和鞭毛抗原的不同,分为 2 000 多个血清型。不同血清型的致病力及侵染对象不尽相同,有些对人致病,有些对动物致病,也有些对人和动物都致病。沙门氏菌广泛存在于自然界中,已从人、家畜、禽类、蛇、龟、蛙等动物中分离出该菌,从自然环境中的蚯蚓、鱼中也能分离出该菌。该菌常污染鱼、肉、禽、蛋、乳等食品,在食品中增殖,人食入后可在消化道内增殖,引起急性胃肠炎和败血症等。该菌是重要的食物中毒性细菌之一。

④ 肠杆菌属。该属细菌容易在普通培养基上生长,可发酵葡萄糖并产酸产气。一般可利用柠檬酸盐和丙二酸盐作为唯一的碳源和能源,不产生硫化氢。多数菌株可将明胶缓慢液化,不产生脱氧核糖核酸酶。大多数菌株 VP 试验阳性,MR 试验阴性。在人肠道内比大肠杆菌少,广泛分布于土壤、水和食品中,是条件致病菌。该属菌污染食品后可引起食品的腐败变质。此外,有部分低温性菌株可引起冷藏食品的腐败。

⑤ 克雷伯氏菌属。该属细菌的大多数菌株能利用柠檬酸盐和葡萄糖作为唯一的碳源。可发酵葡萄糖并产酸产气。氧化酶阴性,VP 试验通常阳性;发酵肌醇,水解尿素,不产生鸟氨酸脱羧酶或硫化氢。广泛分布于水、土壤、人和动物的消化道及呼吸道、粮食和冷藏食品中。可引起食品变质、人的上呼吸道感染、肺炎、败血症等。

⑥ 沙雷氏菌属。该属细菌菌落大多数不透明,略有光泽,白色、粉色或红色,许多菌株可产生红色色素。兼性厌氧。接触酶反应强阳性,可发酵 D-葡萄糖和其他糖类,产酸,有的产气。发酵并利用麦芽糖、甘露醇和海藻糖作为唯一的碳源。该属菌广泛分布于水、土壤和植物表面,是腐败作用较强的腐败细菌,也是人类的条件致病菌。对食品中的蛋白质具有较强的分解能力,并可产生大量挥发性氨态氮等腐败性产物,使食品产生很强的腐败性气味。

⑦ 变形菌属。该属细菌以周生鞭毛运动,能急速运动,在湿润的培养基表面上,大多数菌株有周期性的群游而产生的同心圆带,或者扩展成均匀的菌膜。该属菌包括普通变形杆菌、奇异变形杆菌、莫根变形杆菌、雷极氏变形杆菌和无恒变形杆菌。该菌在自然界中分布广泛,在粪便、食品等中均可检出。该菌具有很强的蛋白质分解能力,是重要的食品腐败菌之一。该菌污染食品后可在食品中迅速增殖,初期使食品的 pH 值稍下降,之后产生盐基氮,使食品转为碱性并使其软化。

⑧ 耶尔森氏菌属。该属中与食品关系最密切的是小肠结肠炎耶尔森氏菌。该菌对营养要求不高,能在麦康凯琼脂上生长,但较其他肠道杆菌生长缓慢。初次培养菌落为光滑型,通过传代接种后菌落可能呈粗糙型。该菌具有"嗜冷性",可污染冷藏食品而引起以肠胃炎为主的食物中毒。

3)弧菌科

弧菌科包括 4 个属,菌体为球杆、直的或弯曲状,革兰氏阴性,以极生鞭毛运动,兼性厌氧。大多数种的最佳生长环境以 2%～3% 的 NaCl 或海水为基础。主要为水生,广泛分布于土壤、淡水、海水和鱼贝类中。有几个种是人类、鱼、鳗和蛙,以及其他脊椎或无脊椎动物的病原菌。该科中与食品密切相关的属有以下两种。

(1)弧菌属。

该属细菌广泛存在于淡水、海水和鱼、贝中。在海洋沿岸、浅海海水、海鱼体表和肠道、浮游生物等中,均有较高的检出率。海产动物死亡后,在低温或中温保藏时,该菌可在其中增殖,引起腐败。该菌污染食品后,可引起食用者感染型食物中毒,发生腹痛、下痢、呕吐等典型的急性肠胃炎。该属中重要的菌种有副溶血性弧菌、霍乱弧菌等,它们都是人和动物的病原菌。

(2) 气单孢菌属。

该属菌通常以单端生鞭毛运动,在固体培养基上的幼龄菌可以形成周生鞭毛。兼性厌氧,氧化酶阳性,发酵糖类产气或不产气。一些菌株可产生褐色水溶性色素。该属菌主要分布在海水和淡水中,可引起鱼类、蛙类和禽类疾病,还可引起海产食品的腐败变质及引起食用者的肠胃炎。

4) 革兰氏阳性球菌

(1) 微球菌科。

该菌细胞直径为 $0.5\sim2.5\ \mu m$,在一个以上的平面分裂,形成规则或不规则的细胞簇。不运动或很少运动,好氧或兼性厌氧。所有菌株都能在 5% NaCl 环境中生长,许多菌株能在 10%~15% NaCl 环境中生长。某些种是动物和人的条件致病菌。

① 微球菌属。该属菌为好氧、不运动、氧化酶和过氧化氢酶阳性的球菌。菌落通常为圆形、凸起、光滑,某些菌株可以形成粗糙菌落。可产生黄、橙或红色色素。细胞壁中不含磷壁酸。对干燥和高渗环境有较强的抵抗力,可在 5% NaCl 环境中生长。该属菌广泛存在于人和动物的皮肤上,也广泛分布于土壤、水、植物和食品上,是重要的食品腐败性细菌,可引起肉类、鱼类、水产制品、大豆制品等食品的腐败。在新鲜食品、加工食品和腐败的食品中,该菌的检出率都很高。

② 葡萄球菌属。该属菌为兼性厌氧、过氧化氢酶阳性的球菌。菌落圆形、低凸起、光滑、闪光奶油状,不透明,可产生金黄色、柠檬色、白色等非水溶性色素。细胞壁中含有磷壁酸。该属具有很强的耐高渗透压能力,可在 7.5%~15% NaCl 环境中生长。本属中与食品关系最为密切的是金黄色葡萄球菌。金黄色葡萄球菌除具有上述特征外,还能发酵葡萄糖、分解甘露醇,卵磷脂酶阳性,可产生溶血毒素、杀白细胞毒素、肠毒素等多种毒素及溶纤维蛋白酶,透明质酸酶,血浆凝固酶和 DNA 酶等。此外,金黄色葡萄球菌还产生溶表皮毒素、明胶酶、蛋白酶、脂肪酶、肽酶等。

金黄色葡萄球菌在自然界中无处不在,空气、水、灰尘及人和动物的排泄物中都可找到。作为人和动物的常见病原菌,其主要存在于人和动物的鼻腔、咽喉、头发上及化脓处,50%以上健康人的皮肤上都有金黄色葡萄球菌的存在。

金黄色葡萄球菌可通过以下途径污染食品:食品加工人员或销售人员带菌,造成食品污染;食品在加工前本身带菌,或者在加工过程中受到了污染,产生了肠毒素,引起食物中毒;熟食制品包装不严,运输过程受到污染;奶牛患化脓性乳腺炎或禽畜局部化脓时,对肉体其他部位的污染。

金黄色葡萄球菌的致病力强弱主要取决于其产生的毒素和侵袭性酶。当金黄色葡萄球菌污染了含淀粉及水分较多的食品,如牛奶和奶制品、肉、蛋等,在温度条件适宜时,经 8~10 h 即可产生相当数量的肠毒素。肠毒素可耐受 100 ℃煮沸 30 min 而不被破坏,人食入该食品后可引起食物中毒,它引起的食物中毒症状是呕吐和腹泻。该菌感染人或动物后,可引起局部化脓感染,也可引起肺炎、伪膜性肠炎、心包炎等,甚至引发败血症、脓毒症等全身感染性疾病。

(2) 所属科未定的属。

这一类群中与食品有密切关系的属有链球菌属、明串珠菌属、片球菌属和气球菌属等。它们均为革兰氏阳性、兼性厌氧、过氧化氢酶阴性球菌。

① 链球菌属。

该属细菌可发酵糖类产生乳酸,不产气,兼性厌氧,过氧化氢酶阴性。链球菌属又分为酿脓链球菌群、口腔链球菌群、厌氧链球菌群、乳酸链球菌群和肠球菌群等5个群。该属中许多种为共栖菌或寄生菌，常见于人和动物的口腔、上呼吸道、肠道等处，其中有些是致病菌；少数为腐生菌，存在于自然界，污染食品后可引起腐败变质。

② 明串珠菌属。

该属菌生长缓慢，可形成小菌落，直径常小于1.0 mm，光滑、圆形、略显灰白色。最适宜生长温度为20~30 ℃。发酵葡萄糖产生D型乳酸、酒精和CO_2。

该属菌广泛存在于果蔬、乳及乳制品中，能在高浓度的含糖食品中生长。对植物、动物和人无致病性，可使牛乳变黏。该属中的肠膜明串珠菌肠膜亚种和肠膜明串珠菌葡聚糖亚种可发酵蔗糖产生特征性的葡聚糖黏质物，造成制糖工业中糖液黏度增加，影响过滤而降低糖的产量。

③ 片球菌属。

该属细菌一般同型发酵产生乳酸，可发酵葡萄糖、果糖和甘露糖产生酸，不产气。最适宜生长温度为25~40 ℃。主要存在于发酵的植物材料和腌渍蔬菜中，与啤酒等酒精饮料的变质有关。

啤酒片球菌是该属菌中与食品关系较密切的代表。可发酵麦芽糖产生酸，不产气。可产生丁二酮，腐败啤酒中特殊的气味与该成分有关。最适宜生长温度为25 ℃，在35 ℃环境下不生长。致死温度为60 ℃，在60 ℃环境下10 min即死亡。高度耐啤酒花防腐剂。在pH值为3.5~6.2时可生长，最适pH值约为5.5，分布于腐败的啤酒和啤酒酵母中。

5) 革兰氏阳性芽孢杆菌和球菌

(1) 芽孢杆菌属。

该属细菌广泛分布于土壤、植物、腐殖质及食品上。其中包括人和动物的病原性细菌炭疽芽孢杆菌、食物中毒性细菌蜡样芽孢杆菌、昆虫的病原菌苏云金芽孢杆菌。此外，也包括可用于食品工业生产的枯草芽孢杆菌。

① 蜡样芽孢杆菌。

该菌广泛存在于土壤、水、调味料、乳及咸肉中，污染牛乳后可产生卵磷脂酶，破坏脂肪球膜，使得脂肪不能很好地乳化，还可以产生类似凝乳酶的酶，使乳在酸度不高时即可发生凝固。蜡样芽孢杆菌的生长温度为10~48 ℃，pH值为4.9~9.3，发芽温度范围为1~59 ℃。该菌污染食品后，可以引起食品腐败变质，并且产生下痢性毒素、肠毒素、溶血素、呕吐毒素及肠管坏死毒素等，引起人食物中毒。

② 枯草芽孢杆菌。

该菌菌落呈圆形或不规则形状，表面粗糙或有皱纹，呈奶油色或褐色，菌落形态与培养基成分有关。枯草芽孢杆菌污染面粉后，可以使发酵面团产生液化黏丝状现象，使烤制的面包或馒头出现斑点或斑纹，并且伴有异味。该菌在肉类表面可产生黏液并有异味。在肉类罐头及其他肉制品上经常可以分离出该菌，但该菌在密封的罐头中较少引起变质。该菌在牛乳中生长，可以使牛乳变稠，有时在不变酸时使牛乳凝固，即产生所谓的甜凝乳现象。

③ 巨大芽孢杆菌。

该菌可以在含氨的环境中生长，不需要生长因子，无卵磷脂酶活性。在厌氧条件下，在葡萄糖肉汤中不生长，多数菌株可在培养基中产生黄、粉红、褐或黑色色素。其适宜生长温度为28~37 ℃。该菌可以从鲜乳、消毒乳、干酪、肉类等食品中分离得到，可使浓缩乳凝固并产生干酪味和气体，使肉类罐头变质胀罐。

④ 凝结芽孢杆菌。

该菌菌落为不透明的小菌落,生长温度范围为 18～60 ℃,可在酸性条件下生长。在有氧条件下于葡萄糖肉汤中生长,产生醋酸、乳酸和 CO_2。在厌氧条件下主要产生乳酸,不产气。该菌能在 pH 值为 3.5～4.5 的食品中生长,引起食品变质,罐头食品变质后外观不膨胀。在炼乳罐头中,通常使乳形变得坚实凝结,偶尔呈碎片状凝结,并有乳清析出。此种变质亦常发生于含有蔗糖的乳制品中。

(2) 梭菌属。

该属的绝大多数种为厌氧菌,只有少数种可在大气条件下生长,但在大气中不形成芽孢。其对不良环境条件具有极强的抵抗力。该属菌对营养的需要因菌种不同而异。可耐受 2.5%～6.5% NaCl 的渗透压,对 $NaNO_2$ 和 Cl^- 敏感。

梭菌广泛存在于土壤、下水污泥、海水沉淀物、腐败植物、食品、人和其他哺乳动物的肠道内。该属中的一些菌种如丁酸梭菌可分解碳水化合物产生各种有机酸(醋酸、丙酸、丁酸)和醇类(酒精、异丙醇、丁醇),在食品加工中可用于生产某些酸、醇和酮类。一些菌种如腐化梭菌分解蛋白质和氨基酸,产生硫化氢、硫醇、甲基吲哚(粪臭素)等具有恶臭味的腐败产物,在乳中生长时可使乳中酪蛋白完全胨化,在熟肉上生长使肉变黑,在罐头中生长时,因产气使罐头发生膨胀。

肉毒梭菌是食品中比较常见的变质、产毒梭菌属微生物。在家庭自制的豆谷类食品(如臭豆腐、豆豉、豆酱等发酵食品所用的粮和豆类)中常带有肉毒梭菌芽孢,往往密封于容器中,在 20～30 ℃发酵,在厌氧菌适合的温度、水分下,污染的肉毒梭菌得以增殖和产毒。当人们食入含有该毒素的食品时,可发生毒素型食物中毒,早期症状为全身无力、头痛、头晕,继而出现眼睑下垂、视力模糊、瞳孔散大、吞咽困难等症状,直至死亡。此外,某些梭菌如破伤风梭菌是人和动物的破伤风病病原菌。

6) 革兰氏阳性不规则无芽孢杆菌

食品中常见的棒状菌属主要存在于土壤、水中和动植物身上。通常可以在奶酪、乳、鸡肉、鸡蛋、肉类及鱼类等食品中发现。它可引起食品腐败,但是腐败作用不强。该属中有人和动物病原菌、植物病原菌和腐生菌。另外,短杆菌属可在灭菌鱼肉中生长,引起其腐败,但腐败能力不强;微杆菌属可存在于猪肉、牛肉、禽肉、禽蛋及乳制品中,可使肉制品腐败,产生异味。

2. 酵母菌

酵母菌主要存在于含糖质较高的偏酸性土壤中,如果品、蔬菜、花蜜、植物叶子的表面和果园土壤中。此外,动物粪便、油田和炼油厂附近的土壤中也能分离出利用烃类的酵母菌。多数酵母菌对人类是有益的,可广泛用于酿酒和生产饮料、面包、药品等多种产品,也有一些酵母污染食品后也会引起变质。例如:一些腐生性酵母菌能使食物、纺织品和其他原料腐败变质;有些酵母菌是发酵工业污染菌,使发酵产量降低或产生不良气味,影响产品质量;少数耐高渗的酵母菌和鲁氏酵母、蜂蜜酵母可使蜂蜜和果酱等变质;白假丝酵母又称白色念珠菌,可引起皮肤、黏膜、呼吸道、消化道,以及泌尿系统等多种疾病。

3. 霉菌

霉菌广泛存在于自然界中,土壤、水域、空气、动植物体内外均有它们的踪迹。由于它可以形成各种微小的孢子,因而很容易污染食品。霉菌对食品的污染会造成食品的腐败变质,而且有些霉菌还可产生毒素,造成人畜误食后引起霉菌毒素中毒。霉菌毒素是霉菌产生的一种有毒的次生代谢产物,通常具有耐高温、无抗原性等特点,侵入机体后,可减少细胞分裂,抑制蛋白质的合成和 DNA 的复制,抑制 DNA 和组蛋白形成复合物,影响核酸的合成,降低免疫应答等作用。霉菌主要侵害实质器官,根据霉菌毒素作用的靶器官,可将其分为肝脏毒、肾脏毒、神经毒、光过敏性皮炎等。霉菌毒素多数还具有致癌作用。人和动物一次性摄入含大量霉菌毒素的食物常会发生急性中毒,而长期摄入含少量霉菌毒素的食物则会导致慢性中毒和癌症。因此,霉变的粮食及食品不仅会造成经济损失,有些还会因被误食而造成人畜急性或慢性中毒,甚至导致癌症。

霉菌产毒具有以下特点:霉菌产毒仅限于少数的产毒霉菌,而且产毒菌种中也只有一部分菌株产毒;一种菌种或菌株可以产生几种不同的毒素,而同一霉菌毒素也可由几种霉菌产生;霉菌产毒需要一定的条件,主要是基质种类、水分、温度、湿度及空气流通的情况;产毒菌株的产毒能力还表现出可变性和易变性,产毒菌株经过多代培养可以完全失去产毒能力,而非产毒菌株在一定条件下也可出现产毒能力。因此,在实际工作中应该随时考虑这一问题。

目前,已知可污染粮食及食品并发现具有产毒菌株的霉菌有以下几种属种。

1) 曲霉属

曲霉在自然界分布极为广泛,对有机质分解能力很强。曲霉属中有些种如黑曲霉、黄曲霉等被广泛用于食品工业。同时,曲霉也是重要的食品污染霉菌,可导致食品发生腐败变质,有些种还产生毒素。曲霉属中可产生毒素的种有黄曲霉、赫曲霉、杂色曲霉、烟曲霉、构巢曲霉和寄生曲霉等。

(1) 黄曲霉毒素产生菌。

黄曲霉能够液化淀粉、分解蛋白质,分解 DNA 并产生核苷酸。黄曲霉菌中有些菌株是使粮食发霉的优势菌,特别是在花生等食物上容易形成,并产生黄曲霉毒素。

黄曲霉毒素是黄曲霉和寄生曲霉的代谢产物。寄生曲霉的所有菌株都能产生黄曲霉毒素,但在我国寄生曲霉很罕见。黄曲霉是我国粮食和饲料中常见的真菌,黄曲霉毒素由于致癌力强,因而受到人们的重视,但并非所有的黄曲霉都是产毒菌株,即使是产毒菌株也必须在适合产毒的环境条件下才能产毒。

黄曲霉生长产毒的温度范围是 $12 \sim 42$ ℃,最适产毒温度为 33 ℃。黄曲霉在水分为 18.5% 的玉米、稻谷、小麦上生长时,第三天便开始产生黄曲霉毒素,第十天产毒量达到最高峰,以后便逐渐减少。菌体形成孢子时,菌丝体产生的毒素逐渐排出到基质中。黄曲霉产毒的这种迟滞现象,意味着高水分粮食如果在两天内进行干燥,将粮食中的水分降至 13% 以下,即使污染黄曲霉也不会产生毒素。

黄曲霉毒素污染可发生在多种食品上,如粮食、油料、水果、干果、调味品、乳和乳制品、蔬菜、肉类等。其中以玉米、花生和棉籽油最易受到污染,其次是稻谷、小麦、大麦、豆类等。花生和玉米等谷物是黄曲霉毒素菌株适宜生长并产生黄曲霉毒素的基质。花生和玉米在收获前就可能被黄曲霉污染,使成熟的花生不仅污染黄曲霉,而且还可能带有毒素,玉米果穗成熟时,不仅能从果穗上分离出黄曲霉,并且能够检出黄曲霉毒素。

(2) 杂色曲霉素产生菌。

杂色曲霉素主要由杂色曲霉和构巢曲霉等真菌产生。杂色曲霉和构巢曲霉主要污染玉米、花生、大米和小麦等谷物,产生杂色曲霉毒素。杂色曲霉素的污染范围和程度不如黄曲霉毒素。不过在肝癌高发区的居民所食用的食物中,杂色曲霉素污染较为严重;在食管癌的高发地区的居民喜食的霉变食品中也较为普遍。其中的杂色曲霉毒素 IVa 是毒性最强的一种,不溶于水,可以导致动物产生肝癌、肾癌、皮肤癌和肺癌,其致癌性仅次于黄曲霉毒素。

(3) 棕曲霉毒产生菌。

棕曲霉毒素是由棕曲霉、纯绿青霉、圆弧青霉等产生的。现已确认的有棕曲霉毒素 A 和棕曲霉毒素 B 两类。它们易溶于碱性溶液,可导致多种动物肝肾等内脏器官的病变,故称为肝毒素或肾毒素,此外还可导致肺部病变。

2) 青霉属

青霉的孢子耐热性强,菌体繁殖温度较低,酒石酸、苹果酸、柠檬酸等饮料中常用的酸味剂是它喜爱的碳源,因而常引起这些制品的霉变。

青霉分布广泛,种类很多,经常存在于土壤和粮食及果蔬上。有些种具有很高的经济价值,能产生多种酶及有机酸。另一方面,青霉可引起水果、蔬菜、谷物及食品的腐败变质,有些种及菌株同时还可产生毒素,如岛青霉、桔青霉、黄绿青霉、红青霉、扩展青霉、圆弧青霉、纯绿青霉、展开青霉、斜卧青霉等。

(1) 产生黄变米毒素的霉菌。

黄变米是 20 世纪 40 年代日本在大米中发现的。这种米由于被真菌污染而呈黄色,故称黄变米。可以导致大米黄变的真菌主要是青霉属中的一些种。黄变米毒素可分为三大类:黄绿青霉毒素、桔青霉毒素和岛青霉毒素。产生这些毒素的霉菌有黄绿青霉、桔青霉、岛青霉和展开青霉等。

① 黄绿青霉。

黄绿青霉又名毒青霉,属单轮青霉组,斜卧青霉系。菌落生长局限,表面皱褶,有的中央凸起或凹陷,淡黄灰色,仅微具绿色,表面绒状或稍显絮状,营养菌丝细,带黄色。反面及培养基呈现亮黄色。

黄绿青霉的代谢产物为黄绿毒素,为神经毒素,毒性强,中毒特征为中枢神经麻痹,进而心脏及全身麻痹,最后呼吸停止而死亡。大米水分占 14.6% 时易感染黄绿青霉,在 12~13 ℃时便可形成黄变米,米粒上有淡黄色病斑,同时产生黄绿青霉毒素。该毒素不溶于水,加热至270 ℃时失去毒性。

② 桔青霉。

桔青霉属于不对称青霉组,绒状青霉亚组,桔青霉系。菌落生长局限,有放射状沟纹,大多数为绒状,有一些呈絮状,艾绿色。反面黄色至橙色,培养及颜色相仿或带粉红色。

桔青霉可产生桔青霉毒素,暗蓝青霉、黄绿青霉、扩展青霉、点青霉、变灰青霉、土曲霉等霉菌也能产生这种毒素。该毒素难溶于水,为一种肾脏毒,可导致实验动物肾脏肿大,肾小管扩张和上皮细胞变性坏死。污染大米后形成桔青霉黄变米,米粒呈黄绿色。精白米易污染桔青霉形成该种黄变米。

③ 岛青霉。

岛青霉属于双轮对称青霉组,绳状青霉系。在察氏培养基上菌落生长局限,致密丛状,呈橙色、红色及暗绿色的混合体。反面浊橙色至红色,变至浊褐色。

大米被岛青霉污染后形成岛青霉黄变米,米粒呈黄褐色溃疡性病斑,同时含有岛青霉产生的毒素,包括黄天精、环氯肽、岛青霉素、红天精。前两种毒素都是肝脏毒,急性中毒可造成动物发生肝萎缩现象;慢性中毒发生肝纤维化、肝硬化或肝肿瘤等疾病,可导致大白鼠产生肝癌。

④ 展开青霉。

展开青霉又名荨麻青霉,属于不对称青霉组,束状青霉亚组。察氏培养基上菌落生长局限,多有放射状横沟,边缘陡峭,中央呈现粒状。灰绿色至亮灰色,反面暗黄色渐变为橙褐色乃至红褐色,扩散于培养基中。

展开青霉产生的毒素,是一种神经毒素。可溶于水、酒精,在碱性溶液中不稳定,易被破坏。展开青霉是苹果储存期的重要霉腐菌,它可使苹果腐烂。以这种腐烂苹果为原料生产出的苹果汁会含有展青霉毒素。用有腐烂达 50% 的烂苹果制成的苹果汁,展开青霉毒素可达 20～40 μg/L。该毒素能引起动物中毒死亡,污染了展开青霉的饲料可造成牛中毒,展开青霉毒素对小白鼠的毒性表现为严重水肿。

(2)青霉酸产生菌。

青霉酸是由软毛青霉、圆弧青霉、棕曲霉等多种霉菌产生的。极易溶于热水、酒精。用 1.0 mg 青霉酸给大鼠进行皮下注射,每周 2 次,64～67 周后,在注射局部发生纤维瘤,对小白鼠试验证明有致突变作用。

在玉米、大麦、豆类、小麦、高粱、大米、苹果上均检出过青霉酸。青霉酸是在 20 ℃温度以下形成的,所以低温储存食品霉变时可能污染了青霉酸。

3)交链孢霉

交链孢霉广泛分布于土壤和空气中,是粮食、果蔬中常见的霉菌之一,有些是植物病原菌,可引起许多果蔬的腐败变质,产生毒素。交链孢霉产生多种毒素,主要有四种:交链孢霉酚(AOH)、交链孢霉甲基醚(AME)、交链孢霉烯(ALT)和细偶氮酸(TeA)。AOH 和 AME 有致畸和致突变作用。给小鼠或大鼠口服 50～398 mg/kg TeA 钠盐,可导致胃肠道出血死亡。

交链孢霉毒素在自然界产生水平低,一般不会使人或动物发生急性中毒,但长期食用其慢性毒性值得注意,在番茄及番茄酱中检出过 TeA。

4)镰刀菌属

镰刀菌属包括的种很多,广泛存在于自然界中,其中大部分是植物的病原菌,并能产生毒素。如禾谷镰刀菌、三线镰刀菌、梨孢镰刀菌、无孢镰刀菌、雪腐镰刀菌、串珠镰刀菌、拟枝孢镰刀菌、木贼镰刀菌、粉红镰刀菌等。有多种镰刀菌可产生对人畜健康威胁极大的镰刀菌毒素。根据联合国粮食与农业组织(FAO)和世界卫生组织(WHO)联合召开的第三次食品添加剂和污染物会议资料,镰刀菌毒素问题同黄曲霉毒素一样被看作自然发生的最危险的食品污染物。镰刀菌毒素已发现有十几种,按其化学结构可分为以下三大类,即单端孢霉烯族化合物、玉米赤霉烯酮和丁烯酸内酯。

(1)单端孢霉烯族化合物产生菌。

单端孢霉烯族化合物是由雪腐镰刀菌、禾谷镰刀菌、梨孢镰刀菌、拟枝孢镰刀菌等多种镰刀菌产生的一类毒素。它是引起人畜中毒最常见的一类镰刀菌毒素。

在单端孢霉烯族化合物中,我国的粮食和饲料中常见的是脱氧雪腐镰刀菌烯醇(DON)。DON 主要存在于麦类赤霉病的麦粒中,在玉米、稻谷、蚕豆等作物中也能感染赤霉病而含有 DON。

引起赤霉病的赤霉菌,其无性阶段是禾谷镰刀霉。该菌在马铃薯葡萄糖琼脂培养基上菌丝呈棉絮状至丝状,生长旺盛。这种病原菌适合在阴雨连绵、湿度高、气温低的气候条件下生长繁殖。如在麦粒形成乳熟期感染,则随后成熟的麦粒皱缩、干瘪、有灰白色和粉红色霉状物;如果在后期感染,麦粒尚且饱满,但胚部呈粉红色。DON 又称致吐毒素,易溶于水、热稳定性高。烘焙温度 210 ℃和 140 ℃温度油煎或煮沸只能破坏其 50%。

人误食含 DON 的赤霉病麦（含 10%病麦的面粉 250 g）后，多在 1 h 内出现恶心、眩晕、腹痛、呕吐、全身乏力等症状。少数伴有腹泻、颜面潮红、头痛等症状。以病麦喂猪，猪的体重增重缓慢，宰后脂肪呈土黄色、肝脏发黄、胆囊出血。DON 对狗经口的致吐剂量为 0.1 mg/kg。

（2）玉米赤霉烯酮产生菌。

玉米赤霉烯酮是一种雌性发情毒素。动物吃了含有这种毒素的饲料，就会出现雌性发情综合症状。禾谷镰刀菌、黄色镰刀菌、粉红镰刀菌、三线镰刀菌、木贼镰刀菌等多种镰刀菌均能产生玉米赤霉烯酮。

（3）丁烯酸内酯产生菌。

丁烯酸内酯是由三线镰刀菌、雪腐镰刀菌、拟枝孢镰刀菌和梨孢镰刀菌产生的，易溶于水，在碱性水溶液中极易水解。丁烯酸内酯在自然界中发现于牧草中，牛饲喂带毒牧草导致烂蹄病。

雪腐镰刀菌在马铃薯葡萄糖琼脂培养基上，菌落呈白色、浅桃红色、粉红色至杏黄色，培养基稍呈浅黄色。该菌在小麦、大麦和玉米等谷物上生长，可产生镰刀菌系统-X、雪腐镰刀菌烯醇和二醋酸雪腐镰刀菌烯醇等有毒代谢物。

三、思考题

（1）简述污染食品的微生物的来源及途径。

（2）举例说明什么是内源性污染，什么是外源性污染。

（3）常见的污染食品并可引起食品腐败变质的细菌有哪些？

（4）污染食品并可产生毒素的霉菌有哪些？各产生什么毒素？

模块三　食品卫生微生物检验室及操作技术要求

项目一　微生物检验室及配置

一、食品微生物检验室

食品微生物检验室以对质量管理、卫生,以及监控危害分析和关键控制点计划的有效性进行评价为目的,是进行检测、鉴定或描述食品中致病微生物存在与否的实验室。由于微生物的特殊生物学特性,对致病性微生物的检测必须在特定的食品微生物检验室内进行。食品微生物检验室完善的组织与管理、规划建设和配套环境设施的科学性和合理性、检验人员的良好素质、检验器具和耗材的质量、检验方法的合适性、仪器设备的状态、检验质量的准确性,不仅关系到食品微生物的检测质量,而且关系到食品安全,甚至关系到个人安全、社区安全和经济贸易,因此必须通过适当的监控手段和科学合理的检验来对其进行管理。

(一)食品微生物检验室基本要求

食品微生物检验室的基本要求包括食品微生物检验室的管理要求、技术要求、过程控制要求、结果控制要求、操作质量控制和结果报告的要求。

1. 管理要求

(1)目标与任务。

食品微生物检验室应根据国际通用标准规范,结合食品检验的实际情况,严格食品微生物检验室的质量控制规范,把食品微生物检验室管理纳入科学化和规范化的管理轨道,从而提高食品微生物检验室的整体质量管理水平和检验技术能力,提供食品安全检验的技术保证。

(2)组织结构。

食品微生物检验室应具有明确的法律地位。食品微生物检验室应归属在国际食品安全部门的管理下,并且有政策和程序用于避免涉及任何可能会降低其在能力、公正性、判断力或运作诚实性方面可信度的活动;不应因经济或政治方面的因素而影响检测,检测结果应具有一定的权威性。食品微生物检验室应做出有良好职业行为及检验工作质量的承诺。

(3)管理体系。

食品微生物检验室有义务完成职责范围内的食品微生物检验工作,对检出客户要求以外的食源性致病微生物,应将结果报告给客户,必要时应通知相关部门。由检验室管理层负责对实验室质量管理体系及全部的食品微生物检测活动进行监督和评审,要设置对技术工作和所需资源供应全面负责的技术管理者,以保证所要求的检验室工作质量。

(4) 文件控制。

食品微生物检验室的检验工作应遵循国际或国家制定的法规、标准或检验程序等。食品微生物检验室应建立并实施一套技术记录进行识别、收集、索引、访问、存放、维护,以及全面处置的程序。所有记录应清晰明确,便于检索,并有专人负责。应有程序保护和备份以电子形式存储的记录,以防止未授权者侵入或修改。

2. 技术要求

(1) 检验人员的要求。

食品微生物检验室的管理层应保证所有检验人员接受胜任工作所必需的设备操作方法、微生物检测技能(如无菌操作、倒平板、菌落计数等)和实验室安全等方面的培训,并有针对所有级别检验人员的继续教育计划。

检验室应由具有微生物学或相近专业知识的人员来操作或指导微生物检验,应按要求根据相应的教育、培训、经验和技能证书进行资格确认。检验员的基础知识和基本经历在评审中显得尤其重要。微生物检验是通过形态特征、生理生化反应特征、生态特征、血清学反应来鉴定菌种的,这需要受过微生物方面专门培训的、具有一定的理论基础和检验经历的检验人员来做这个工作。只有这种专业人员才能正确地检验食品中的微生物。

检验室管理者应授权专门人员进行特殊类型的抽样、检测,发布检测报告,提出意见和解释,以及操作特殊类型的设备。授权的报告签发人应具有相关的工作经验和专业知识,包括有关法规和技术要求等方面的知识。

(2) 设施的要求。

食品微生物检验室应具有进行微生物检测所需的适宜的、充分的设施条件,标准的检验室应具有检测设施(超净工作台、显微镜等)及辅助设施(大门、走廊、管理区、样品区、洗手间、储存室、文档室等)。某些检测设备可能需要特殊的环境条件。

依据所检测微生物的不同等级,检验室应对授权进入的人员采取严格的限制措施,应根据具体检测活动(如检测种类和数量等),有效分隔不相容的业务活动;应采取措施将交叉污染的风险降到最低。检验室的设计应能将意外伤害和职业病的风险降到最低。应准备足够数量的洗手设施和急救材料。有独立的洗手池,非手动控制的效果更好,最好在检验室的门附近。

检验室应制订科学合理的环境监测程序(如空气采样器、沉降平板、接触盘等方法监测空气和表面的微生物污染)。应保证工作区洁净无尘,工作区空间应与微生物检测的需要及检验室内部的整体布局相称。通过自然条件、换气装置或使用空调,保持良好的通风和适当的温度。使用空调时,应根据不同工作类别检查、维护和更换合适的过滤设备。

根据所检测的微生物的危害等级的不同,在检验室内应穿着相应的防护服,离开工作区域时脱下防护服。在进行检测时,窗和门的张开程度应降到最低,换气系统中应有空气过滤装置,禁止把植物和个人物品带入检验室工作区域。尽可能减少在检验室内进行文件处理。

(3) 设备的要求。

食品微生物检验室的设备包括温控设备(培养箱、冰箱、冷冻机、烤箱)、测量器具(温度计、计时器、天平、酸度计、菌落计数器等)、定容设备(吸管、自动分液器、微量移液器等)、除菌和灭菌设备(超净工作台、高压灭菌锅等)、其他设备(显微镜、离心机、均质机)等。

设备的安装和布局应便于操作,易于维护、清洁和校准。设备应达到规定的性能参数,并符合相关的检测标准。无论何时,只要发现设备故障,应立即停止使用,必要时检查对以前结果的影响。应定期验证和维护设备,以确保其处于良好的工作状态。

应根据使用频率在特定的时间间隔内进行维护和性能验证,并保存相关记录。每台对检测质量有影响的设备应有使用记录本并放在设备附近。使用记录本的内容包括设备名称、制造厂商、主机系列号或其他唯一性标志、设备到货日期及投入使用日期、当前放置地点、收到时的状态(新、旧、重新调试)、设备的使用指南、设备校准和验证的日期和结果,以及下一次校准和验证的日期、维护记录及未来的维护计划、损伤、故障、校准、修理的记录。检验室应检测这些设备的运行情况,并保存记录。应定期清洁和消毒设备的内外壁。

每次设备的操作应由受过培训的检验人员(2人以上)在场,以防发生事故。

(4)培养基的配制和管理。

① 对试剂的要求。

检验室应有对试剂进行检查、接收、拒收和储存的程序,确保所用的试剂质量满足相关检测的需要。检验室工作人员应使用有证的国家试剂或国家质控生物,在初次使用和保存期限内验证,并记录每一批对检测起决定性作用的试剂的适用性,不得使用未达到相关标准的试剂。

② 实验室的制备培养基。

原料(包括商业脱水配料和单独配方组分)应在适当的条件下储存,如低温、干燥和避光等环境。所有容器应密封,尤其是盛放脱水培养基的容器。不得使用结块或颜色发生改变的脱水培养基。除非试验方法有特殊要求,否则培养基、试剂及稀释剂配制用水均应经蒸馏、去离子或反渗透处理,培养基要求无菌、无干扰剂和抑制剂。

配制用水应满足下列参数:电阻率在 25 ℃时应大于等于 300 000 Ω·cm,建议每周检测一次;菌落总数应小于 1 000 cfu/mL,建议每月检测一次;重金属(Cd、Cr、Cu、Ni、Pb 等)含量小于 0.05 mg/L,重金属总量小于 10 mg/L,建议每年检测一次。

③ 培养基的管理。

培养基是微生物检验的关键试验材料,微生物检验室必须对自配或购买的培养基的可靠性采用一定的方法进行鉴定,以确保培养基的有效性。如果是自配的培养基,则必须保存配制记录。

(5)标准物质和标准培养物。

检验室可使用来自认可的国内或国外菌种收藏机构的标准菌株,或者使用与标准菌株所有相关特性等效的商业派生菌株。将标准菌株传代培养一次,制得标准储备菌株,应同时进行纯度和生化检查。建议使用深度冰冻或冻干的方法制备标准储备菌株。标准储备菌株继代培养便是日常微生物检测所需的工作菌株。一旦标准储备菌株被解冻,最好不要重新冷冻和再次使用。所有的标准培养物从储备菌株传代培养的次数不得超过 5 次。

(6)取样。

一般情况下,检验室不负责抽取实验所需的原始样品。如果需要负责取样,应在保证量的情况下进行。为保持样品的完整性,应监控并记录运输和储存样品的条件。必要时,应有从取样到送达检验室的运输和储存记录档案。收到样品后,应根据有关标准和国际规范尽快对样品进行检测。应由经过培训合格的人员使用无菌工具进行无菌操作取样,监测和记录取样地点的环境状况,并记录取样的时间。

(7) 样品处置和确认。

微生物对储存运输中诸如温度或持续时间等因素较敏感,所以检验室在接收样品时应检查并记录样品的状况。

检验室应有样品传递、储存、处置和识别管理程序。如果样品数量不足,或者因外观不整、温度不适、包装破损导致样品状态不佳或标志缺失,检验室在决定检测或拒绝接收样品前应与客户沟通。在任何情况下,样品的状况都应在检测报告中体现。

样品必须有一定的储存条件,以确保样品在保存期内不变质。对检验后存在有害细菌的样品再处理时,必须先进行灭活处理后方能再进行其他处理。

(8) 污染废物的处理。

正确处理污染材料也许不会直接影响样品分析的质量,但检验室应制订方案来减小其污染检测环境或设施的可能性,所有污染废物应在 121 ℃的温度下持续灭菌至少 45 min。污染废物的最终弃置应符合国家、国际环境和健康安全的规则。

3. 过程控制要求

应制订能力评审的方案,以证实检验室具备必要的人力、物力和信息资源,且检验室工作人员具有相应的专业技能与经验,以满足所从事检测项目的要求。

4. 结果控制要求

检验室应制订周期性检查程序以证实检测的可变性(例如,分析者之间的差异和设备或材料之间的差异等)处于控制之下,该程序应覆盖检验室的所有检测项目。检验室尽可能参加与其检测范围相关的外部质量评估计划(如能力验证)和检验室对比试验。

5. 操作质量控制

根据微生物试验的操作要求,制订相应的操作规范和流程,确保在操作过程中达到微生物实验室要求。

6. 检验报告的要求

检验室应准确、清晰、明确和客观地报告每一项或一系列检测的结果,并符合检验方法中规定的要求。对定量检测,结果应报告为"在规定的单位样品中检测到多少菌落形成单位或最可能值(MPN)/小于目标微生物检测限"。对定性检测,结果应报告为"在规定的单位样品检出/未检出目标微生物"。应制定政策及程序,确保检测结果只能送达被授权的接收者。

(二) 无菌室基本要求

1. 无菌室的设计要求

(1) 无菌室、超净工作台应设在较洁净的环境内,附近无污染源。

(2) 工作室应矮小、平整,内部装修应平整、光滑,无凹凸不平或棱角等,四壁及屋顶应用不透水的材质,便于擦洗及杀菌。

(3) 无菌间通向外面的窗户应为双层玻璃,并要密封,不得随意打开,并设有与无菌间大小相应的缓冲间及推拉门,另设有 0.5～0.7 m² 的小窗,以备进入无菌间后传递物品。室内门窗结构应密合,并尽量减小活动窗口面积。

(4) 室内采光面积大,从室外应能看到室内的情况。

（5）为保证无菌室的洁净，无菌室外应设缓冲间，以便进入无菌室之前进行更衣戴帽等准备工作。

（6）无菌室与缓冲间均装有紫外灯，按 $2\sim2.5$ m³ 安装 30 W 紫外线杀菌灯一盏；应定期检查杀菌效果，对失效的杀菌灯应及时更换。

（7）无菌室的关键操作点及超净工作台操作区的净化级别应为 100 级，即平均菌落数 $\leqslant$1 个/L，不小于 0.5 μm 粒子数 $\leqslant$3.5 个/L。

（8）室内温度宜控制在 $20\sim24$ ℃，湿度宜控制在 $45\%\sim60\%$。

2．无菌室的使用与管理

（1）无菌室应保持清洁整齐，室内仅存放最必需的检验用具，如酒精灯、酒精棉、火柴、镊子、接种针、接种环、玻璃铅笔等。

（2）室内检验用具及桌凳等保持固定位置，不要随便移动。

（3）每 $2\sim3$ 周用 2% 苯酚水溶液擦拭工作台、门、窗、桌、椅及地面，然后用 3% 苯酚水溶液喷雾消毒空气，最后用紫外灯杀菌 0.5 h。

（4）定期检查室内空气无菌状况，细菌数应控制在 10 个以下，发现不符合要求时，应立即彻底消毒灭菌。

无菌室无菌程度的测定方法：取普通肉汤琼脂平板、改良马丁培养基平板各 3 个（平板直径均 9 cm），置于无菌室的各工作位置上，开盖暴露 0.5 h，然后倒置进行培养。测细菌总数应置于 37 ℃ 的温箱里培养 48 h，测霉菌数则应置于 27 ℃ 的温箱里培养 5 d。细菌、霉菌总数均不得超过 10 个。

（5）无菌室杀菌前，应将所有物品置于操作的部位（待检物除外），然后打开紫外灯杀菌 30 min，时间一到，关闭紫外灯待用。

（6）进入无菌室前，必须于缓冲间更换消毒过的工作服、工作帽及工作鞋。

（7）操作时应严格按照无菌操作的规定进行，操作中少说话，不喧哗，以保持环境的无菌状态。

3．器材及场所的杀菌消毒

（1）高压蒸汽灭菌。工作服、口罩、稀释液等，置于高压灭菌锅内，一般采用 121 ℃ 灭菌 30 min，当然不同的培养基有不同的要求，应分别处理。

（2）火焰灭菌。接种针、接种环等可直接火焰灭菌。

（3）高温干燥灭菌。各种玻璃器皿、注射器、吸管等，应置于干燥箱中 160 ℃ 灭菌 2 h。

（4）一般消毒。无菌室内的凳、工作台、试管架、天平、待检物容器或包装均无法进行灭菌，必须用其他方法进行消毒处理，如采用 2% 苯酚水溶液或来苏水溶液擦拭消毒，工作人员的手也用此法进行消毒。

（5）空气的消毒。开启紫外灯照射 $30\sim60$ min 即可。

4．准备工作操作要领

（1）先进行无菌室空间的消毒，开启紫外灯 $30\sim60$ min。

（2）检验用的有关器材，搬入无菌室前必须分别进行灭菌消毒。

（3）操作人员必须将手清洗消毒，穿戴好无菌工作衣、帽和鞋，才能进入无菌室。在所有可能产生潜在感染性物质喷溅的操作过程中，操作人员均应将面部、口和眼遮住或采取其他防护措施。

(4) 进入无菌室后再一次消毒手部,然后才进行检验操作。

5. 操作过程注意事项

(1) 动作要轻,不能太快,以免搅动空气增加污染;玻璃器皿也应轻取轻放,以免破损污染环境。为了避免感染性物质从移液管中滴出而扩散,在工作台面上应当放置一块浸有消毒液的布或吸有消毒液的纸,使用后将其作为感染性废弃物处理。

(2) 应在近火焰区进行操作。

(3) 接种环、接种针等金属器材使用前后均需灼烧,灼烧时先通过内焰,使残物烘干后再灼烧灭菌。为了避免被接种物洒落,微生物接种环的直径应为 2～3 mm 并完全封闭,柄长度应小于 6 cm 以减少抖动。

(4) 使用吸管时,切勿用嘴直接吸、吹吸管,而必须用洗耳球操作。

(5) 观察平板时不要开盖,如欲蘸取菌落检查时,必须靠近火焰区操作,平皿盖也不能大开,而是上下盖适当开缝。

(6) 进行可疑致病菌涂片染色时,应使用夹子夹持玻片,切勿用手直接拿玻片,以免造成污染,用过的玻片也应置于消毒液中浸泡消毒,然后再洗涤。

(7) 工作结束,收拾好工作台上的样品及器材,最后用消毒液擦拭工作台。

(三) 食品微生物检验室技术操作要求

1. 无菌操作要求

食品微生物实验室的工作人员必须有严格的无菌观念。许多试验要求在无菌条件下进行,主要原因:一是防止试验操作中人为污染样品;二是保证工作人员的安全,防止检出的致病菌由于操作不当造成个人污染。

(1) 接种细菌时必须穿工作服。

(2) 进行接种食品样品时,必须穿专用的工作服,工作服应放在无菌室缓冲间,工作前经紫外线消毒后使用。

(3) 接种食品样品时,应在进无菌室前用肥皂洗手,然后用 75% 酒精棉球将手擦干净。

(4) 进行接种所用的吸管、平皿及培养基等必须经消毒灭菌后才可以使用,打开包装未使用完的器皿,不能放置后再使用,金属用具应高压灭菌或用 95% 酒精点燃烧灼三次后使用。

(5) 从包装中取出吸管时,吸管尖部不能触及外露部位,使用吸管接种于试管或平皿时,吸管尖不得触及试管或平皿边。

(6) 接种样品、转种细菌必须在酒精灯前操作。接种细菌或样品时,吸管从包装中取出后及打开试管塞时都要通过火焰消毒。

(7) 接种环和接种针在接种细菌前应经火焰烧灼全部金属丝,必要时还要烧到环和针与杆的连接处,接种结核菌和烈性菌的接种环应在沸水中煮沸 5 min,再经火焰烧灼。

(8) 吸管吸取菌液或样品时,应使用相应的橡皮头吸取,不得直接用口吸。

2. 无菌室使用要求

(1) 无菌室通向外面的窗户应为双层玻璃,并要密封,不得随意打开,并应设有与无菌间大小相应的缓冲间及推拉门,另设有 0.5～0.7 m² 的小窗,以备进入无菌室后传递物品。

(2) 无菌室内应保持清洁,工作后用 2%～3% 来苏水溶液消毒,擦拭工作台面,不得存放与实验无关的物品。

（3）无菌室使用前后应将门关紧，打开紫外灯，如采用室内悬吊紫外灯消毒时，用30 W紫外灯，距离在1.0 m处，照射时间不少于30 min。使用紫外灯时，应注意不得直接在紫外线下操作，以免使身体受伤，灯管每隔两周须用酒精棉球轻轻擦拭，除去上面的灰尘和油垢，以减少紫外线穿透的影响。

（4）处理和接种食品标本时，不得随意出入无菌室，如需要传递物品，可通过小窗传递。

（5）在无菌室内如需要安装空调，则应有过滤装置。

3. 消毒灭菌要求

微生物检测用的玻璃器皿、金属用具及培养基、被污染和接种的培养物等，必须经灭菌后方能使用。

（1）干热和湿热高压蒸汽锅灭菌方法。

① 灭菌前准备。

所有需要灭菌的物品首先应清洗晾干，玻璃器皿如吸管、平皿用纸包装严密，如果用金属筒，应将上面的通气孔打开。

将装培养基的三角瓶塞用纸包好，试管盖盖好，注射器须将管芯抽出并用纱布包好。

② 装放。

干热灭菌器：装放物品不可过挤，并且不能接触箱的四壁。

大型高压蒸汽锅：将灭菌物品分别包扎好，直接放入消毒筒内，物品之间不能过挤。

③ 设备检查。

检查门的开关是否灵活，橡皮圈有无损坏、是否平整。

压力表在水蒸气排尽时是否停留在零位，关好门和盖，通水蒸气或加热后，观察是否漏气，压力表与温度计所标示的状况是否吻合，管道有无堵塞。

对有自动电子程序控制装置的灭菌器，使用前应检查规定的程序，是否符合进行灭菌处理的要求。

④ 灭菌处理。

干热灭菌法适用于在干热情况下，不损坏、不变质、不蒸发的物品，较常用于玻璃器皿、金属制品、陶瓷制品等的灭菌。

干热灭菌法的使用应按以下步骤进行：

a.器械器皿应清洗后再干烤，以防附着在表面的污物炭化。

b.灭菌时安放物品不能过挤，不要直接接触箱的四壁，物品之间应留有空隙。

c.灭菌时将箱门关紧，接上电源，先将排气孔打开约30 min，排除灭菌器中的冷空气，温度升至160 ℃时调节指示灯，维持1.5～2 h。

d.灭菌完毕后或在升温的过程中，须在60 ℃以下才能打开箱门。

手提式高压锅或立式压力蒸汽灭菌器的使用应按以下步骤进行：

a.在手提式高压锅主体内加入3 L的清水，立式高压锅加清水16 L（重复使用时应将水量补足，水变混浊时须更换）。

b.将手提式压力锅顶盖上的排气管插入消毒桶内壁的方管中（无软管或软管锈蚀破裂的灭菌器不得使用）。

c.盖好顶盖并拧紧，不漏气，置灭菌器于火源上加热，将立式压力锅通上电源，并打开顶盖上的排气阀放出冷气（水沸腾后排气10～15 min）。

d.关闭排气阀，使水蒸气压上升到规定要求，并维持规定时间（按灭菌物品的性质与有关情况而定)。

e.达到规定时间后,对需干燥的物品,立即打开排气阀排出水蒸气。待压力恢复到零时,自然冷却至60℃后开盖取物。如果为液体物品,不要打开排气阀,而应立即将锅去除热源,待其自然冷却,压力恢复至零,温度降到60℃以下后再开盖取物,以防突然减压使液体剧烈沸腾或容器爆破。

卧式压力锅蒸汽灭菌器的使用按以下步骤进行:

a.关紧锅门,打开进气阀,将水蒸气引入夹层进行预热,夹层内冷空气经阻气器自动排出。

b.夹层达到预定温度后,打开锅室进气阀,将水蒸气引入锅室,锅室内冷空气经锅室阻气器自动排出。

c.待锅室达到规定的压力与温度时,调节进气阀,使其保持恒定至规定时间。

d.自然或人工降温至60℃后再开门取物。不得使用快速排出蒸汽法,以防止突然降压,造成液体剧烈沸腾或容器爆破。

e.使用自动程序控制式压力蒸汽灭菌器,在放好物品并关紧门后,应根据物品类别按动相应的开关,以便按要求程序自动进行灭菌。灭菌时必须利用附设仪表记录温度与时间以备查,操作要求应严格按照厂家说明书进行。

灭菌温度与时间。干热灭菌器灭菌温度为160℃,灭菌时间为1.5~2 h。压力蒸汽灭菌锅灭菌温度与时间表见表3-1。

表3-1 压力蒸汽灭菌锅灭菌温度与时间表

灭菌物品	灭菌时间/min	灭菌温度/℃
不含糖类等耐热物质培养基	15	121
含糖类等不耐热培养基	15~20	115
染菌培养物	30	121
器械器皿	30	121

(2)间歇灭菌方法。

① 间歇灭菌方法是利用不加压力的蒸汽灭菌,某些物质经高压蒸汽容易被破坏,因而可用此法灭菌。

间歇灭菌方法的使用应按以下步骤进行:

a.将欲灭菌物品置于锅内,盖上顶盖,打开排水口,使容器内余水排尽。

b.关闭排水口,打开进气门,根据需要消毒10~20 min。

c.灭菌完毕关闭进气门,取出物品待冷却至室温,再放入37℃温箱中过夜。次日仍按上述方法消毒,如此三次,即可达到灭菌的目的。

② 血清凝固器的使用方法:培养基中若含有血清或鸡蛋等特殊成分时,因高热会破坏其营养成分,故用低温既可使血清凝固,又可达到灭菌的目的。

在将使用该法灭菌的血清等分装时,须严格遵守无菌操作,试管、平皿也应经灭菌后使用。

将培养基按要求使其成斜面或高层,加足水后,接上电源,升温至75~90℃,持续时间为1 h灭菌,放入37℃温箱中过夜,再如此灭菌三次。

③ 煮沸消毒:可用煮锅或煮沸消毒器,水沸腾后再煮5~15 min,也可在水中加入2%苯酚煮沸5 min,加入0.02%甲醛,在80℃时煮60 min均可达到灭菌的目的,但在选用煮沸消

毒的增效剂时,应注意其对物品的腐蚀性。

④ 灭菌处理:灭菌后的物品,按正常情况已属无菌,从灭菌器中取出时应仔细检查放置,以免再度污染。

灭菌处理应注意以下几点:

a. 物品取出,随即检查包装的完整性。若有破坏或棉塞脱落,不可作为无菌物品使用。

b. 取出的物品,如其包装有明显的水浸者,不可作为无菌物品使用。

c. 培养基或试剂等,应检查其是否达到灭菌后的色泽或状态,未达到者应废弃。

d. 启闭式容器,在取出时应将筛孔关闭。

e. 取出的物品掉落在地上或误放于不洁之处,或者沾有水液等情况,均视为受到污染,不可作为无菌物品使用。

f. 取出的合格灭菌物品,应存放于储藏室或防尘柜内,严禁与未灭菌物品混放。

g. 凡属合格物品,应标有灭菌日期及有效期限。

h. 每批灭菌处理完成后,记录灭菌品名、数量、温度、时间和操作者。

4. 有毒、有菌污物处理要求

(1) 微生物实验所用实验器材、培养物等未经消毒处理,一律不得带出实验室。

(2) 经培养的污染材料及废弃物应放在严密的容器或铁丝筐内,并集中存放在指定地点,统一进行高压灭菌。

(3) 经微生物污染的培养物,必须在 121 ℃下持续 30 min 进行高压灭菌。

(4) 染菌后的吸管,使用后放入 5% 来苏水溶液或苯酚液中,最少浸泡 24 h(消毒液体不得低于浸泡的高度),再在 121 ℃下持续 30 min 高压灭菌。

(5) 涂片染色冲洗片的液体,一般可直接冲入下水道,烈性菌的冲洗液必须冲在烧杯中,经高压灭菌后方可倒入下水道,染色的玻片放入 5% 来苏水溶液中浸泡 24 h 后,煮沸洗涤。做凝集试验用的玻片或平皿,必须经高压灭菌后洗涤。

(6) 打碎的培养物,立即用 5% 来苏水溶液或苯酚液喷洒和浸泡被污染部位,浸泡 0.5 h 后再擦拭干净。

(7) 污染的工作服或进行烈性试验所穿的工作服、帽、口罩等,应放入专用消毒袋内,经高压灭菌后方能洗涤。

5. 培养基制备要求

培养基制备的质量将直接影响到微生物的生长。因为各种微生物对其营养要求不完全相同,故培养目的也不同。各种培养基制备要求如下。

(1) 根据培养基配方的成分按量称取,然后溶于蒸馏水中,在使用前对应用的试剂药品应进行质量检验。

(2) pH 值测定及调节。pH 值测定要在培养基冷至室温时进行,因在热或冷的情况下,其 pH 值有一定的差异,当测定好时,按计算量加入碱或酸混匀后,应再测试一次。培养基的 pH 值一定要准确,否则会影响微生物的生长或影响结果的观察。但须注意高压灭菌可影响一些培养基的 pH 值,故灭菌压力不宜过高,高压灭菌次数不宜太多,以免影响培养基的质量。指示剂、去氧胆酸钠、琼脂等一般在调完 pH 值之后再加入。

(3) 培养基须保持澄清,便于观察细菌的生长情况,培养基加热煮沸后,可用脱脂棉花或绒布过滤,以除去沉淀物,必要时可用鸡蛋白澄清处理,所用琼脂条要预先洗净晾干,避免因琼脂含杂质而影响透明度。

（4）盛装培养基不宜用铁、铜等制成的容器,使用洗净的中性硬质玻璃容器为好。

（5）培养基的灭菌既要达到完全灭菌的目的,又要注意不因加热而降低其营养价值,一般在 121 ℃的温度下加热 15 min 即可。如果是含有不耐高热物质的培养基,如糖类、血清、明胶等,则应采用低温灭菌或间歇法灭菌。一些不能加热的试剂,如亚碲酸钾、卵黄、TTC、抗生素等,应待琼脂基础高压灭菌后凉至 50 ℃左右时再加入。

（6）每批培养基制备好后,应做无菌生长试验及所检菌株生长试验。如果是生化培养基,使用标准菌株接种培养,观察生化反应的结果,应呈正常反应,培养基不应储存过久,必要时可置于 4 ℃冰箱中存放。

（7）目前各种干燥培养基较多,每批须用标准菌株进行生长试验或生化反应观察,各种培养基用相应菌株生长试验良好后方可应用,新购进的或存放过久的干燥培养基,在配制时也应测 pH 值,使用时须根据产品说明书规定的用量和方法进行。

（8）每批制备的培养基所用的化学试剂、灭菌情况及菌株生长试验结果、制作人员等应做好记录,以备查询。

6. 样品采集及处理要求

（1）所采集的检验样品一定要具有代表性,采样时应首先对该批食品的原料、加工、运输、储存方法条件、周围环境卫生状况等进行详细检查,检查是否有污染源存在。

（2）根据食品的种类及数量,采样数量及方法应按标准检验方法的要求进行。

（3）采样应注意无菌操作,容器必须灭菌,避免环境中微生物污染。容器不得残留来苏水溶液,不能含有此类消毒药物或抗生素类药物,以免杀死样品中的微生物。而应使用新洁尔灭、酒精等消毒药物灭菌,剪刀、工具刀、药匙等用具也须经灭菌后方可应用。

（4）样品采集后应立即送往检验室进行检验,送检过程一般不超过 3 h。如果路程较远,可保存在 1~5 ℃的环境中,若是需要冷冻的样品,则要在冻存状态下送检。

（5）检验室收到样品后,进行登记（样品名称、送检单位、数量、日期、编号等）,观察样品的外观,如果发现有下列情况之一者,可拒绝检验。

① 经过特殊高压、煮沸或其他方法杀菌的样品,失去代表原食品检验的意义。

② 瓶、袋装食品已启开的,熟肉及其制品、熟禽等食品已折碎不完整的样品,即失去原食品的形状（食物中毒样品除外）。

③ 按规定采样数量不足的样品。

对送检符合要求的样品,检验室收到后,应立即进行检验,如果条件不具备,应置于 4 ℃冰箱中存放,及时准备创造条件,然后进行检验。

（6）样品检验时,根据其不同性状,进行适当处理。具体处理方式如下。

① 液体样品接种时,应充分混合均匀,按量吸取进行接种。

② 固体样品,用灭菌刀、剪取其不同部位共 25 g,置于 225 mL 的灭菌生理盐水或其他溶液中,用均质器搅碎混匀后,按量吸取接种。

③ 瓶、袋装食品应用灭菌操作启开,根据性状选择上述方法处理后接种。

7. 样品检验、记录和报告的要求

（1）检验室收到样品后,首先进行外观检验,及时按照国家标准的检验方法进行检验,检验过程中要认真、负责、严格地进行无菌操作,避免环境中微生物污染。

（2）样品检验过程中所用方法、出现的现象和结果等均要用文字写出试验记录,以作为对结果进行分析、判定的依据,记录要求详细、清楚、真实、客观,不得涂改和伪造。

二、食品微生物检验室常用仪器

食品微生物检验室常用的仪器有培养箱、高压蒸汽灭菌器、冰箱、厌氧培养箱、显微镜、离心机、超净工作台、振荡器、普通天平、千分之一天平、烤箱、冷冻干燥设备、均质机、恒温水浴锅、菌落计数器、生化培养箱和酸度计等。

1. 培养箱

培养箱也称为恒温箱,是培养微生物的重要设备。它主要用于检验室微生物的培养,为微生物的生长提供一个适宜的环境。

1)常用培养箱的种类

(1)普通培养箱:一般控制的温度范围为室温 5～65 ℃,又分为电热恒温培养箱和隔水式恒温培养箱两种。

(2)生化培养箱:一般控制的温度范围为 5～50 ℃。

(3)恒温恒湿箱(见图 3-1):一般控制的温度范围为 5～50 ℃,控制的湿度范围为 50%～90%,可作为霉菌培养箱。

(4)厌氧培养箱:适用于厌氧微生物的培养。

2)使用时注意事项

(1)用前要检查培养箱所需要的电压与所供应的电压是否一致,如不符合,则应使用变压器。

(2)如培养箱内外夹壁之间须盛水,用前则须加水,所加入的水必须是蒸馏水或去离子水,防止矿物质储积在水箱内腐蚀箱体。

(3)初用时应检查温度调节器是否准确,箱内各部位的温度是否均匀一致。

(4)定期检查超温安全装置,以防超温。

图 3-1　恒温恒湿箱

(5)除了放、取培养材料外,箱门应始终严密关闭。

(6)箱内应定期用消毒液擦洗消毒,隔板可取出清洗消毒,防止其他微生物污染,导致实验失败。箱内外应保持清洁干燥。

2. 干燥箱

干燥箱也称为干热灭菌锅,其原理与培养箱相似,只是所用温度较高。主要用途是对吸管、培养皿类玻璃器皿的干热、灭菌。

图 3-2　电热鼓风干燥箱

要消毒的玻璃器皿必须清洁、干燥,并包装好,放入干燥箱内,将门关紧。然后接上电源,打开开关加热,使温度慢慢上升。当温度升至 60～80 ℃时,开动鼓风机,使干燥器内的温度均匀一致,达到所要的温度(通常为 160～180 ℃)后维持 1.5～2 h,然后关闭开关,待干燥箱内温度降至室温时方可将门打开,取出灭菌的玻璃器皿。

电热鼓风干燥箱如图 3-2 所示。

3. 冰箱

冰箱主要用于储存菌种、培养基和检验材料。冰箱分为普通冰箱(见图 3-3)和低温冰箱(见图 3-4)两种。

图 3-3　普通冰箱

图 3-4　低温冰箱

使用冰箱时应注意的事项有如下几点。

(1) 使用时注意检查冰箱所需要的电压与所供应的电压是否一致,如果不一致,则应使用变压器,并注意检查供电线路上的负荷及保险丝的种类是否符合冰箱的需要。

(2) 冰箱应置于通风阴凉的房间内,并应注意与墙壁保持一定的距离且尽量远离发热体,保持空气流通。

(3) 使用时应将温度调节到所需要的温度,通常冰箱内冷却室的温度为 4~10 ℃,冷冻室内应结冰。

(4) 冰箱的开门时间应尽量短,温度过高的物品不能放入冰箱中,以免过多的热气进入冰箱中消耗电量,并增加其工作时间,缩短其使用寿命。

(5) 冰箱内应保持干燥,如有霉菌,应先清理内部,然后用福尔马林溶液消毒。无论是冰箱内有霉菌生长还是冷却室内结冰太多需要清理时,都应先将电源关闭,待冰融化后再进行清理。

4. 离心机

离心机(见图 3-5)是利用离心装置产生强大的离心力,根据物质的沉降系数、质量、密度等的不同,使物质分离、浓缩和提纯的设备。在食品微生物检验室内,离心机可以用于沉淀细菌、分离血清和分离其他密度不同的材料。

使用离心机应注意以下事项。

(1) 离心机套管底部要垫棉花或试管垫。

(2) 离心管必须对称放入套管中,以防止机身振动,若只有一支样品管,另外一支要用等质量的水代替。

(3) 启动离心机时,应盖上离心机顶盖,然后慢慢启动。

(4) 慢慢调整速度调节器到所要求的转速上,设定离心时间。

图 3-5　离心机

(5) 分离结束后,先关闭离心机,待离心机停止转动后,方可打开离心机盖,取出样品,不可用外力强制其停止运动。

(6) 离心机有噪声或机身振动时,应立即切断电源,即时排除故障。

5. 高压蒸汽灭菌器

高压蒸汽灭菌器是应用最广、效果最好的灭菌器。它可用于培养基、生理盐水、废弃的培养基,以及耐高热药品、纱布、采样器械等的灭菌。

高压蒸汽灭菌器的种类有手提式、直立式及横卧式等多种,它们的构造和灭菌原理基本相同。

1) 构造及原理

高压蒸汽灭菌器为一个双层金属圆筒,在两层之间可以盛水。其外壁坚厚,上方或前方有金属厚盖,盖上装有螺旋用于紧闭盖门,使蒸汽不能外溢,因而器内蒸汽压力可升高,其温度也相应升高,压力可增至 $103\sim206$ kPa,温度可达 $121.3\sim132$ ℃。高压蒸汽灭菌器上还装有排气门、安全活塞,用来调节灭菌器内的蒸汽压力与温度并保障安全;高压蒸汽灭菌器上还装有温度计与压力表,用于指示内部的温度与压力。高压蒸汽灭菌法就是利用高压和高热释放的潜热进行灭菌,为目前可靠而有效的灭菌方法,适用于耐高温、高压,不怕潮湿的物品,如玻璃器皿、细菌培养基等。

2) 用法与注意事项

(1) 手提式高压蒸汽灭菌器(见图 3-6)与直立式高压蒸汽灭菌器(见图 3-7)在使用时须加水至灭菌器内,放入待灭菌物品后,将器盖盖好并将螺旋拧紧。灭菌器下用煤气或电热等加热,开放排气管,使器内冷空气完全逸出后再关闭,否则压力表上所显示的压力并非全部是蒸汽压,这样杀菌将不完全。一般横卧式高压蒸汽灭菌器为加水式灭菌器。

图 3-6　手提式高压蒸汽灭菌器　　　　图 3-7　直立式高压蒸汽灭菌器

(2) 待灭菌器内蒸汽压力上升至规定温度(一般为 115 ℃或 121 ℃)时开始计算时间,持续 $15\sim20$ min,即达到完全灭菌的目的。

(3) 灭菌完毕,不可立即开盖取物,须关闭电(热)源或蒸汽来源,并待其压力自然下降至零时,方可开盖,否则容易发生危险。也不可突然开大排气门进行排气减压,以免因灭菌器内压力骤然下降使瓶内液体沸腾,冲出瓶外。

(4) 放入灭菌的物品,不要塞得过紧,包裹亦不应过大。不耐高热、高压的物品,不能用此法灭菌。

6. 电热恒温水浴锅

电热恒温水浴锅(见图 3-8)主要用于化学药品、熔化培养基、灭能血清等。

1) 使用方法

(1) 将电热恒温水浴锅置于室内干燥的平台或工作台上,并使其处于水平状态,在电源线

图 3-8 电热恒温水浴锅

路中安装插座和漏电保护开关,并安装接地线。

(2) 使用时必须先加水于锅内,水位不要低于工作室内的隔板。加入温水能缩短加热时间和节约用电。

(3) 接通电源,打开电源开关,指示灯亮,表示工作正常,仪表显示工作室温度,然后将控制仪表旋钮或将开关调节到所需的温度开始加热。控温仪表上绿灯亮表示通电升温,红灯亮表示断电保温,红绿灯交替变化表示进入恒温状态,当仪器恒温 30 min 后仪表显示温度和设定温度基本一致。

2) 注意事项

(1) 本仪器外壳必须可靠接地,以保证使用安全。

(2) 未加水之前,切勿接上电源,以防电热管的热丝烧毁。

(3) 注水时不可将水流入或溢入电器控制箱内,以防发生危险,不用时及时将水放掉,并将箱内擦干净,保持清洁。

(4) 要经常检查工作室内的水位,不能缺水,更不能无水干烧,以免损坏加热管。

(5) 锅内的铜管内装有玻璃棒,用于调节恒温,切勿碰撞和剧烈振动,以免碰断内部的玻璃棒,使调节失灵。

图 3-9 超净工作台

7. 超净工作台

1) 原理

超净工作台(见图 3-9)由三个最基本的部分组成:高效空气过滤器、风机和箱体。在特定的空间内,室内空气经预过滤器初滤,由小型离心风机压入静压箱,再经高效空气过滤器二级过滤,从高效空气过滤器出风面吹出的洁净气流具有一定的、均匀的断面风速,可以排出工作区原来的空气,将尘埃颗粒和生物颗粒带走,从而形成无菌的、高洁净的工作环境。

2) 使用方法

超净工作台使用前,应用紫外灯照射 30~40 min,处理操作区内表面积累的微生物,并检查操作区周围各种可开启的门窗在工作时的位置。操作最好在操作区的中心位置进行,从设计上来说,这是一个较安全的区域。操作区内不允许存放不必要的物品,保持工作区的洁净气流不受干扰。在操作区内尽量避免明显扰乱气流流型的动作。

3) 维护方法

首先要保持室内的空气干燥和清洁。潮湿的空气既会使制造材料锈蚀,又会影响电气电路的正常工作,潮湿的空气还利于细菌、霉菌的生长。清洁的环境可延长滤板的使用寿命。另外,定期对设备进行清洁是正常使用的重要环节。清洁应包括使用前后的例行清洁和定期的处理。熏蒸时,应将所有缝隙完全密封,如果操作口设有可移动挡板封盖类型的超净工作台,可用塑料薄膜密封。超净工作台的滤板和紫外杀菌灯都有标定的使用年限,应定期更换。

8. 细菌滤器

细菌滤器(见图 3-10)是一种不使细菌通过将细菌滤出而得出无菌滤液的过滤器,可以用它来去除糖溶液、血清、某些不耐热液体中的细菌,也可用来分离及测定病毒颗粒的大小等。

图 3-10 细菌滤器

1)分类

常用的细菌滤器有蔡氏滤菌器(由石棉板制成)、玻璃滤菌器(由玻璃细砂黏合制成)和滤菌膜(由火棉胶加异戊醇和丙酮晾干制成)等。各类滤菌器依滤孔大小又可分为若干等级。

2)使用方法

滤器必须清洁无菌、无裂缝,将清洁的滤器、滤瓶分别用纸包装后采用蒸汽灭菌 20 min 或煮沸灭菌,以无菌操作法将滤器和滤瓶装妥,并使滤瓶流入滤器或滤瓶的试管内。滤毕,关闭抽气机。先将抽气机的抽气橡皮管从滤瓶侧管处拔下,再开启滤瓶的橡皮塞,迅速以无菌操作取出瓶中滤液,移放于无菌玻璃容器内。若滤瓶中装有试管,则将盛有滤液的试管取出加塞即可。

9. 冻干机

冻干机(见图 3-11)通过冷冻真空干燥,将保存的物质中的水分直接升华而干燥,主要是供冻干菌种、毒种补体、疫苗、药物等使用的仪器,主要由干燥机、真空泵、压力计、真空度检测器组成。

1)使用方法

(1)在每次开机之前,首先检查真空泵中的泵油是否足够。

(2)拧开排水阀门,让里面残留的水流出,排干后再拧紧阀门。

(3)检查冻干腔与冷阱的接触部分是否完好,必要时进行清洁和重新调整。

(4)关闭所有的阀(与冻干瓶直接相连的阀,白色旋钮向上即为关闭),关闭冷阱与真空泵相连接的阀(在仪器后面,与真空管相连接)。

(5)打开冷阱电源开关,打开真空泵电源开关。

(6)15 min 后,打开冷阱与真空泵相连接的那个

图 3-11 冻干机

阀门。

(7) 1 min 以后,即可把已经预冻好的样品(已经在冻干瓶中)挂在支架上,打开相对应的阀门后即可进行冻干过程。

(8) 冻干结束后,关闭相对应的阀(白色旋钮向上),取下冻干瓶。

(9) 待所有冻干瓶取下后,依次关闭真空泵电源和冷阱电源。

(10) 待冷阱中的霜融化后,打开排水阀门进行排水,然后关闭。

2) 注意事项

(1) 样品在冻干之前首先要进行预冻,样品必须在固态(结冰状态)下才能冻干,预冻时间越长,冻干效果越好。样品的体积最好不要超过样品瓶体积的 1/3。

(2) 在冻干时如果出现样品融化的现象,并且是在真空泵及冷阱工作状态良好的情况下,则其原因是真空度不够,有漏气的地方。应检查所有的阀门是否关闭,冻干腔与冷阱表面接触的地方是否密封,必要时清洁冷阱表面及冻干腔的密封圈。

(3) 定期清洁冷阱腔及冻干腔。

(4) 在开机 15 min 后才可以冻干,目的是先让冷阱预冷,让真空泵预热,这样才能使仪器在一个最好的工作状态下工作。

(5) 冻干结束,关闭阀门后,冻干瓶内部与外界相通,待气压平衡后即可取下瓶子。

(6) 定期清洁压缩瓶内部的灰尘,真空泵中油少时要加油。

10. 显微镜

普通光学显微镜(以下简称显微镜)是微生物检验工作中常用的较贵重和精密的仪器,对它的使用和保护必须十分熟悉。显微镜的种类很多,在检验室中常用的有普通光学显微镜、暗视野显微镜、相差显微镜、荧光显微镜和电子显微镜等。而在食品微生物检验室中最常用的还是普通光学显微镜。

1) 普通光学显微镜的结构和基本原理

(1) 显微镜的构造。

显微镜由光学放大系统和机械装置(见图 3-12)两大部分组成。

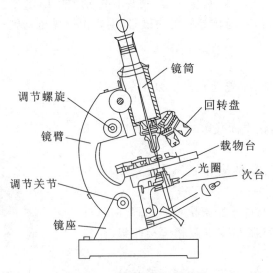

图 3-12　显微镜的机械装置

① 光学系统一般包括目镜、物镜、聚光器、反光器、光源等。

a. 目镜　目镜装在镜筒上端,其上刻有放大倍数,常用的有 5×、10× 及 15×。为了指示物像,镜中可自装黑色细丝一条(通常使用一段头发)作为指针。

b. 物镜　物镜为显微镜最主要的光学装置,位于镜筒下端。一般装有三个接物镜,分为低倍镜(10×)、高倍镜(40×)和油浸镜(100×)。各接物镜的放大率也可通过外形来辨认,镜头长度愈长,放大倍数愈大;反之,放大倍数愈小。根据各接物镜的 N.A.(开口率)亦可区别,10×VN.A. 为 0.25,40×VN.A. 为 1.25。另外,油浸镜上一般均刻有圈线作为标志。

c. 聚光器　聚光镜位于载物台下方,可上下移动,起调节和聚集光线的作用。

d. 反光镜　反光镜装在显微镜下方,有平凹两面,可自由移动方向,以将最佳光线发射至聚光器。

e. 光源　自然光和灯光都可以,以灯光较好,因光色和强度都容易控制。

② 机械装置包括镜筒、镜臂、镜座、回转盘、调节关节、调节螺旋、载物台、光圈和次台等。

镜筒　镜筒在显微镜前方,为一金属圆筒,光线从中通过。

镜臂　镜臂在镜筒后面,呈圆弧形,为显微镜的握持部。

镜座　镜座是显微镜的底部,呈马蹄形,用以支撑整个镜头的重量。

回转盘　回转盘在镜筒下端,上有 3～4 个圆孔,接物镜装在其上。回转盘可以转动,用于调换各接物镜。

调节关节　调节关节介于镜臂和镜座间,为镜筒进行前后倾斜变位的支持点。

调节螺旋　调节螺旋在镜筒后方两侧,分粗、细两种。粗螺旋用于镜筒较大距离的升降;细螺旋位于粗螺旋的下方,用于调节镜筒进行极小距离的升降。

载物台　载物台在镜筒下方,呈方形或圆形,用于放置被检物体。其中央有孔,可以透光。台上装有弹簧夹可固定被检标本。弹簧夹连接推进器,捻动其上螺旋,能使标本前后或左右移动。

光圈　光圈在聚光器的下方,可以进行各种程度的开闭,借以调节射入聚光器光线的多寡。

次台　次台装于载物台下,可上下移动,其上安装有聚光器的光圈。

(2) 基本原理。

显微镜的放大效能(分辨率)是由所用光波长短和物镜数值口径决定的,缩短使用的光波波长或增加数值口径可以提高分辨率,可见光的光波幅度比较窄,紫外光的波长短,可以提高分辨率,但不能用肉眼直接观察。所以利用减小光波波长来提高光学显微镜的分辨率是有限的,提高数值口径是提高分辨率的理想措施。增加数值口径,可以提高介质折射率,当空气为介质时折射率为 1,而香柏油的折射率为 1.51,和载片玻璃的折射率(1.52)相近,这样光线可以不发生折射而直接通过载片、香柏油进入物镜,从而可以提高分辨率。显微镜总的放大倍数是目镜和物镜放大倍数的乘积,而物镜的放大倍数越高,分辨率就越高。

2) 显微镜的使用方法

(1) 低倍镜观察。

先将低倍物镜的位置固定好,然后放置标本片,转动反光镜,调好光线,将物镜提高,向下调至看到标本,再用微调对准焦距进行观察。除少数显微镜外,聚光镜的位置都要放在最高点。如果视野中出现外界物体的图像,可以将聚光镜稍微下降,图像就会消失。聚光镜下的虹彩光圈应调到适当的大小,以控制射入光线的量,增加明暗差。

（2）高倍镜观察。

显微镜的设计一般是共焦点的。低倍镜对准焦点后，转换到高倍镜，基本上也对准焦点，只要稍微转动微调即可。有些简易的显微镜不是共焦点，或者由于物镜的更换而达不到共焦点，这就要采取将高倍物镜下移，再向上调准焦点的方法使其共焦。虹彩光圈要放大，使之能形成足够的光锥角度。稍微上下移动聚光镜，观察图像是否清晰。

（3）油浸镜观察。

油浸镜的工作距离很小，所以要防止载玻片和物镜上的透镜损坏。使用时，一般是经低倍镜、高倍镜后再到油浸镜。当高倍物镜对准标本后，再加油浸观察。载玻片标本也可以不经过低倍物镜和高倍物镜，直接用油浸镜观察。显微镜有自动止降装置的，载玻片上加油以后，将油浸镜下移到油滴中，到停止下降为止，然后用微调向上调准焦点。没有自动止降装置的，对准焦点的方法是从显微镜的侧面观察，将油浸镜下移到与载玻片稍微接触为止，然后用微调向上提升调准焦点。

使用油浸镜时，镜台要保持水平，防止油流动。油浸镜所用的油要洁净，聚光镜要提高到最高点，并放大聚光镜下的虹彩光圈，否则会降低数值口径而影响分辨率。无论是用油浸镜还是用高倍镜观察，都宜用可调节的显微镜灯作为光源。

3）普通显微镜的保养

显微镜是精密贵重的仪器，必须很好地保养它。显微镜用完后要放回原来的镜箱或镜柜中，同时要注意以下事项。

（1）观察完后，移去观察的载玻片标本。

（2）用过油浸镜的，应先用擦镜纸将镜头上的油擦去，再用擦镜纸蘸着二甲苯擦拭 2～3 次，最后再用擦镜纸将二甲苯擦去。

（3）转动物镜转换器，调至低倍镜的位置。

（4）将镜身下降到最低位置，调节好镜台上标本移动器的位置，罩上防尘套。

镜头的保护最为重要。镜头要保持清洁，只能用软而没有短绒毛的擦镜纸擦拭。擦镜纸要放在纸盒中，以防沾染灰尘。切勿用手绢或纱布等擦镜头。物镜在必要时可以用溶剂清洗，但要注意防止溶解固定透镜的胶固剂。根据不同的胶固剂，可选用不同的溶剂，如酒精、丙酮和二甲苯等，其中最安全的是二甲苯。其方法是用脱脂棉花团蘸取少量的二甲苯，轻擦，并立即用擦镜纸将二甲苯擦去，然后用洗耳球吹去可能残留的短绒。目镜是否清洁可以在显微镜下检视。转动目镜，如果视野中可以看到污点随之转动，则说明目镜已沾有污物，可用擦镜纸擦拭目镜。如果还不能除去，再擦拭下面的透镜，擦过后用洗耳球将短绒吹去。在擦拭目镜或由于其他原因需要取下目镜时，都要用擦镜纸将镜筒的口盖好，以防灰尘进入镜筒内，落在镜筒下面的物镜上。

（5）显微镜应避免阳光暴晒，并要远离热源。

以上是微生物检验室常用的仪器设备，管理者应确保将安全的检验室操作程序融合到工作人员的基本培训中。安全措施方面的培训是新入职工作人员岗前培训的重要组成部分，应向其介绍生物安全操作规范和检验室操作指南，包括安全手册或操作手册。检验室主管在对其部门内的工作人员进行规范性检验室操作技术的培训起关键的作用。

总之，培训和监督工作人员，以及加强设备仪器的保养是必要的。任何设备出现过载或错误操作、检测结果可疑、存在缺陷等情况时都应立即停用。同时，食品微生物检验室还应具备应对意外事故和突发事件的能力。

三、食品微生物检验室常用的玻璃器皿

（一）常用玻璃器皿的种类及用途

微生物检验室内使用的玻璃器材种类很多,如刻度吸管、试管、烧瓶、培养皿、培养瓶、毛细吸管、载玻片、盖玻片等。在采购时应注意各种玻璃器材的规格和质量,一般要求其能耐受多次高热灭菌,并且以中性为宜。玻璃器皿在使用前要经过刷洗处理,使之干燥清洁,有的需要进行无菌处理。每个从事微生物工作的人员应熟悉和掌握各种玻璃器皿使用前和使用后的处理方法。现将玻璃器皿的种类及其使用方法介绍如下。

1. 试管

用于细菌及血清学试验的试管应较坚厚,以便加塞不致破裂。常用的规格有以下几种。

（1）（2～3）mm×65 mm,用于环状沉淀试验。

（2）（11～13）mm×100 mm,用于血清学反应及生化试验等。

（3）15 mm×150 mm,用于分装 5～10 mL 的培养基及菌种传代等。

（4）4.25 mm×200 mm,用于特殊试验或装灭菌滴管等。

2. 三角烧瓶

三角烧瓶的底大口小,放置平稳,便于加塞,多用于盛培养基、配制溶液等。常用的规格有50 mL、100 mL、150 mL、250 mL、500 mL、1 000 mL、2 000 mL、3 000 mL、5 000 mL 等。

3. 培养皿

培养皿为硬质玻璃双碟,常用于分离培养。盖与底的大小应合适。盖的高度稍低,底部平面应特别平整。常用的规格有 90 mm(以皿盖直径计)×10 mm(以皿底高度计),75 mm×10 mm,60 mm×10 mm 等。

4. 移液管和吸管

移液管和吸管均用于吸取少量液体。移液管是中间有一个膨大部分(称为球部)的玻璃管,球部上下为较细的管颈,管颈上部刻有标线。常用的移液管有 1 mL、2 mL、5 mL、10 mL、50 mL 等规格。常用的吸管有两种:一种为无刻度的毛细吸管;另一种为有刻度的吸管,其壁上有精细刻度。常用的吸管容量为 1 mL、2 mL、5 mL、10 mL 等,做某些血清学试验时亦常用0.1 mL、0.2 mL、0.25 mL、0.5 mL 等容量的吸管。

5. 量筒、量杯

量筒和量杯用于液体的测量。常用规格为 10 mL、20 mL、25 mL、50 mL、100 mL、200 mL、500 mL、1 000 mL 及 2 000 mL。

6. 烧杯

烧杯常用的规格为 50～3 000 mL,供盛液体或煮沸用。

7. 载玻片及盖玻片

载玻片用于做涂片,常用的规格为 75 mm×25 mm,厚度为 1～2 mm。另有凹玻片可用于悬滴标本及血清学试验。盖玻片为极薄的玻片,用于标本封闭及悬滴标本等。有圆形的(其直径为 18 mm)、方形的(其尺寸为 18 mm×18 mm 或 22 mm×22 mm)、长方形的(其尺寸为 22 mm×36 mm)等数种。

8. 离心管

离心管的常用规格有 10 mL、15 mL、100 mL 及 250 mL 等数种,供分离沉淀用。

9. 试剂瓶

试剂瓶为磨砂口,有盖,分广口和小口两种,容量为 30～1 000 mL,视需要量选择使用。其颜色分为棕色、无色两种,用于储存药品和试剂,凡需要避光的药品试剂均宜用棕色瓶。

10. 玻璃缸

玻璃缸内常静置苯酚或来苏水等清毒剂,以备放置用过的玻片、吸管等。

11. 染色缸

染色缸有方形和圆形两种,可放载玻片 6～10 片,用于细菌、血液及组织切片标本的染色。

12. 滴瓶

滴瓶有橡皮帽式管滴和玻塞式,分为白色和棕色两种,容量有 30 mL 和 60 mL 等,用于储存试剂及染色液。

13. 漏斗

漏斗分为短颈式和长颈式两种。漏斗直径大小不等,视需要而定。用于分装溶液,或者在其上垫滤纸或纱布、棉花等用于过滤杂质。

14. 注射器

注射器容量有 0.25 mL、0.5 mL、1 mL、2 mL、5 mL、10 mL、20 mL、50 mL 和 100 mL 等,用于接种试验动物和采血等。

15. 下口瓶

下口瓶分为有龙头和无龙头两种,容量为 2 500～20 000 mL,用于存放蒸馏水或常用消毒药液,也可用于在细菌涂片染色时冲洗染液。

除上述器材外,还有发酵管、玻璃棒、酒精灯、玻璃珠及蒸馏水瓶等玻璃器材。

(二)玻璃器皿的清洁方法

清洁的玻璃器皿是得到正确的实验结果的重要条件之一。清洗的目的就在于除去玻璃器皿上的污垢(灰尘、油污、无机盐等物质),使其不妨碍得到正确的实验结果。通常的清洗方法有两种:一是机械清洗方法,即用铲、刮、刷等方法清洗;二是化学清洗方法,即用各种化学去污溶剂清洗。具体的清洗方法要根据污垢附着表面的状况及污垢的性质来决定。

1. 实验室常用洗涤剂的种类及其应用

1)洁净剂及使用范围

最常用的洁净剂有肥皂、肥皂液(特制商品)、洗衣粉、去污粉、洗液、有机溶剂等。

肥皂、肥皂液、洗衣粉、去污粉用于可以用刷子直接刷洗的仪器,如烧杯、三角瓶、试剂瓶等;洗液多用于不便用刷子洗刷的仪器,如滴定管、移液管、吸管、容量瓶、蒸馏器等形状特殊的仪器,也用于洗涤长久不用的杯皿器具和刷子刷不下的结垢。使用洗液洗涤仪器,是利用洗液本身与污物间产生的化学反应,将污物去除,因此需要浸泡一定的时间,让二者充分发生作用。有机溶剂是针对污物属于某种类型的油腻性,而借助有机溶剂能溶解油脂的作用来洗除污垢,或者借助某些有机溶剂能与水混合而又发挥快的特性,冲洗一下带水的仪器将其洗去。如甲苯、二甲苯、汽油等可以洗油垢,酒精、乙醚、丙酮等可以冲洗刚洗净而带水的仪器。

2)洗涤液的制备及使用注意事项

洗涤液简称洗液,根据不同的要求可使用各种不同的洗液。

(1)强酸氧化剂洗液。

强酸氧化剂洗液是用重铬酸钾($K_2Cr_2O_7$)和浓硫酸(H_2SO_4)配成的。$K_2Cr_2O_7$ 在酸性溶液中有很强的氧化能力,对玻璃仪器很少有侵蚀作用,所以这种洗液在实验室中使用得最为广泛。

强氧化剂洗液的配制浓度各有不同,从 $5\%\sim12\%$ 的各种浓度都有。配制方法也大致相同:取一定量的 $K_2Cr_2O_7$(工业品即可),先用 $1\sim2$ 倍的水加热溶解,稍冷后,将工业用浓 H_2SO_4 按所需体积数徐徐加入 $K_2Cr_2O_7$ 溶液中(千万不能将水或溶液加入浓 H_2SO_4 中),边倒边用玻璃棒搅拌,并注意不要溅出,使其混合均匀,待冷却后,装入洗液瓶备用。新配制的洗液为红褐色,氧化能力很强。当洗液用久后变为黑绿色时,即说明洗液无氧化洗涤力。

例如,配制 12% 的洗液 500 mL。取 60 g 工业品 $K_2Cr_2O_7$ 加入 100 mL 水中(加水量不是固定不变的,以能溶解为度),加热溶解,待其冷却后,徐徐加入浓 H_2SO_4 340 mL,边加边搅拌,冷却后装瓶备用。

这种洗液在使用时要注意不能溅到身上,以防“烧”破衣服和损伤皮肤。洗液倒入要洗的仪器中,应使仪器周壁全浸洗后稍停一会儿,再倒回洗液瓶中。第一次用少量水冲洗刚浸洗过的仪器后,废水不要倒在水池和下水道里,因为长久这样会腐蚀水池和下水道,而应倒在废液缸中,缸满后再倒入废液池里,如果无废液缸,倒入废液池时,要边到边用大量的水冲洗。

(2)碱性洗液。

碱性洗液用于洗涤有油污物的仪器,使用此洗液清洗油污时采用长时间(24 h 以上)浸泡法或者浸煮法。从碱性洗液中捞取仪器时,要戴乳胶手套,以免烧伤皮肤。

常用的碱性洗液有碳酸钠(Na_2CO_3,即纯碱)液、碳酸氢钠($NaHCO_3$,小苏打)液、磷酸钠(Na_3PO_4,磷酸三钠)液、磷酸氢二钠(Na_2HPO_4)液等。

(3)碱性高锰酸钾洗液。

碱性高锰酸钾洗液的作用较缓慢,适合用于洗涤有油污的器皿。配法:取高锰酸钾($KMnO_4$)4 g 加少量水溶解后,再加入 10% 的氢氧化钠($NaOH$)100 mL。

(4)纯酸纯碱洗液。

根据器皿污垢的性质,直接用浓盐酸(HCl)、浓硫酸(H_2SO_4)、浓硝酸(HNO_3)浸泡或浸煮器皿(温度不宜太高,否则浓酸挥发会刺激到人)。纯碱洗液多采用 10% 以上的浓烧碱($NaOH$)、氢氧化钾(KOH)或碳酸钠(Na_2CO_3)液浸泡或浸煮器皿(可以煮沸)。

(5)有机溶剂。

带有脂肪性污物的器皿,可以用汽油、甲苯、二甲苯、丙酮、酒精、三氯甲烷、乙醚等有机溶剂擦洗或浸泡。但使用有机溶剂作为洗液浪费较大,能用刷子洗刷的大件仪器尽量采用碱性洗液。只有无法使用刷子的小件或特殊形状的仪器才使用有机溶剂洗涤,如活塞内孔、移液管尖头、滴定管尖头、滴定管活塞孔、滴管、小瓶等。

(6)洗消液。

检验致癌性化学物质的器皿,为了防止其对人体的侵害,在洗刷之前应使用对这些致癌性物质有破坏分解作用的洗消液进行浸泡,然后再进行洗涤。

在食品检验中经常使用的洗消液有 1% 或 5% 次氯酸钠($NaClO$)溶液、20% HNO_3 和 2% $KMnO_4$ 溶液。

1% 或 5% $NaClO$ 溶液对黄曲霉素有破坏作用。用 $1\%NaClO$ 溶液对污染的玻璃仪器浸泡半天或用 $5\%NaClO$ 溶液浸泡片刻后,即可达到破坏黄曲霉素的作用。

配制方法为:取漂白粉 100 g,加水 500 mL,搅拌均匀,另将工业用 Na_2CO_3 80 g 溶于 500 mL 温水中,再将两液混合、搅拌、澄清后过滤,此滤液中含 $NaClO$ 为 2.5%;若用漂粉精配制,则 Na_2CO_3 的重量应加倍,所得溶液浓度约为 5%。如需要 1%NaClO 溶液,可将上述溶液按比例进行稀释。

20% HNO_3 溶液和 2%$KMnO_4$ 溶液对苯并[a]芘有破坏作用,被苯并[a]芘污染的玻璃仪器可用 20% HNO_3 溶液浸泡 24 h,取出后用自来水冲洗掉残存的酸液,再进行洗涤。被苯并[a]芘污染的乳胶手套及微量注射器等可用 2% $KMnO_4$ 溶液浸泡 2 h 后,再进行洗涤。

2. 一般玻璃器皿的准备

1) 新购入玻璃器皿的处理

新购入的玻璃器皿常附有游离碱质,不可直接使用,应先在 2%盐酸溶液中浸泡数小时,以中和碱性,然后用肥皂水及洗衣粉洗刷玻璃器皿的内外,再用清水反复冲洗数次,以除去遗留的酸质,最后用蒸馏水冲洗。

2) 使用后玻璃器皿的处理

凡被病原微生物污染过的玻璃器皿,在洗涤前必须进行严格的消毒,然后再行处理,其方法如下。

(1) 一般玻璃器皿(如平皿、试管、烧杯、烧瓶等)均可置于高压灭菌器内,在 121 ℃环境下经 20~30 min 灭菌。随即趁热将内容物倒净,用温水冲洗后,再用 5%肥皂水煮沸 5 min,然后按新购入产品的方法进行同样的处理。

(2) 移液管和吸管类使用后,放入 2%来苏水或 5%苯酚溶液内 48 h,以使其消毒,但要在盛来苏水溶液的玻璃筒底部垫一层棉花,以防放入吸管时损破。吸管洗涤时,先浸在 2%的肥皂水中 1~2 h,取出后先用清水冲洗再用蒸馏水冲洗。

(3) 载玻片与盖玻片用过后,可放入 2%来苏水或 5%苯酚溶液中,取出煮沸 20 min,用清水反复冲洗数次,再浸入 95%酒精中备用。

各种玻璃器材若用上述方法处理,仍未达到清洁目的,则可将其浸泡于下述清洁液中过夜,取出后用清水反复冲洗数次,最后用蒸馏水冲洗即可。

凡含油脂如凡士林、石蜡等的玻璃器材,应单独进行消毒及洗涤,以免污染其他的玻璃器皿。这种玻璃器材于未洗刷之前须尽量去油,然后用肥皂水煮沸趁热洗刷,再用清水反复冲洗数次,最后用蒸馏水冲洗。

3. 洗涤玻璃器皿的步骤与要求

(1) 常法洗涤仪器。洗刷仪器时,应首先将手用肥皂洗净,以免手上的油污附在仪器上,从而增加洗刷的难度。如仪器长久存放后其上附有灰尘,应先用清水冲,再按要求选用洁净剂洗刷或洗涤。如果用去污粉,将刷子蘸上少量去污粉,将仪器内外全刷一遍,再用水冲洗,刷洗至肉眼看不见去污粉为止,然后用自来水冲洗 3~6 次,再用蒸馏水冲洗 3 次以上。一个洗干净的玻璃仪器,应该以挂不住水珠为度。如果仍能挂住水珠,仍然需要重新洗涤。用蒸馏水冲洗时,要顺壁冲洗并充分振荡。经蒸馏水冲洗后的仪器,用指示剂检查时应为中性。

(2) 超声波清洗。超声波清洗时一般使用两类清洗剂:化学溶剂和水基清洗剂。清洗介质的化学作用,可以加速超声波清洗的效果,超声波清洗是物理作用,两种作用相结合,可以达到对物件进行充分、彻底清洗的目的。一般来说,超声波在 30~40 ℃时的净化效果最好。清洗剂温度越高,作用则越显著。通常实际应用超声波清洗时,采用 40~60 ℃的工作温度。超声波清洗的优点相比其他多种清洗方式,显示出了巨大的优越性。尤其在专业化、集团化的生产企业中,已逐渐用超声波清洗机取代了传统的浸洗、刷洗、压力冲洗、振动冲洗和蒸汽清洗等工艺方法。不过应注意对操作人员听力的保护。

（3）用于痕量金属分析的玻璃仪器,使用1:1～1:9的HNO_3溶液浸泡,然后进行常法洗涤。

（4）进行荧光分析时,玻璃仪器应避免使用洗衣粉洗涤（因洗衣粉中含有荧光增白剂,会给分析结果带来误差）。

（5）分析致癌物质时,应选用适当的洗消液浸泡,然后再按常法洗涤。

4. 玻璃器皿的干燥

做实验经常要用到的仪器应在每次实验完毕后洗净干燥备用。不同实验对仪器的干燥程度有不同的要求:一般情况下,定量分析用的烧杯、锥形瓶等仪器洗净即可使用;而用于食品分析的仪器很多要求是干燥的,有的要求无水痕,有的要求无水。应根据不同要求使用不同的干燥仪器的方法。

1）晾干

不急着使用的仪器,可在蒸馏水冲洗后,在无尘处倒置在安有木钉的干燥架或放置在带有透气孔的玻璃柜上,令其自然干燥。

2）烘干

洗净的仪器除去水分,可以放在烘箱内烘干,烘箱温度为105～110 ℃时烘1 h左右;也可以放在红外灯干燥箱中烘干,此法适用于一般仪器。称量瓶等在烘干后要放在干燥器中冷却和保存。带实心玻璃塞的仪器和厚壁仪器烘干时要注意慢慢升温,并且温度不可过高,以免仪器破裂。量器不可置于烘箱中烘干。硬质试管可用酒精灯加热烘干,要从底部烤起,将管口向下,以免水珠倒流而使试管炸裂,烘至无水珠后再将试管口向上赶净水汽。

3）热（冷）风吹干

对急于干燥的仪器或不适于放入烘箱的较大的仪器可使用吹干的办法。通常用少量酒精、丙酮（或最后再用乙醚）倒入已除去水分的仪器中摇洗,然后用电吹风机吹干,开始用冷风吹1～2 min,当大部分溶剂挥发后吹入热风至完全干燥,再用冷风吹去残余蒸汽,以免其又冷凝在容器内。

（三）玻璃器皿的灭菌

1. 玻璃器皿的包装

玻璃器皿须包装妥当,以免消毒后又被杂菌所污染。

（1）一般玻璃器材（试管、三角瓶、烧杯等）的包装,可先做好适宜大小的棉塞,将试管或三角烧瓶口塞好,外面再用纸张包扎,烧杯则可直接用纸张包扎。

（2）吸管的包装可用细铁丝或长针头塞少许棉花于吸管口端,以免使用时将病原微生物吸入吸管口中,同时又可滤去从吸管口中吹出的空气。塞进的棉花大小要适度,太松、太紧对其使用都有影响。最后,每个吸管均须用纸分别包卷,有时也可每5～10支用报纸包成一束或装入金属筒内进行干烤灭菌。

（3）培养皿、青霉素瓶、乳钵等包装,用无油质的纸将其单个或数个包成一包,置于金属盒内或仅包裹瓶口部分直接进行灭菌。

注意:棉塞的制作。制作棉塞时最好选择纤维长的新棉花,绝不能用脱脂棉。其制法为:视试管或瓶口的大小取适量棉花,分成数层;互相重叠,使其纤维纵横交叉,然后,折叠卷紧,用两层纱布捆系结实,做成长4～5 cm的棉塞。好的棉塞上下粗细相同,并且与管口紧接,没有可见空隙。

2. 玻璃器材的灭菌

1) 湿热灭菌法

在相同的温度下,湿热的杀菌效果比干热好,其原因如下。

① 蛋白质凝固所需的温度与其所含水量有关,含水量愈大,发生凝固所需的温度愈低,湿热灭菌的菌体蛋白质吸收水分,因而比处于同一温度的干热空气中更易于凝固。

② 温热灭菌过程中蒸汽放出大量潜热,加速提高湿度,因而湿热灭菌比干热灭菌所要求的温度低。如果在同一温度下,则湿热灭菌所需时间比干热灭菌短。

③ 湿热的穿透力比干热大,使深部也能达到灭菌温度,故湿热比干热收效好。

湿热灭菌法有以下几种。

① 煮沸法。100 ℃的温度下煮沸 5 min,能杀死一般细菌的繁殖体。许多芽孢须经煮沸 5~6 h 才死亡。水中加入 2%碳酸钠,可提高其沸点达 105 ℃,这样既可促进芽孢的杀灭,又能防止金属器皿生锈。煮沸法可用于饮水和一般器械(刀剪、注射器等)的消毒。

② 流通蒸汽灭菌法。利用 100 ℃左右的水蒸气进行消毒,一般采用流通蒸汽灭菌器(其原理相当于用蒸笼蒸),加热 15~39 min,可杀死细菌繁殖体。消毒物品的包装不宜过大、过紧,要利于蒸汽穿透。

③ 间歇灭菌法。利用反复多次的流通蒸汽,以达到灭菌的目的。一般用流通蒸汽灭菌器,100 ℃加热 15~30 min,可杀死其中的繁殖体;但芽孢尚有残存。取出后放入 37 ℃的温箱过夜,使芽孢发育成繁殖体,次日再蒸一次,如此连续 3 次以上。本法适用于不耐高温的营养物(如血清培养基)的灭菌。

④ 巴氏消毒法。利用热力杀死液体中的病原菌或一般的杂菌,同时不致严重损害其质量的消耗方法。由巴斯德首创用于消毒酒精类液体,故得名。加热至 61.1~62.8 ℃持续 0.5 h,或者 71.7 ℃持续 15~30 s。常用于消毒牛奶和酒类等。

⑤ 高压蒸汽灭菌法。压力蒸汽灭菌是在专门的压力蒸汽灭菌器中进行的,是热力灭菌中使用最普遍、效果最好的一种方法。其优点是穿透力强,灭菌效果可靠,能杀灭所有微生物。

2) 干热灭菌法

干热灭菌比湿热灭菌需要更高的温度与更长的时间。

(1) 干烤。利用干烤箱,加热至 160~180 ℃,持续 2 h,可杀死一切微生物,包括芽孢菌。干烤主要用于玻璃器皿、瓷器等的灭菌。

(2) 烧灼和焚烧。烧灼是直接用火焰杀死微生物,适用于微生物实验室的接种针等不怕热的金属器材的灭菌。焚烧是彻底的消毒方法,但只限于处理废弃的污染物品,如无用的衣物、纸张、垃圾等。焚烧应在专用的焚烧炉内进行。

(3) 红外线。红外线是一种波长为 0.77~1 000 μm 的电磁波,有较好的热效应,尤以波长在 1~10 μm 范围的热效应最强。用红外线灭菌也被认为是一种干热灭菌法。红外线由红外线灯泡产生,不需要经空气传导,所以加热速度快,但热效应只能在红外线照射到的表面产生,因此不能使一个物体的前后左右均匀加热。红外线的杀菌作用与干热相似,利用红外线烤箱灭菌所需的温度和时间与干烤一样,多用于医疗器械的灭菌。

人受到较长时间的红外线照射会感觉眼睛疲劳及头疼,长期照射会造成眼内损伤。因此,工作人员至少应佩戴能防红外线伤害的防护镜。

(4) 微波。微波是一种波长为 1 mm~1 m 的电磁波,其频率较高,可穿透玻璃、塑料薄膜与陶瓷等物质,但不能穿透金属表面。微波能使介质内杂乱无章的极性分子在微波场的作用下,按微波的频率往返运动、互相冲撞和摩擦而产生热,介质的温度随之升高,因而在较低的温度下能起到消毒作用。一般认为其杀菌机理除热效应以外,还有电磁共振效应、场致力效应等的作用。消毒中常用的微波有 2 450 MHz 与 915 MHz 两种。

思 考 题

1. 食品微生物检验室有哪些基本要求? 对食品微生物检验室的设施和人员管理有哪些要求?
2. 如何正确使用超净工作台? 微生物检验常用的仪器和使用注意事项有哪些?
3. 高压蒸汽灭菌锅的使用方法和注意事项有哪些?
4. 离心机使用时的注意事项有哪些?
5. 如何对玻璃器皿进行清洗和灭菌?

项目二　实验室管理制度

一、实验室管理制度

实验室应制订仪器配备管理和使用制度、药品管理和使用制度及玻璃器皿管理和使用制度。实验室安全制度和环境条件的要求,实验人员应严格掌握,认真执行。

进入实验室必须穿工作服,进入无菌室须换无菌衣、帽、鞋,戴好口罩,非实验室人员不得进入实验室,严格执行安全操作规程。

实验室内物品摆放整齐,试剂定期检查并有明晰的标签,仪器应定期进行检查、保养、检修,严禁在冰箱内存放和加工私人食品。

各种器材应建立请领消耗记录,贵重仪器应有使用记录,破损遗失应填写报告;药品、器材、菌种不经批准不得擅自外借和转让,更不得私自拿出。

禁止在实验室内吸烟、进餐、会客、喧哗,实验室内不得带入私人物品,离开实验室前应认真检查水电,对有毒、有害、易燃、污染、腐蚀的物品和废弃物品应按有关要求执行。

负责人应严格执行本制度,出现问题立即报告,造成病原扩散等责任事故者,应视情节轻重予以处理,情节严重者还须追究其法律责任。

二、仪器配备、管理使用制度

食品微生物实验室应有的仪器:培养箱、高压锅、普通冰箱、低温冰箱、厌氧培养设备、显微镜、离心机、超净工作台、振荡器、普通天平、千分之一天平、烤箱、冷冻干燥设备、均质器、恒温水浴箱、菌落计数器、生化培养箱及电位 pH 计。

实验室所使用的仪器、容器应符合标准要求,保证准确可靠,凡计量仪器具须经计量部门检定合格后方能使用。

实验室仪器应安放合理,贵重仪器应有专人保管,建立仪器档案,并备有操作方法及保养、维修说明书及使用登记本,做到经常维护、保养和检查。精密仪器不得随意移动,若有损坏需要修理时,不得私自修理,应写出报告并通知管理人员,由经理同意,填写报修理申请,再送仪器维修部门。

各种仪器(冰箱、温箱除外)使用完毕后要立即切断电源,旋钮复原归位,待仔细检查后,方可离去。

一切仪器设备未经设备管理人员的同意不得外借,使用后进行登记。

仪器设备应保持清洁,一般应有仪器套罩。

使用仪器时,应严格按操作规程进行,对违反操作规程的或因管理不善致使仪器损坏的,要追究当事者责任。

三、药品管理、使用制度

依据本室的检测任务,制订各种药品试剂的采购计划,写清品名、单位、数量、纯度、包装规格及出厂日期等,领回后建立账目,由专人管理,每半年做出消耗表,并清点剩余药品。

药品试剂应陈列整齐、放置有序,做到避光、防潮、通风干燥、瓶签完整,剧毒药品加锁存放,易燃、挥发、腐蚀品种单独储存。

领用药品试剂,须填写请领单,由使用人和本室负责人签字,任何人无权私自出借或馈送药品试剂,本单位科、室间或外单位互借时须经科室负责人签字。

称取药品试剂应按操作规范进行,用后盖好,必要时可封口或用黑纸包裹,不使用过期或变质的药品。

四、玻璃器皿管理、使用制度

根据测试项目的要求,申报玻璃仪器的采购计划,详细注明规格、产地、数量、要求,硬质中性玻璃仪器应经计量验证合格。大型器皿建立账目,每年清查一次,一般低值易耗器皿损坏后应及时填写损耗登记清单。玻璃器皿使用前应除去污垢,并用清洁液或 2% 的稀盐酸溶液浸泡 24 h 后,用清水冲洗干净后备用。器皿使用后随时清洗,染菌后应严格高压灭菌,不得乱弃乱扔。

清洁的玻璃器皿是实验得到正确结果的先决条件,因此,玻璃器皿的清洗是实验前的一项重要准备工作。清洗方法根据实验目的、器皿的种类、所盛放的物品、洗涤剂的类别和污染程度等的不同而有所不同。玻璃器皿的清洗和准备的方法如下。

1. 新玻璃器皿的洗涤方法

新购置的玻璃器皿含游离碱较多,应在酸溶液内先浸泡数小时。酸溶液一般用 2% 的盐酸或洗涤液,浸泡后用自来水冲洗干净。

2. 使用过的玻璃器皿的洗涤方法

(1) 试管、培养皿、三角烧瓶等可用瓶刷或用海绵沾上肥皂、洗衣粉或去污粉等刷洗,然后用自来水充分冲洗干净。热的肥皂水去污能力更强,可有效地洗去器皿上的油污。洗衣粉和去污粉较难被冲洗干净,器壁上常附有一层微小粒子,故要用水多次甚至 10 次以上充分冲洗,或者可用稀盐酸摇洗一次,再用水冲洗,然后倒置于铁丝框内或有空心格子的木架上,在室内晾干。急用时可盛于框内或搪瓷盘上,放烘箱烘干。

玻璃器皿经洗涤后,若内壁的水是均匀分布成一薄层,表示油垢完全洗净;若挂有水珠,则还需要用洗涤液浸泡数小时,然后再用自来水充分冲洗。

装有固体培养基的器皿应先将培养基刮去,然后洗涤。带菌的器皿在洗涤前先浸在 2% 来苏水溶液或 0.25% 新洁尔灭消毒液内 24 h 或煮沸 0.5 h,再用以上方法洗涤。带病原菌的培养物最好先进行高压蒸汽灭菌,然后将培养物倒去,再进行洗涤。

盛放一般培养基用的器皿经以上方法洗涤后,即可使用。若须精确配制化学药品,或者做科研用的精确实验,则要求用自来水冲洗干净后,再用蒸馏水淋洗 3 次,晾干或烘干后备用。

(2) 吸过血液、血清、糖溶液或染料溶液等的玻璃吸管(包括毛细吸管),使用后应立即投入盛有自来水的量筒或标本瓶内,以免干燥后难以冲洗干净。量筒或标本瓶底部应垫以脱脂棉花,否则吸管投入时容易破损。待实验完毕,再集中冲洗。若吸管顶部塞有棉花,则在冲洗前应先将吸管尖端与装在水龙头上的橡皮管连接,用水将棉花冲出,然后再装入吸管自动洗涤器内冲洗;没有吸管自动洗涤器的实验室可用冲出棉花的方法多冲洗片刻,必要时再用蒸馏水淋洗。洗净后,放搪瓷盘中晾干,若要加速干燥,可放烘箱内烘干。

吸过含有微生物培养物的吸管亦应立即投入盛有 2% 来苏水溶液或 0.25% 新洁尔灭消毒液的量筒或标本瓶内,24 h 后方可取出冲洗。

吸管的内壁如果有油垢,同样应先在洗涤液内浸泡数小时,然后再行冲洗。

(3) 用过的载玻片与盖玻片如果滴有香柏油,要先用皱纹纸擦去或浸在二甲苯内摇晃几次,使油垢溶解,再在肥皂水中煮沸 5～10 min,用软布或脱脂棉花擦拭,并立即用自来水冲洗,然后在稀洗涤液中浸泡 0.5～2 h,用自来水冲去洗涤液,最后用蒸馏水换洗数次,待其干燥后浸于 95% 酒精中保存备用。使用时在火焰上烧去酒精。用此法洗涤和保存的载玻片和盖玻片清洁透亮,没有水珠。

检查过活菌的载玻片或盖玻片应先在 2% 来苏水溶液或 0.25% 新洁尔灭溶液中浸泡 24 h,然后按以上方法洗涤与保存。

3. 洗涤液的配制与使用

(1) 洗涤液的配制。

洗涤液分浓溶液与稀溶液两种。

① 浓溶液:重铬酸钠或重铬酸钾(工业用)50 g;自来水 150 mL;浓硫酸(工业用)800 mL。

② 稀溶液:重铬酸钠或重铬酸钾(工业用) 50 g;自来水 850 mL;浓硫酸(工业用) 100 mL。

配制方法都是将重铬酸钠或重铬酸钾先溶解于自来水中,可慢慢加温,使其溶解,冷却后徐徐加入浓硫酸,边加边搅动。

配好后的洗涤液应是棕红色或橘红色,储存于有盖容器内。

(2) 原理。

重铬酸钠或重铬酸钾与硫酸作用后形成铬酸,铬酸的氧化能力极强,因而此溶液具有极强的去污作用。

(3) 使用注意事项。

① 洗涤液中的硫酸具有强腐蚀作用,玻璃器皿浸泡时间太长,会使玻璃变质,因此切忌用后忘记将器皿取出冲洗。其次,洗涤液若溅到衣服和皮肤上应立即用水洗,再用苏打水或氨液洗。如果溅在桌椅上,应立即用水洗去或湿布抹去。

② 玻璃器皿投入前,应尽量干燥,避免稀释洗涤液。

③ 此溶液的使用仅限于玻璃和瓷质器皿,不适用于金属和塑料器皿。

④ 有大量有机质的器皿应先行擦洗,然后再用洗涤液,这是因为有机质过多,会加速洗涤液失效。此外,洗涤液虽为很强的去污剂,但也不是所有的污迹都可清除。

⑤ 盛洗涤液的容器应始终加盖,以防氧化变质。

⑥ 洗涤液可反复使用,但当其变为墨绿色时即已失效,不能再使用。

五、实验室生物安全管理制度

1. 个人防护

1)着装

(1)进入实验室前要摘除首饰,修剪指甲,以免刺破手套。长发应束在脑后,禁止在实验室内穿露脚趾的鞋。在实验室里,工作衣、帽、鞋必须穿戴整齐。

(2)在实验室里工作时,要始终穿着实验服,实验室外禁止穿防护服。皮肤受损时应以防水敷料覆盖。

(3)当有必要保护眼睛和面部以防实验对象喷溅或紫外线辐射时,必须佩戴护目镜、面罩(带护目镜的面罩)或其他防护用品。

(4)实验室工作区内不允许吃、喝东西,不允许化妆和戴隐形眼镜,禁止在实验室工作区内的任何地方储存人用食品及饮料。

(5)实验室防护服不应和日常服饰放在同一个柜子中。个人物品、服装和化妆品不应放在有规定禁放的和可能发生污染的区域。

2)洗手

(1)实验室工作人员在实际或可能接触了血液、体液或其他污染材料后,即使戴有手套也应立即洗手。

(2)摘除手套后、使用卫生间前后、离开实验室前、进食或吸烟前、接触每一位患者前后都应例行洗手。

(3)实验室应为过敏或对某些消毒防腐剂中的特殊化合物有其他反应的工作人员提供洗手用的替代品。

(4)洗手池不得用于其他目的。在限制使用洗手池的地点,使用基于酒精的"无水"手部清洁产品是可接受的替代方式。

(5)当实验过程中可能涉及直接或意外接触到血液、有传染性的材料或被感染的动物时,必须要戴上合适的手套,摘除手套后必须洗手。

(6)实验人员在操作完有感染性的材料或动物后,离开实验室工作区之前必须进行"六步法"洗手。

(7)每日工作完毕,所有操作台面、离心机、加样枪、试管架必须擦拭、消毒。

2. 操作准则

(1)所有样本、培养物均可能有传染性,操作时均应戴手套。在认为手套已被污染时应摘除手套,马上洗净双手,再换一双新手套。

(2)不得用戴手套的手触摸自己的眼、鼻子或其他暴露的黏膜或皮肤,不得戴手套离开实验室或在实验室里来回走动。

(3)严格禁止用嘴吸液。实验材料禁止放入嘴里,禁止舔标签。

(4)所有样本、培养物和废弃物应被假定有传染性,应以安全方式处理和处置。

(5)所有的实验步骤都应尽可能将气溶胶或气雾的形成控制在最低程度。任何使形成气溶胶的危险性上升的操作都必须在生物安全柜里进行。有害气溶胶不得直接排放。

(6)应尽可能减少使用利器,尽量使用替代品。包括针头、玻璃、一次性手术刀在内的利器应在使用后立即放在耐扎容器中。尖利物容器应在内容物达到2/3前置换。

(7)所有溅出事件、意外事故和明显或潜在的暴露于感染性材料的事件发生后,都必须向实验室负责人报告。此类事故的书面材料应存档。

（8）实验室应保持整洁、干净，当潜在的危险物溅出或一天的工作结束后，工作台表面应消毒。

（9）所有弃置的实验室生物样本、培养物和被污染的废弃物在从实验室中取走之前，应使其达到生物学安全范围。

（10）在进行高压、干燥、消毒等工作时，工作人员不得擅自离开现场，应认真观察温度、时间。蒸馏易挥发、易燃液体时，不准直接加热，应置于水浴锅上进行，试验过程中如果产生毒气，则应在通风柜内操作。

（11）严禁用口直接吸取药品和菌液，应按无菌操作进行。如果菌液、病原体溅出容器外，则应立即用有效消毒剂进行彻底消毒，安全处理后方可离开现场。

（12）实验完毕，将两手用清水肥皂洗净，必要时可用新洁尔灭消毒液、过氧醋酸泡手，然后用水冲洗，工作服应经常清洗，保持整洁，必要时进行高压消毒。

（13）实验完毕，及时清理现场和实验用具，对染菌带毒物品，须进行消毒灭菌处理。

（14）每日实验完毕，应认真检查水、电和正在使用的仪器设备，关好门窗后方可离去。

六、环境条件要求

实验室内要经常保持清洁卫生，每天上下班应进行清扫整理，桌柜等表面应每天用消毒液擦拭，保持无尘，杜绝污染。

实验室应井然有序，不得存放实验室以外及个人物品、仪器等，实验室用品要摆放合理，并有固定位置。

随时保持实验室的卫生，不得乱扔纸屑等杂物，测试用过的废弃物要倒在固定的箱筒内，并及时处理。

实验室应具有优良的采光条件和照明设备。

实验室工作台面应保持水平和无渗漏，墙壁和地面应当光滑和容易清洗。

实验室布局要合理，一般实验室应有准备间和无菌室（洁净室），无菌室应有良好的通风条件，如安装空调设备及过滤设备，洁净室内空气测试应达到洁净室空气净化级别的相关要求。

严禁将实验室作为会议室及其他文娱活动场所和学习场所。

项目三　实验室技术操作要求

一、无菌操作要求

食品微生物实验室的工作人员，必须有严格的无菌观念。许多试验都要求在无菌条件下进行，主要原因：一是防止试验操作中人为污染样品；二是保证工作人员的安全，防止检出的致病菌由于操作不当造成个人污染而影响身体健康。

无菌操作要求主要有以下几点。

（1）接种细菌时必须穿工作服、戴工作帽。

（2）接种食品样品时，必须穿专用的工作服、帽及拖鞋，工作服、帽及拖鞋应放在无菌室缓冲间,工作前经紫外线消毒后使用。

(3) 接种食品样品时,应在进无菌室前用肥皂洗手,然后用 75％的酒精棉球将手擦干净。

(4) 进行接种所用的吸管、平皿及培养基等必须经消毒灭菌,打开包装未使用完的器皿,不能放置后再使用,金属用具应经高压灭菌或用 95％酒精点燃烧灼 3 次后使用。

(5) 从包装中取出吸管时,吸管尖部不能触及外露部位,使用吸管接种于试管或平皿时,吸管尖不得触及试管或平皿边。

(6) 接种样品、转种细菌必须在酒精灯前操作,接种细菌或样品时,吸管从包装中取出后及打开试管塞时都要通过火焰消毒。

(7) 接种环和针在接种细菌前应经火焰烧灼全部金属丝,必要时还要烧到环和针与杆的连接处。用于接种结核菌和烈性菌的接种环应在沸水中煮沸 5 min,再经火焰烧灼。

(8) 吸管吸取菌液或样品时,应使用相应的橡皮头吸取,不得直接用口吸。

二、无菌间使用要求

无菌间通向外面的窗户应为双层玻璃,并要密封,不得随意打开,并应设有与无菌间大小相应的缓冲间及推拉门,另设有 0.5～0.7 m² 的小窗,以备进入无菌间后传递物品时使用。

无菌间内应保持清洁,工作后用 2％～3％来苏水溶液消毒擦拭工作台面,不得存放与实验无关的物品。

无菌间使用后应将门关紧,打开紫外灯。如果采用室内悬吊紫外灯消毒时,需用 30 W 紫外灯,距离在 1.0 m 处,照射时间不少于 30 min。使用紫外灯时,应注意不得直接在紫外线下操作,以免使实验人员受伤,灯管每隔两周须用酒精棉球轻轻擦拭,除去上面的灰尘和油垢,以减少对紫外线穿透的影响。

处理和接种食品标本时,应进入无菌间操作,不得随意出入,如需要传递物品,可通过小窗传递。

在无菌间内安装空调时,应有过滤装置。

三、消毒灭菌要求

微生物检测用的玻璃器皿、金属用具及培养基、被污染和接种的培养物等,必须经灭菌后方能使用。

(一) 干热和湿热高压蒸汽锅灭菌方法

1. 灭菌前准备

(1) 所有需要灭菌的物品首先应清洗晾干,玻璃器皿如吸管、平皿用纸包装严密,如果用金属筒,应将上面的通气孔打开。

(2) 装培养基的三角瓶塞,用纸包好,试管盖盖好,注射器须将管芯抽出,用纱布包好。

2. 装放

(1) 干热灭菌器:装放物品不可过挤,并且不能接触箱的四壁。

(2) 大型高压蒸汽锅:放置灭菌物品时应分别包扎好,直接放入消毒筒内,物品之间不能过挤。

3. 设备检查

(1) 检查门的开关是否灵活,橡皮圈有无损坏、是否平整。

（2）检查压力表在蒸汽排尽时是否停留在零位，关好门和盖，通蒸汽或加热后，观察是否漏气，压力表与温度计所标示的状况是否吻合，管道有无堵塞。

（3）对有自动电子程序控制装置的灭菌器，使用前应检查规定的程序，确定其是否符合进行灭菌处理的要求。

4. 灭菌处理

（1）干热灭菌法。此法适用于在干热情况下，不损坏、不变质、不挥发的物品，较常用于玻璃器皿、金属制品、陶瓷制品等的灭菌。

① 器械器皿应清洗后再干烤，以防附着在表面的污物炭化。

② 灭菌时安放物品不能过挤，不要直接接触箱底和箱壁，物品之间应留有空隙。

③ 灭菌时将箱门关紧，接上电源，先将排气孔打开约 30 min，排除灭菌器中的冷空气，温度升至 160 ℃时调节指示灯，维持 1.5～2 h。

④ 灭菌完毕后或温度升温的过程中，须在 60 ℃以下才能打开箱门。

（2）手提式高压锅或立式压力蒸汽灭菌法。手提式高压锅或立式压力蒸汽灭菌器的使用应按下列步骤进行。

① 手提式高压锅在主体内加入 3 L 清水，立式高压锅加水 16 L（重复使用时应将水量补足，水变混浊需要更换）。加水多少主要由灭菌锅的容量决定。

② 手提式高压锅将顶盖上的排气管插入消毒桶内壁的方管中（无软管或软管锈蚀破裂的灭菌器不得使用）。

③ 盖好顶盖并拧紧，勿使其漏气；立式压力锅通上电源，并打开顶盖上的排气阀放冷气（水沸腾后排气 10～15 min）。

④ 关闭排气阀，使蒸汽压上升到规定要求，并维持规定的时间（按灭菌物品的性质与有关情况而定）。

⑤ 达到规定时间后，对须干燥的物品，立即打开排气阀排出蒸汽，待压力恢复到零时，自然冷却至 60 ℃后开盖取物，如为液体物品，不要打开排气阀，而应立即将锅去除热源，待其自然冷却，压力恢复至零，温度降到 60 ℃以下再开盖取物，以防突然减压造成液体剧烈沸腾或容器爆破。

（3）卧式压力锅蒸汽灭菌法。卧式压力锅蒸汽灭菌器的使用按下列步骤进行。

① 关紧锅门，打开进气阀，将蒸汽引入夹层进行预热，夹层内冷空气经阻气器自动排出。

② 夹层达到预定温度后，打开锅室进气阀，将蒸汽引入锅室，锅室内冷空气经锅室阻气器自动排出。

③ 待锅室达到规定的压力与温度时，调节进气阀，使其保持恒定至规定时间。

④ 自然或人工降温至 60 ℃再开门取物，不得使用快速排出蒸汽法，以防突然降压，液体剧烈沸腾或容器爆破。

⑤ 使用自动程序控制式压力蒸汽灭菌器，在放好物品关紧门后，应根据物品类别按动相应的开关，以便按要求程序自动进行灭菌，灭菌时必须利用附设仪表记录温度与时间以备查，操作要求应严格按照厂家说明书进行。

5. 灭菌温度与时间

干热灭菌器灭菌温度为 160 ℃，时间为 1.5～2 h。

（二）间歇灭菌方法

1. 蒸汽灭菌法

某些物质经高压蒸汽灭菌容易被破坏,可用不加压力的灭菌法。

（1）将欲灭菌物品置于锅内,盖上顶盖,打开排水口,使容器内余水排尽。

（2）关闭排水口,打开进气门,根据需要消毒 10～20 min。

（3）灭菌完毕关闭进气门,取出物品待其冷至室温,再放入 37 ℃温箱中过夜,次日仍按上述方法消毒,如此 3 次,即可达到灭菌目的。

2. 血清凝固灭菌法

培养基中含有血清或鸡蛋特殊成分时,因高热会破坏其营养成分,故使用低温,这样既可使血清凝固,又可达到灭菌目的。

（1）在使用该法灭菌的血清等分装时,须严格遵守无菌操作,试管、平皿也应在灭菌后使用。

（2）将培养基按要求放置成斜面或高层,加足水后,接上电源,升温至 75～90 ℃,1 h 灭菌,放入 37 ℃温箱中过夜,再如此灭菌 3 次。

3. 煮沸消毒

可用煮锅或煮沸消毒器,水沸腾后再煮 5～15 min,也可在水中加入 2%苯酚煮沸 5 min,加入 0.02%甲醛,在 80 ℃的环境下煮 60 min 均可达到灭菌的目的,但选用煮沸消毒的增消剂时,应注意其对物品的腐蚀性。

4. 灭菌处理

灭菌后的物品按正常情况已属无菌,从灭菌器中取出应仔细检查,以免再度污染。

（1）物品取出,随即检查包装的完整性,若有破损或棉塞脱掉,则不可作为无菌物品使用。

（2）取出的物品,如果其包装有明显的水浸的痕迹,则不可作为无菌物品使用。

（3）培养基或试剂等,应检查其是否达到灭菌后的色泽或状态,未达到的应废弃。

（4）启闭式容器,在取出时应将筛孔关闭。

（5）取出的物品掉落在地或误放入不洁之处,或者沾有水液时,均视为受到污染,不可作为无菌物品使用。

（6）取出的合格灭菌物品,应存放于储藏室或防尘柜内,严禁与未灭菌的物品混放。

（7）凡属合格物品,应标有灭菌日期及有效期限。

（8）每批灭菌处理完成后,记录灭菌品名、数量、温度、时间、操作者。

四、有毒有菌污物处理要求

微生物实验实训所用器材、培养物等未经消毒处理,一律不得带出实验室。

经培养的污染材料及废弃物应放在严密的容器或铁丝筐内,并集中存放在指定地点,之后统一进行高压灭菌。

经微生物污染的培养物,必须在 121 ℃经 30 min 高压灭菌。

染菌后的吸管,使用后放入 5%来苏水溶液或苯酚溶液中,最少浸泡 24 h(消毒液体不得低于浸泡的高度),再在 121 ℃经 30 min 高压灭菌。

涂片染色冲洗片的液体,一般可直接冲入下水道,烈性菌的冲洗液必须冲在烧杯中,经高压灭菌后方可倒入下水道,染色的玻片放入 5%来苏水溶液中浸泡 24 h 后,煮沸洗涤。做凝集试验用的玻片或平皿,必须高压灭菌后洗涤。

打碎的培养物,立即用 5%来苏水溶液或苯酚溶液喷洒和浸泡被污染部位,浸泡 0.5 h 后再擦拭干净。

污染的工作服或进行烈性试验时所穿戴的工作服、帽、口罩等,应放入专用消毒袋内,经高压灭菌后方能洗涤。

五、培养基制备要求

培养基制备的质量将直接影响微生物生长,因为各种微生物对营养的要求不完全相同,培养目的也不同。各种培养基制备要求如下。

(1) 根据培养基配方的成分按量称取,然后溶于蒸馏水中,在使用前对使用的试剂药品应进行质量检验。

(2) pH 值测定及调节:pH 值测定要在培养基冷至室温时进行,因为在热或冷的情况下,其 pH 值有一定差异,当测定好时,按计算量加入碱或酸混匀后,应再测试一次。培养基 pH 值一定要准确,否则会影响微生物的生长或结果的观察。但须注意因高压灭菌可能使一些培养基的 pH 值降低或升高,故不宜使灭菌压力过高或灭菌次数太多,以免影响培养基的质量,指示剂、去氧胆酸钠、琼脂等一般在调完 pH 值后再加入。

(3) 培养基须保持澄清,便于观察细菌的生长情况,培养基加热煮沸后,可用脱脂棉花或绒布过滤,以除去沉淀物,必要时可用鸡蛋清澄清处理,所用琼脂条要预先洗净晾干后使用,避免因琼脂含杂质而影响透明度。

(4) 盛装培养基不宜用铁、铜等容器,以使用洗净的中性硬质玻璃容器为宜。

(5) 培养基的灭菌既要达到完全灭菌的目的,又要注意不因加热而降低其营养价值,一般在 121 ℃下持续 15 min 即可。如为含有不耐高热物质的培养基如糖类、血清、明胶等,则应采用低温灭菌法或间歇灭菌法,一些不能加热的试剂如亚碲酸钾、卵黄、TTC、抗生素等,待基础琼脂高压灭菌后冷却至 50 ℃左右再加入。

(6) 每批培养基制备好后,应做无菌生长试验及所检菌株生长试验。如果是生化培养基,使用标准菌株接种培养,观察生化反应结果,应呈正常反应。培养基不应储存过久,必要时可置于 4 ℃冰箱中存放。

(7) 目前各种干燥培养基较多,每批需要用标准菌株进行生长试验或生化反应观察,各种培养基用相应菌株生长试验良好后方可应用,新购进的或存放过久的干燥培养基,在配制时也应测 pH 值,使用时需要根据产品说明书规定的用量和方法进行。

(8) 每批制备的培养基所用化学试剂、灭菌情况及菌株生长试验结果、制作人员等均应做好记录,以备查询。

六、样品采集及处理要求

同食品微生物检验室样品采集及处理要求。

七、样品检验、记录和报告的要求

同食品微生物检验室样品检验、记录和报告的要求。

模块四 食品微生物检验基础知识与实训

项目一 培养基的基础知识与配制技术

一、微生物的营养需求

（一）微生物细胞的化学组成

微生物细胞的化学成分非常复杂，可以统分为两类，即有机物和无机物。分析微生物细胞的化学组成，其中绝大部分是水分，微生物细胞平均含水分80％左右，其余20％左右为干物质。干物质包括碳水化合物、蛋白质、脂类、核酸、矿物质等物质。这些物质主要由碳、氢、氧、钙、镁、氮、硫、磷、钾、铁等元素组成，其中碳、氢、氧、氮是组成有机物质的四大元素，占干物质重的90％～97％，其余的3％～10％是矿物质元素。

（二）微生物的营养物质及其生理功能

微生物生长所需要的营养物质按其主要生理功能，可以分为碳源、氮源、能源、无机盐、生长因子和水六大类。

1. 碳源

凡是可以被微生物利用，用于构成细胞代谢产物碳素来源的物质，统称为碳源物质。可满足微生物所需碳源物质按来源不同，可以分为无机碳源物质和有机碳源物质两类。其中，糖类是较好的有机碳源之一，尤其是葡萄糖、果糖等单糖，以及麦芽糖、蔗糖、乳糖等双糖等。制作培养基时常用葡萄糖，蔗糖作为碳源的原因就在于此。无机碳源的来源有二氧化碳和碳酸盐等物质。此外，一些含碳的氨基酸、醇、醛、酚等物质也能被许多微生物利用。

碳源物质的主要生理作用：①碳源物质提供微生物自身的细胞物质和代谢产物；②同时为微生物细胞内生化反应过程提供维持生命活动的能量，但一些以 CO_2 为唯一或主要碳源的微生物生长所需的能源则不是来自本身，需要添加其他能源物质。一些高分子化合物如淀粉、果胶、纤维素等，除了能为微生物分解代谢提供小分子碳架外，还能为微生物合成代谢提供能量，所以有些碳源物质具有双重作用，既可以作为碳源物质，又同时是能源物质。

微生物利用的碳源物质见表 4-1。

表 4-1　微生物利用的碳源物质

种　类	碳源物质	备　注
糖	葡萄糖、果糖、麦芽糖、蔗糖、淀粉、半乳糖、乳糖、甘露糖、纤维二糖、纤维素、半纤维素、甲壳素、木质素等	单糖优于双糖,己糖优于戊糖,淀粉优于纤维素,纯多糖优于杂多糖
有机酸	糖酸、乳酸、柠檬酸、延胡索酸、低级脂肪酸、高级脂肪酸、氨基酸等	与糖类相比效果较差,有机酸较难进入细胞,进入细胞后会导致 pH 值下降。当环境中缺乏碳源物质时,氨基酸可被微生物作为碳源利用
醇	酒精	在低浓度条件下被某些酵母菌和醋酸菌利用
脂	脂肪、磷脂	主要利用脂肪,在特定条件下将磷脂分解为甘油和脂肪酸而加以利用
烃	天然气、石油、石油馏分、液状石蜡等	利用烃的微生物细胞表面有一种由糖脂组成的特殊吸收系统,可将难溶的烃充分乳化后吸收利用
CO_2	CO_2	为自养微生物所利用
碳酸盐	$NaHCO_3$、$CaCO_3$ 等	为自养微生物所利用
其他	芳香族化合物、氰化物、蛋白质、胨、核酸等	利用这些物质的微生物在环境保护方面有重要作用。当环境中缺乏碳源物质时,这些物质可被微生物作为碳源而降解利用

2. 氮源

凡是可以被微生物用来构成细胞物质或代谢产物中氮素来源的营养物质统称为氮源物质。

氮素对微生物的生长发育有着重要的意义,微生物利用它在细胞内合成氨基酸和碱基,进而合成蛋白质、核酸等细胞成分,以及含氮的代谢产物。微生物细胞中含氮 5％～13％,氮素是微生物细胞蛋白质和核酸的主要成分。微生物可以利用的氮源物质有三类:一是空气中的分子态氮,少数具有固氮能力的微生物,如根瘤菌可以利用;二是无机氮化合物,硫酸铵、硝酸铵、硝酸钾等,大部分微生物可以利用;三是有机氮化合物,如富含蛋白质、氨基酸等成分的牛肉膏、蛋白胨、酵母膏、鱼粉等,大多数寄生性微生物和一部分腐生性微生物以此为必需的氮素营养。

在微生物检测,以及发酵产品生产中,常常以铵盐、硝酸盐、牛肉膏、蛋白胨、酵母膏、鱼粉、血粉、蚕蛹粉、豆饼粉、花生饼粉作为微生物的氮源。

微生物利用的氮源物质见表 4-2。

表 4-2　微生物利用的氮源物质

种　类	氮源物质	备　注
蛋白质类	蛋白质及其不同程度降解产物(胨、肽、氨基酸等)	大分子蛋白质难进入细胞,一些真菌和少数细菌能分泌胞外蛋白酶,将大分子蛋白质降解利用,而多数细菌只能利用相对分子质量较小的降解产物
氨及铵盐	NH_3、$(NH_4)_2SO_4$ 等	容易被微生物吸收利用
硝酸盐	KNO_3 等	容易被微生物吸收利用
分子氮	N_2	固氮微生物可利用,但当环境中有化合态氮源时,固氮微生物就失去固氮能力
其他	嘌呤、嘧啶、脲、胺、酰胺、氰化物	大肠杆菌不能以嘧啶作为唯一氮源,在氮限量的葡萄糖培养基上生长时,可通过诱导作用先合成分解嘧啶的酶,然后再分解并利用,嘧啶可不同程度地被微生物作为氮源加以利用

3. 能源

能源就是能为微生物生命活动提供最初能量来源的营养物或辐射能。各种异养微生物的能源就是其碳源。

化能自养微生物的能源十分独特,它们都是一些还原态的无机物质,例如 NH_4^+、NO_2^-、S、H_2S、H_2 和 Fe^{2+} 等。能利用这种能源的微生物都是一些原核生物,包括亚硝酸细菌、硝酸细菌、硫化细菌、硫细菌、氢细菌和铁细菌等。一部分微生物能够利用辐射能(光能)进行光合作用获得能源,称为光能营养型微生物。

在能源中,某一具体营养物质可同时兼有几种营养要素功能。例如:光辐射能是单功能营养物(能源);还原态的 NH_4^+ 是双功能营养物(能源和氮源);而氨基酸是三功能营养物(碳源、能源和氮源)。

4. 无机盐

无机盐是微生物生长必不可少的一类营养物质,根据微生物生长过程中所需无机盐的浓度的不同,可以分为常量元素和微量元素。一般将微生物生长所需无机盐浓度为 $10^{-4}\sim10^{-3}$ mol/L 的元素称为常量元素。把微生物生长所需无机盐浓度为 $10^{-8}\sim10^{-6}$ mol/L 的元素称为微量元素。它们在机体中的生理功能主要是作为酶活性中心的组成部分、维持生物大分子和细胞结构的稳定性、调节并维持细胞的渗透压平衡、控制细胞的氧化还原电位和作为某些微生物生长的能源物质等。微生物生长所需的无机盐一般有磷酸盐、硫酸盐、氯化物,以及含有钠、钾、钙、镁、铁等金属元素的化合物。

常量元素及其生理功能见表 4-3。

表 4-3　常量元素及其生理功能

元　素	化合物形式（常用）	生　理　功　能
磷	KH_2PO_4、K_2HPO_4	核酸、核蛋白、磷脂、辅酶及 ATP 等高能分子的成分，作为缓冲系统调节培养基 pH 值
硫	$(NH_4)_2SO_4$、$MgSO_4$	含硫氨基酸（半胱氨酸、甲硫氨酸等）、维生素的成分，谷胱甘肽可调节胞内氧化还原电位
镁	$MgSO_4$	己糖磷酸化酶、异柠檬酸脱氢酶、核酸聚合酶等活性中心组分，叶绿素和细菌叶绿素成分
钙	$CaCl_2$、$Ca(NO_3)_2$	某些酶的辅因子，维持酶（如蛋白酶）的稳定性，芽孢和某些孢子形成所需，建立细菌感受态所需
钠	NaCl	细胞运输系统组分，维持细胞渗透压，维持某些酶的稳定性
钾	KH_2PO_4、K_2HPO_4	某些酶的辅因子，维持细胞渗透压，某些嗜盐细菌核糖体的稳定因子
铁	$FeSO_4$	细胞色素及某些酶的组成部分，某些铁细菌的能源物质，合成叶绿素、白喉毒素所需

在微生物的生长过程中还需要一些微量元素，微量元素一般参与酶的组成或使酶活化（见表 4-4）。如果微生物在生长过程中缺乏微量元素，会导致细胞生理活性降低甚至停止生长。微量元素通常混杂在天然有机营养物、无机化学试剂、自来水、蒸馏水、普通玻璃器皿中，一般在配制培养基时没有必要另外加入。值得注意的是，许多微量元素是重金属，如果过量，就会对机体产生毒害作用，而且单独一种微量元素过量产生的毒害作用更大，因此，有必要将培养基中微量元素的量控制在正常范围内，并注意使各种微量元素之间保持恰当比例。

表 4-4　微量元素参与酶的组成或使酶活化

元　素	酶
锌	酒精脱氢酶、乳酸脱氢酶、碱性磷酸酶、醛缩酶、RNA 与 DNA 聚合酶
锰	过氧化物歧化酶、柠檬酸合成酶
钼	硝酸盐还原酶、固氮酶、甲酸脱氢酶
硒	甘氨酸还原酶、甲酸脱氢酶
钴	谷氨酸变位酶
铜	细胞色素氧化酶
钨	甲酸脱氢酶
镍	脲酶，为氢细菌生长所必需

5. 生长因子

生长因子通常指那些微生物生长所必需而且需要量很小，但微生物自身不能合成或合成量不足以满足机体生长需要的有机化合物。

生长因子是微生物维持正常生命活动所不可缺少的、微量的特殊有机营养物,微生物自身不能合成这些物质,必须在培养基中加入。缺少这些生长因子就会影响各种酶的活性,新陈代谢就不能正常进行。

广义的生长因子是指维生素、氨基酸、嘌呤、嘧啶等特殊有机营养物,而狭义的生长因子仅指维生素,这些微量营养物质被微生物吸收后,一般不被分解,而是直接参与或调节代谢反应。

生长因子虽然对微生物的生长来说非常重要,但并不是所有微生物都需要从外界吸收。例如,在自然界中自养型细菌和大多数腐生细菌、霉菌都能自己合成许多生长辅助物质,不需要另外供给就能正常生长发育。

维生素及其在代谢中的作用见表4-5。

表 4-5　维生素及其在代谢中的作用

化 合 物	在代谢中的作用
对氨基苯甲酸	四氢叶酸的前体,一碳单位转移的辅酶
生物素	催化羧化反应的酶的辅酶
辅酶 M	甲烷形成中的辅酶
叶酸	四氢叶酸包括在一碳单位转移辅酶中
泛酸	辅酶 A 的前体
硫辛酸	丙酮酸脱氢酶复合物的辅基
烟酸	NAD、NADP 的前体,它们是许多脱氢酶的辅酶
吡哆素(B_6)	参与氨基酸和酮酶的转化
核黄素(B_2)	黄素单磷酸(FMN)和 FAD 的前体,它们是黄素蛋白的辅基
钴胺素(B_{12})	辅酶 B_{12} 包括在重排反应里(为谷氨酸变位酶)
硫胺素(B_1)	硫胺素焦磷酸脱羧酶、转醛醇酶和转酮醇酶的辅基
维生素 K	甲基酮类的前体,起电子载体作用(如延胡索酸还原酶)
氧肟酸	促进铁的溶解性和向细胞中的转移

6. 水

水分是微生物细胞的主要组成成分,占鲜重的 70%～90%。微生物所含水分以游离水和结合水两种状态存在,两者的生理作用不同。结合水不具有一般水的特性,不能流动,不易蒸发,不冻结,不能作为溶剂,也不能渗透。游离水则与之相反,具有一般水的特性,能流动,容易从细胞中排出,并能作为溶剂,帮助水溶性物质进出细胞。不同种类微生物细胞含水量不同,同种微生物处于发育的不同时期或不同的环境,其水分含量也有差异,幼龄菌含水量较多,衰老和休眠体含水量较少。

水的生理功能主要有以下几种:①起到溶剂与运输介质的作用,营养物质的吸收与代谢产物的分泌必须以水为介质才能完成;②参与细胞内一系列化学反应;③维持蛋白质、核酸等生物大分子稳定的天然构象;④因为水的比热容高,是热的良好导体,能有效地吸收代谢过程中产生的热并及时地将热迅速散发出体外,从而有效地控制细胞内温度的变化;⑤保持充足的水分是细胞维持自身正常形态的重要因素;⑥微生物通过水合作用与脱水作用控制由多亚基组成的结构,如酶、微管、鞭毛及病毒颗粒的组装与解离。

常以水活度值来表示微生物生长的环境中水的有效性。水活度值是指在一定的温度和压力条件下,溶液的蒸汽压力与同样条件下纯水蒸气压力之比,即 $A_w = P_w/P_{0w}$(式中,P_w 代表溶液蒸汽压力,P_{0w} 代表纯水蒸气压力)。纯水 A_w 为 1.00,溶液中溶质越多,A_w 越小。微生物一般在 A_w 为 0.60~0.99 的条件下生长,但每种微生物的最适水分活度不同,细菌生长最适 A_w 较酵母菌和霉菌高,而嗜盐微生物生长最适 A_w 则较低,一般细菌是 0.91,酵母菌是 0.80,霉菌是 0.80,嗜盐细菌是 0.76,嗜盐真菌是 0.65,嗜高渗酵母是 0.60。

二、培 养 基

培养基是液体、半固体或固体形式的,含天然或合成成分,用于保证微生物繁殖(含或不含某类微生物的抑制剂)、鉴定或保持其活力的物质。无论是以微生物为材料的研究,还是利用微生物生产生物制品,以及微生物的检测,都必须进行培养基的配制,它是食品微生物检测的基础。培养基的配制是食品微生物检测的基础工作,并且不同微生物生长繁殖所需的营养物质不同,因此必须掌握培养基配制的基本原则和配制方法。

(一)培养基配制原则

一般微生物培养基配制遵循以下四原则。

1. 确定营养类型,选择适宜的营养物质

虽然所有微生物生长繁殖都需要碳源、氮源、无机盐、生长因子、水及能源等营养要素,但由于微生物营养类型复杂,不同微生物对营养物质的需求是不一样的,因此首先要根据不同微生物的营养需求配制针对性强的培养基。如自养型微生物自身能从简单的无机物合成所需要的糖类、脂类、蛋白质、核酸、维生素等复杂的有机物,因此在配制培养基时不需要单独加入有机物。在该培养基配制过程中并未专门加入其他碳源物质,而是依靠空气中和溶于水中的 CO_2 为氧化硫硫杆菌提供碳源。

在实验室中常用牛肉膏蛋白胨培养基培养细菌,用高氏 1 号合成培养基培养放线菌,培养酵母菌一般用麦芽汁培养基,培养霉菌则一般用查氏合成培养基。

几种类型培养基的组成见表 4-6。

表 4-6　几种类型培养基的组成

成　　分	氧化硫硫杆菌	大肠杆菌	营养琼脂	高氏 1 号	查氏合成	LB	主 要 作 用
牛肉膏			5				碳源(能源)、氮源、无机盐、生长因子
蛋白胨			10			10	氮源、碳源、生长因子
酵母浸膏	5						生长因子、氮源、碳源
葡萄糖	5						碳源
蔗糖					30		碳源
可溶性淀粉				20			碳源

续表

成　　分	氧化硫硫杆菌	大肠杆菌	营养琼脂	高氏1号	查氏合成	LB	主要作用
CO_2	（来自空气）						碳源
$(NH_4)_2SO_4$	0.4						氮源、无机盐
$NH_4H_2PO_4$		1					氮源、无机盐
KNO_3				1			氮源、无机盐
$NaNO_3$					3		氮源、无机盐
$MgSO_4 \cdot 7H_2O$	0.5	0.2		0.5	0.5		无机盐
$FeSO_4$	0.01			0.01	0.01		无机盐
KH_2PO_4	4						无机盐
K_2HPO_4		1		0.5	1		无机盐
NaCl		5	5	0.5			无机盐
KCl					0.5		无机盐
$CaCl_2$	0.25						无机盐
S	10						无机盐
H_2O	1 000	1 000	1 000	1 000	1 000	1 000	溶剂
pH	7.0	7.0～7.2	7.0～7.2	7.2～7.4	自然	7.0	
灭菌条件	121 ℃ 20 min	112 ℃ 30 min	121 ℃ 20 min	121 ℃ 20 min	121 ℃ 20 min	121 ℃ 20 min	

2. 营养物质浓度及比例适宜

微生物只有在适宜的营养物质环境中,才能够很好地生长和繁殖,因此,对培养基中营养物质浓度和比例有一定要求。营养物质浓度对微生物的影响:营养物质浓度过低时不能满足微生物正常生长所需,浓度过高时则可能对微生物生长起抑制作用。例如,高浓度糖类物质、无机盐、重金属离子等不仅不能维持和促进微生物的生长,反而会起到抑菌或杀菌作用。另外,培养基中各营养物质之间的浓度配比也直接影响着微生物的生长繁殖和(或)代谢产物的形成与积累,其中碳氮比(C/N)的影响较大。严格地讲,碳氮比指培养基中碳元素与氮元素的物质的量比值,有时也指培养基中还原糖与粗蛋白之比。例如:在利用微生物发酵生产谷氨酸的过程中,培养基碳氮比为 4:1 时,菌体大量繁殖,谷氨酸积累少;当培养基碳氮比为 3:1 时,菌体繁殖受到抑制,谷氨酸产量则大量增加。再如,在抗生素发酵生产的过程中,可以通过控制培养基中速效氮源(或碳源)与迟效氮源(或迟效碳源)之间的比例来控制菌体生长与抗生素的合成协调。

3. 控制适宜的 pH 值

每种微生物的最适 pH 值不同,一般细菌的最适 pH 值为 7.0～8.0,酵母菌最适 pH 值为 3.8～6.0,放线菌适于在 pH 值为 7.5～8.5 的条件下生长,霉菌通常在 pH 值为 4.0～5.8 的条件下生长。因此,培养基的 pH 值必须控制在一定的范围内,以满足不同类型微生物的生长繁殖或产生代谢物。但是微生物在生长繁殖过程中 pH 值不是恒定不变的,所以为了维持培养基 pH 值的相对恒定,通常在培养基中加入 pH 值缓冲剂,缓冲剂的来源有三种。第一种是在培养基中含有的天然的缓冲物质,如氨基酸、肽、蛋白质都属于两性电解质,能起到缓冲剂的作用。第二种是混合磷酸盐,常用的缓冲剂是 KH_2PO_4 和 K_2HPO_4 组成的混合物。K_2HPO_4 溶液呈碱性,KH_2PO_4 溶液呈酸性,两种物质的等量混合溶液的 pH 值为 6.8。当培养基中酸性物质积累导致 H^+ 浓度增加时,H^+ 与弱碱性盐结合形成弱酸性化合物,培养基 pH 值不会过度降低;如果培养基中 OH^- 浓度增加,OH^- 则与弱酸性盐结合形成弱碱性化合物,培养基 pH 值也不会过度升高。第三种是加入一些碳酸盐。虽然 KH_2PO_4 和 K_2HPO_4 缓冲系统只能在一定的 pH 值范围(pH 值为 6.4～7.2)内起调节作用。但有些微生物,如乳酸菌能大量产酸,上述缓冲系统就难以起到缓冲作用,此时可在培养基中添加难溶的碳酸盐(如 $CaCO_3$)来进行调节,$CaCO_3$ 难溶于水,不会使培养基 pH 值过度升高,但它可以不断中和微生物产生的酸,同时释放出 CO_2,将培养基的 pH 值控制在一定范围内。

4. 原料选择的经济性

在配制培养基时应尽量利用廉价且易于获得的原料作为培养基成分,遵循以粗代精,以野代家,以废代好,以简代繁,以纤代糖,以国产代进口的原则。特别是在培养基用量很大时,常常利用糖蜜(制糖工业中含有蔗糖的废液)、乳清(乳制品工业中含有乳糖的废液)、豆制品工业废液及黑废液(造纸工业中含有戊糖和己糖的亚硫酸纸浆)等都可作为培养基的原料,降低原料成本。工业上的甲烷发酵主要利用废水、废渣做原料,在农村,利用人畜粪便及禾草为原料发酵生产甲烷。大量的农副产品或制品,如玉米浆、麸皮、酵母浸膏、米糠、豆饼、花生饼、酒糟等都是常用的发酵工业原料。

(二)培养基的分类和应用

培养基种类繁多,根据其成分、物理状态和用途可将培养基分成如下几种类型。

1. 按营养成分划分

1)天然培养基

天然培养基是指含有化学成分还不清楚或化学成分不恒定的天然有机物的一类培养基,也称非化学限定培养基。天然培养基具有来源广泛、原料易得、配制简便、成本低等优点,但同时也具有原料成分复杂、不同来源的同种培养基营养物质含量不完全相同等问题,不利于控制产品的质量。一般常用牛肉浸膏、蛋白胨豆芽汁、血清、羽毛浸汁、酵母浸膏、麸皮、牛奶、土壤浸液、稻草浸汁、玉米粉、胡萝卜汁、椰子汁等天然有机营养物质作为营养物质。常见天然培养基有牛肉膏蛋白胨、麦芽汁培养基等。

牛肉浸膏、蛋白胨和酵母浸膏的来源及主要成分见表 4-7。

表 4-7　牛肉浸膏、蛋白胨和酵母浸膏的来源及主要成分

营养物质	来　　源	主　要　成　分
牛肉浸膏	瘦牛肉组织浸出汁浓缩而成的膏状物质	富含水溶性糖类、有机氮化合物、维生素、盐等
蛋白胨	将肉、酪素或明胶用酸或蛋白酶水解后干燥而成	富含有机氮化合物,也含有一些维生素和糖类的粉末状物质
酵母浸膏	酵母细胞的水溶性提取物浓缩而成的膏状物质	富含 B 类维生素,也含有有机氮化合物和糖类

2）合成培养基

合成培养基是指采用化学成分已知的有机物(碳水化合物、含氮化合物、有机酸类)或无机物配制而成的培养基,也称化学限定培养基。配制合成培养基的重复性强,但与天然培养基相比则有成本较高、微生物在其中生长速度较慢等问题。合成培养基的应用:可以用来培养一些细菌类,如高氏1号培养基可以用来分类和培养放线菌;也可以用来培养真菌类,如察氏培养基用来培养霉菌,常用于青霉、曲霉的鉴定及保存菌种用。另外,为了防止杂菌生长,时常在该培养基内加入高浓度的氯化钠,以抑制非真菌的生长;还可以用于动物细胞的培养中,不过在动物细胞的培养中,培养基中要加入血清之类的辅助成分。常见合成培养基有高氏1号培养基、察氏培养基等。

3）半合成培养基

半合成培养基就是用一部分天然的有机物作为碳源、氮源及生长辅助物质等,并适当补充无机盐类配制而成的培养基。半合成培养基介于天然培养基和合成培养基之间,制备半合成培养基的主要目的是促进菌丝的生长发育。此类培养基用途最广,大多数微生物都在此培养基上生长。半合成培养基有肉膏蛋白胨培养基、LB培养基、马铃薯培养基等。

2. 根据物理状态划分

根据培养基中凝固剂含量的多少,可将培养基划分为固体培养基、半固体培养基和液体培养基三种类型。

1）固体培养基

在液体培养基中加入一定量凝固剂,使其成为固体状态即为固体培养基。常用的凝固剂有琼脂、明胶和硅胶。后者用于配制自养微生物的固体培养基。对于多数微生物来讲,以琼脂最为合适,一般加入1.5%~2.5%的琼脂即可凝固成固体。在实验室中,固体培养基一般是加入平皿或试管中,制成培养微生物的平板或斜面。固体培养基为微生物提供一个营养表面,单个微生物细胞在这个营养表面进行生长繁殖,可以形成单个菌落。固体培养基常用来进行微生物的分离、鉴定、活菌计数及菌种保藏等。

理想的凝固剂应具备以下条件:①不被所培养的微生物分解利用;②在微生物生长的温度范围内保持固体状态,在培养嗜热细菌时,由于高温容易引起培养基液化,通常在培养基中适当增加凝固剂来解决这一问题;③凝固剂凝固点温度不能太低,否则将不利于微生物的生长;④凝固剂对所培养的微生物无毒害作用;⑤凝固剂在灭菌过程中不会被破坏;⑥透明度好,黏着力强;⑦配制方便且价格低廉。

除在液体培养基中加入凝固剂制备的固体培养基外,一些由天然固体基质制成的培养基也属于固体培养基。例如,由马铃薯块、胡萝卜条、小米、麸皮及米糠等制成固体状态的培养基就属于此类。又如生产酒的酒曲,生产食用菌的棉籽壳培养基等。表4-8中列出了琼脂和明胶的主要特征。

表 4-8　琼脂与明胶的主要特征比较

内　　容	琼　　脂	明　　胶
常用浓度/(%)	1.5~2	5~12
熔点/℃	96	25
凝固点/℃	40	20

续表

内　　容	琼　　脂	明　　胶
pH 值	微酸	酸性
灰分/(%)	16	14～15
氧化钙/(%)	1.15	0
氧化镁/(%)	0.77	0
氮/(%)	0.4	18.3
微生物利用能力	绝大多数微生物不能利用	许多微生物能利用

2）半固体培养基

把少量的凝固剂加入液体培养基中，就制成了半固体培养基。半固体培养基中凝固剂的含量比固体培养基少，培养基中琼脂含量一般为 0.2%～0.7%。这种培养基常用于观察细菌的运动、厌氧菌的分离和菌种鉴定等，有时用来保藏菌种和观察细菌的动力。半固体培养基有葡萄糖半固体培养基、乳糖半固体培养基、半固体动力培养基等。

3）液体培养基

液体培养基是未加任何凝固剂，而将各种营养物质溶于水中，混合配制而成的培养基。液体培养基培养微生物时，通过振荡或搅拌可以增加培养基的通气量，同时使营养物质分布均匀。液体培养基常用于大规模工业生产，以及在实验室进行微生物的基础理论和应用方面的研究。

（三）按功能划分

1. 基础培养基

尽管不同微生物的营养需求各不相同，但大多数微生物所需的基本营养物质是相同的。基础培养基是含有一般微生物生长繁殖所需的基本营养物质的培养基。牛肉膏蛋白胨培养基是最常用的基础培养基。基础培养基也可以作为一些特殊培养基的基础成分，再根据某种微生物的特殊营养需求，在基础培养基中加入所需营养物质。

2. 加富培养基

加富培养基也称为营养培养基，加富培养基是在基础培养基的基础上加上某种对于目标细胞来说营养丰富的物质，增加目标细胞的数量，使其形成生长优势，从而达到分离的目的。这些特殊营养物质包括血液、血清、酵母浸膏、动植物组织液等。加富培养基一般用来培养营养要求比较苛刻的异养型微生物。加富培养基常用于微生物菌种的分离筛选，使希望获得的微生物在其中的生长比其他微生物迅速，从而易于分离。也就是使混合微生物中的特定种的数量比例不断增高，并引向纯培养，从而容易达到分离该种微生物的目的。从某种意义上来讲，加富培养基类似选择培养基，两者的区别在于：加富培养基是用来增加所要分离的微生物的数量，使其形成生长优势，从而分离到该种微生物；选择培养基则一般是抑制不需要的微生物的生长，使所需要的微生物增殖，从而达到分离所需微生物的目的。

3. 鉴别培养基

鉴别培养基是用于鉴别不同类型微生物的培养基。在培养基中加入某种特殊的化学物质，某种微生物在培养基中生长后能产生某种代谢产物，而这种代谢产物可以与培养基中的特殊化学物质发生特定的化学反应,产生明显的特征性变化,根据这种特征性变化,可将该种微生物与其他微生物区分开来。鉴别培养基主要用于微生物的快速分类鉴定,以及分离和筛选产生某种代谢产物的微生物菌种。常用的一些鉴别培养基参见表 4-9。

表 4-9　常用的鉴别培养基

培养基名称	加入化学物质	微生物代谢产物	培养基特征性变化	主 要 用 途
酪素培养基	酪素	胞外蛋白酶	蛋白水解圈	鉴别产蛋白酶菌株
明胶培养基	明胶	胞外蛋白酶	明胶液化	鉴别产蛋白酶菌株
淀粉培养基	可溶性淀粉	胞外淀粉酶	淀粉水解圈	鉴别产淀粉酶菌株
H_2S 试验培养基	醋酸铅	H_2S	产生黑色沉淀	鉴别产 H_2S 菌株
糖发酵培养基	溴甲酚紫	乳酸、醋酸、丙酸等	由紫色变成黄色	鉴别肠道细菌
远藤氏培养基	碱性复红亚硫酸钠	酸、乙醛	带金属光泽深红色菌落	鉴别水中大肠菌群
伊红亚甲蓝培养基	伊红、亚甲蓝	酸	带金属光泽深紫色菌落	鉴别水中大肠菌群

4. 选择培养基

选择培养基是用于将某种或某类微生物从混杂的微生物群体中分离出来的培养基。根据不同种类微生物的特殊营养需求或对某种化学物质的敏感性不同,在培养基中加入相应的特殊营养物质或化学物质,抑制不需要的微生物的生长,有利于所需微生物的生长。

选择培养基有两种类型。一种类型是依据某些微生物的特殊营养需求设计的。例如:利用以纤维素或液状石蜡作为唯一碳源的选择培养基,可以从混杂的微生物群体中分离出能分解纤维素或液状石蜡的微生物;利用以蛋白质作为唯一氮源的选择培养基,可以分离产胞外蛋白酶的微生物;缺乏氮源的选择培养基可用来分离固氮微生物。另一种类型是在培养基中加入某种化学物质,这种化学物质没有营养作用,对所需分离的微生物无害,但可以抑制或杀死其他微生物。例如:在培养基中加入染料亮绿或结晶紫,可以抑制革兰氏阳性细菌的生长,从而达到分离革兰氏阴性细菌的目的;在培养基中加入亚硫酸铵,可以抑制革兰氏阳性细菌和绝大多数革兰氏阴性细菌的生长,而革兰氏阴性的伤寒沙门氏菌可以在这种培养基上生长;在培养基中加入青霉素、四环素或链霉素,可以抑制细菌和放线菌的生长,而将酵母菌和霉菌分离出来;在培养基中加入数滴 10% 酚可以抑制细菌和霉菌的生长,从而由混杂的微生物群体中分离出放线菌。

三、实训:培养基的配制和灭菌

(一)实训目的

(1) 能掌握培养基制备的方法、步骤和技术。
(2) 能掌握高压蒸汽灭菌的具体操作方法和技术。

(二)实训原理

培养基是人工配制的适合于不同微生物生长繁殖或积累代谢产物的营养基质,它是进行科学研究、生产微生物制品及应用等方面的基础。由于各类微生物对营养的要求不同,以及培养目的和检测需要不同,因而培养基的种类很多,应根据培养目的和检测需要不同,选择配制不同的培养基。

（三）实训试剂和器材

（1）药品及试剂:牛肉膏、蛋白胨、NaCl、琼脂、1 mol/L NaOH、1 mol/L HCl。

（2）仪器:天平、高压蒸汽灭菌锅、干燥箱。

（3）玻璃器材及其他:试管、三角烧瓶、烧杯、量筒、玻棒、培养基分装器、天平、牛角匙、pH值试纸(pH 值为 5.5~9.0)、棉花、牛皮纸、记号笔、麻绳、纱布等。

（四）实训步骤

1. 称量

按培养基(牛肉膏蛋白胨培养基)配方比例依次准确地称取牛肉膏、蛋白胨、NaCl 放入烧杯中。牛肉膏常用玻棒挑取,放在小烧杯或表面皿中称量,用热水溶化后倒入烧杯,也可按在称量纸上,称量后直接放入水中,这时稍微加热,牛肉膏便会与称量纸分离,然后立即取出纸片。

2. 溶化

在上述烧杯中先加入少于所需要的水量,用玻棒搅匀,然后,在石棉网上加热使其溶解。将药品完全溶解后,补充水到所需的总体积。如果配制固体培养基时,将称好的琼脂放入已溶的药品中,再加热溶化,最后补足所损失的水分。

3. 调 pH 值

在未调 pH 值前,先用精密 pH 值试纸测量培养基的原始 pH 值。如果偏酸,用滴管向培养基中逐滴加入 1 mol/L NaOH,边加边搅拌,并随时用 pH 值试纸测其 pH 值,直至 pH 值达7.6。反之,用 1 mol/L HCl 进行调节。对有些要求 pH 值较精确的微生物,其 pH 值的调节可用酸度计进行。

4. 过滤

趁热用滤纸或多层纱布过滤,以利于某些实验结果的观察。一般无特殊要求的情况下可以省去。

5. 分装

按实验要求,可将配制的培养基分装入试管内或三角烧瓶内。分装过程中,注意不要使培养基沾在管(瓶)口上,以免玷污棉塞而引起污染。

（1）液体分装。分装高度以试管高度的 1/4 左右为宜。分装三角烧瓶的量则根据需要而定,一般以不超过三角烧瓶容积的一半为宜,如果是用于振荡培养,则根据通气量的要求酌情减少;有的液体培养基在灭菌后,需要补加一定量的其他无菌成分,如抗生素等,装量一定要准确。

（2）半固体分装。试管一般以试管高度的 1/3 为宜,灭菌后垂直待凝。

（3）固体分装。分装试管,其装量不超过管高的 1/5,灭菌后制成斜面。分装三角烧瓶的量以不超过三角烧瓶容积的一半为宜。

培养基的分装见图 4-1。

培养基分装完毕后,在试管口或三角烧瓶口上塞上棉塞(或泡沫塑料塞及试管帽等)。棉

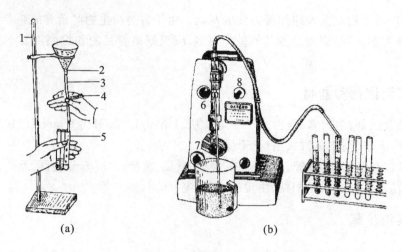

图 4-1　培养基的分装

(a)漏斗分装装置;(b)自动分装装置

1—铁架;2—漏斗;3—乳胶管;4—弹簧夹;5—玻璃管;6—流速调节;7—装量调节;8—开关

塞主要有两个方面的作用:一方面阻止外界微生物进入培养基,防止由此而引起的污染;另一方面保证有良好的通气性能,使培养在里面的微生物能够从外界源源不断地获得新鲜无菌空气。棉塞的质量对实验的结果有着很大的影响。一只好的棉塞,外形应像一只蘑菇,大小、松紧都应适当。加塞时,棉塞的总长度的 3/5 应在口内,2/5 在口外。

棉塞的制作见图 4-2。

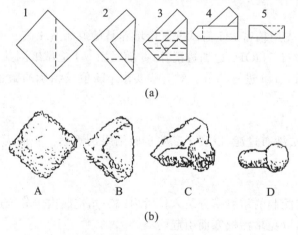

图 4-2　棉塞的制作

6. 包扎

加塞后,将全部试管用麻绳捆好,再在棉塞外包一层牛皮纸,以防止灭菌时冷凝水润湿棉塞,其外再用一道麻绳扎好。用记号笔注明培养基名称、组别、配制日期。三角烧瓶加塞后,外包牛皮纸,用麻绳以活结形式扎好,使用时容易解开,同样用记号笔注明培养基名称、组别、配制日期。

7. 高压蒸汽灭菌

高压灭菌器的主要构成部分是:灭菌锅、盖、压力表、放气阀、安全阀等。高压蒸汽灭菌操作过程如下:

检查杀菌锅各部件是否正常→加水→装锅→加盖密封→通电加热→排空气(大量蒸汽排出时,维持 5 min)→升温→恒温杀菌→断电降温→开盖→取出物。

检查水位:在灭菌器内加入一定量的水。水不能过少,以免将灭菌锅烧干引起爆炸事故。

装料:将待灭菌的物品放在灭菌锅搁架内,不要过满,包与包之间留有适当的空隙以利于蒸汽的流通。装有培养基的容器在放置时要防止液体溢出,瓶塞不要紧贴桶壁,以防冷凝水沾湿棉塞。

加盖:将盖上与排气孔相连接的排气管插入内层灭菌桶的排气槽内,摆正锅盖,对齐螺口,然后采用将相对的两个螺栓同时旋紧的方式来拧紧所有螺栓,并打开排气阀。

加热排气:用电炉或煤气加热,待水沸腾后,水蒸气和空气一起从排气孔排出。一般认为,当排气孔的气流很强并有嘘声时,表明锅内空气已排尽(沸后约 5 min)。

升压:当锅内空气已排尽时,即可关闭排气阀,压力开始上升。

灭菌:待压力逐渐上升至所需压力时,控制热源,维持所需时间。一般实验采用在压力 0.1 MPa、温度 121 ℃下持续 20 min 灭菌,或者根据制作要求的温度、时间进行灭菌。

降压:达到灭菌所需时间后,关闭热源,让压力自然下降到零后,打开排气阀。放尽余下的蒸汽后,再打开锅盖,取出灭菌物品。在压力未完全下降至零时,切勿打开锅盖,否则压力骤然降低,会造成培养基剧烈沸腾而冲出管口或瓶口,污染棉塞,引起杂菌污染。

保养:灭菌完毕取出物品后,倒掉锅内剩水,保持内壁及搁架干燥,盖好锅盖。

8. 摆放斜面或倒平板

已灭菌的固体培养基要趁热制作斜面试管和固体平板。

斜面培养基的制作法:需要做斜面的试管,斜面的斜度要适当,使斜面的长度不超过试管长度的 1/2(见图 4-3),摆放时注意不可使培养基玷污棉塞,冷凝过程中勿再移动试管。制得的斜面以稍有凝结水析出者为佳。待斜面完全凝固后,再进行收存。制作半固体或固体深层培养基时,灭菌后则应垂直放置至冷凝。

平板培养基制作法(见图 4-4)是将已灭菌的琼脂培养基(装在锥形瓶或试管中)溶化后,待冷却至 50 ℃左右倾倒入无菌培养皿中。如果温度过高,则易在皿盖上形成太多冷凝水;如果温度低于 45 ℃,培养基易凝固。操作时最好在超净工作台的酒精灯火焰旁进行,左手拿培养皿,右手拿锥形瓶的底部或试管,左手同时用小指和手掌将棉塞打开,灼烧瓶口,用左手大拇指将培养皿盖打开一条缝,至瓶口刚好伸入,倾倒入培养基 12~15 mL,平置凝固后备用(一般平板培养基的高度为 3 mm 左右)。

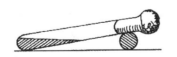

图 4-3　培养基斜面试管的摆放

图 4-4　平板培养基制作法

9. 无菌检查

灭菌后的培养基,一般须进行无菌检查。最好从中取出 1~2 管(瓶),置于 30~37 ℃恒温箱中保温培养 1~2 d。如果发现有杂菌生长,应及时再次灭菌,以保证使用前的培养基处于绝对无菌状态。

四、思考题

(1) 培养基配好后,为什么必须立即灭菌?如何检查灭菌后的培养基是无菌的?

(2) 加压蒸汽灭菌的原理是什么?

(3) 微生物实验所用瓶口、管口为什么都要塞上棉塞?棉塞的作用是什么?所用培养基及器皿接种前为什么均需要经高压蒸汽灭菌?

项目二 消毒与灭菌技术

一、干热灭菌

1. 实验目的

(1) 掌握干热灭菌的原理和应用范围。

(2) 掌握干热灭菌的操作技术。

2. 实验原理

干热灭菌是利用高温使微生物细胞体内的蛋白质变性而达到灭菌的目的。蛋白质的变性与细菌本身的含水量有关,加热条件下,含水量越高,蛋白质凝固越快,含水量越低,则凝固越慢。因此和湿热相比,干热灭菌的温度高,时间长,一般需要加热到 160～170 ℃并持续 1～2 h。为了防止包扎用报纸和棉塞焦煳,甚至燃烧,灭菌温度不要超过 180 ℃。

3. 实验器材

培养皿、吸管、试管、恒温干燥箱等。

4. 实验步骤

(1) 放入待灭菌物品。将包扎好的培养皿、吸管、试管等物品放入恒温干燥箱中,关好箱门。注意:玻璃器皿应洗净、干燥,用纸包扎后方可灭菌;金属器皿应放入耐热容器中灭菌;待灭菌物品不要摆放得太满、太紧,以免妨碍热空气流通而影响灭菌效果;待灭菌物品不要接触干燥箱内壁铁板,谨防包装纸等烤焦起火;放物品时应避免碰撞感温器,否则温度不稳定。

(2) 升温。将箱顶放气调节器打开,并将温度计插入其中部座内,接通电源,打开箱体开关,调节恒温控制器到指定温度。此时,可开启鼓风机促使热空气对流,同时可促进干燥箱中原有的潮湿气体的排出。注意观察温度计,当温度计温度将要达到所需要的温度时,调节自动控温旋钮,使绿色指示灯正好发亮,10 min 后再观察温度计和指示灯,如果温度计上所指的温度超过需要,而红色指示灯仍亮,则将自动控温旋钮略向逆时针方向旋转,直到调到温度恒定在要求的温度上,指示灯轮番显示红色和绿色为止。自动恒温器旋钮在箱体正面左上方。它的刻度板不能作为温度标准指示,只能作为调节用的标记。

(3) 恒温。观察温度计温度恒定在指定温度,关闭箱顶的放气调节器,保温 2 h。恒温过程中应定期检查温度计读数,谨防由于恒温调节器的失灵而造成安全事故。

(4) 降温、取灭菌物。灭菌结束,关闭电源开关,打开箱顶的放气调节器,待箱内温度自然冷却降低至 60 ℃以下时,开箱取物。

5. 恒温干燥箱使用注意事项

(1) 使用前检查电源,要有良好的地线。

（2）干燥箱无防爆设备，切勿将易燃物品及挥发性物品放进干燥箱内加热。箱体附近不可放置易燃物品。

（3）箱内应保持清洁，放物网不得有锈，否则影响玻璃器皿的洁度。

（4）使用时应定时监看，以免温度升降影响使用效果或发生事故。

（5）鼓风机的电动机轴承应每半年加油一次。

（6）切勿拧动箱内感温器，放物品时也要避免碰撞感温器，否则温度不稳定。

（7）检修时应切断电源。

二、高压蒸汽灭菌

1. 实验目的

（1）掌握高压蒸汽灭菌的原理及应用范围。

（2）学习并掌握高压蒸汽灭菌锅的操作方法。

2. 实验原理

将待灭菌的物品放在一个密闭的加压灭菌锅内，通过加热，使灭菌锅隔套间的水沸腾而产生蒸汽，待水蒸气急剧地将锅内的冷空气从排气阀中驱尽，然后关闭排气阀，继续加热。此时由于蒸汽不能溢出，而增加了灭菌锅内的压力，从而使沸点增高，得到高于 100 ℃的蒸汽，导致菌体蛋白质凝固变性而达到灭菌的目的。一般在 0.1 MPa 的压力下，锅内温度达 121 ℃，持续 15～30 min，可以杀死各种细菌及其高度耐热的芽孢。由于高温高压可使含糖培养基的成分发生变化，所以在对含糖培养基灭菌时，采用 0.06 MPa 的压力，锅内温度为 112.6 ℃，持续 15 min，可达到灭菌目的。

3. 实验器材

牛肉膏蛋白胨培养基、培养皿、试管、移液管、高压蒸汽灭菌锅。

4. 实验步骤

（1）加水。将内层灭菌桶取出，向外层锅内加入适量的水，使水面与三角搁架相平。灭菌前切勿忘记加水，水量不能太多或太少。加水太多，水会浸入内桶的灭菌器皿：一方面如果有包扎纸，则浸湿而导致灭菌的器材不能使用；另一方面，水的温度不可能达到高压高温所要求的温度，影响灭菌的效果。加水太少，可能在灭菌过程中，由于水位下降而导致电热圈暴露于灭菌蒸汽中而烧坏。

（2）放置灭菌物品。将待灭菌器皿放入灭菌桶中，然后将其放回高压灭菌锅中。灭菌桶内物品不要放得太多、太挤，从而影响蒸汽的灭菌效果，一般以放入物品体积以不超过灭菌桶体积的 2/3 为宜。同时三角瓶瓶口和试管管口均不要接触桶壁，防止冷凝水淋湿包口的纸而渗入棉塞。

（3）加盖。将灭菌锅盖上的排气软管插入内层灭菌桶的排气槽内（如果灭菌锅的排气槽在外桶上则放入外桶的排气槽中），由于蒸汽比重小于空气，在加热时，水蒸气向上走，而空气向下沉，很容易沿着排气槽中的排气管排出灭菌锅外，从而可以更加彻底地排尽灭菌锅中的空气。盖上灭菌锅盖，以两两对称的方式旋紧灭菌锅盖上的固定螺栓，使螺栓一致，切勿漏气。

（4）加热，排气。打开灭菌锅盖上的排气阀，同时打开电源，设置灭菌的温度和时间，开启工作按钮进行加热。待锅内水沸腾并有大量蒸汽自排气阀排出时，灭菌锅显示温度为 104 ℃左右，维持此温度 3～5 min，关闭排气阀。让锅内温度随蒸汽压力而上升。完全排气的原因是灭菌靠的主要是温度而不是压力，所以一定要排尽灭菌锅内的冷空气。

（5）恒温灭菌。当锅内压力达到所需压力时,控制电源,维持压力至所需的时间,灭菌完成。对自动控温控时灭菌锅,只需看守,在不出意外时可不需要操作。本实验中无含糖培养基灭菌,故选择 121 ℃,灭菌 20 min。

（6）取灭菌物品。灭菌结束,自然降温,当降到压力表显示压力为"0"时,打开排气阀,旋松螺栓,打开灭菌锅盖,取出灭菌物品备用。之所以当压力表显示压力降为"0"时才打开排气阀,是因为如果压力未消,而突然打开排气阀,则会使压力突然降低,灭菌容器中的培养基则由于灭菌容器的内外压力不平衡而冲出灭菌容器,从而造成棉塞因沾染培养基而发生污染。注意:在打开灭菌锅盖时应先打开一个小口,8～10 min 后,待锅内残留的热力将灭菌器皿的包扎用纸烘干后,再取出灭菌物品,这样可防止在取灭菌物品时将包扎纸弄破。

（7）放水。实验结束,应将灭菌锅内余水倒出,以保持内壁和内胆的干燥,盖好锅盖。

（8）无菌检查。将灭过菌的培养基放置于 37 ℃温度下培养 24 h,经检查无杂菌生长,即可待用。

5. 实验结果与讨论

（1）高压蒸汽灭菌锅灭菌时为什么要排出锅内的空气?

（2）高压蒸汽灭菌的原理是什么?

项目三　微生物无菌操作、接种及分离纯化技术

一、实验目的

（1）掌握常用的接种工具和各种微生物接种分离纯化技术。

（2）熟悉和掌握微生物无菌操作的基本环节。

二、实验原理

微生物接种技术是微生物学实验及相关研究的一项最基本的操作技术,无菌操作是微生物或微生物菌悬液接种技术的关键。将微生物接种到适合它生长繁殖的培养基或活的生物体内的过程称为接种。在分离、接种、移植等各个操作环节中,必须保证在操作过程中杜绝外界环境中杂菌进入培养基的容器或系统内而污染培养物,这个过程称为无菌操作。实验室常用的接种工具(见图 4-5)有接种环、接种针、涂布棒等。常用的接种方法有斜面接种、液体接种、穿刺接种、平板接种等。

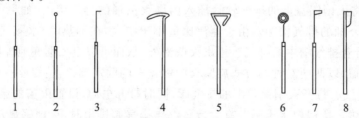

图 4-5　常见的接种工具

1—接种针;2—接种环;3—接种钩;4、5—玻璃涂棒;6—接种圈;7—接种锄;8—小解剖刀

　　根据实验目的的不同,无菌操作的要求也不相同。如果要获得微生物的纯种培养,则接种过程中必须严格无菌操作,而普通的实验一般要求在无菌室、超净工作台上完成即可。

(一) 常用的接种方法有以下几种

1. 画线接种法

　　画线接种是最常用的接种方法,是指通过在固体培养基表面画线达到接种的目的,这种方法既可以将菌种接种于固体试管中,又可以接种到平板中,常在分离菌种和为获得纯培养物试验中使用。

2. 穿刺接种法

　　在保藏厌氧菌种或研究微生物的动力时常采用穿刺接种法。穿刺接种是指用接种针蘸取少量菌种,沿半固体培养基中心垂直刺入培养基中,如某细菌具有鞭毛而能运动,则在穿刺线周围能够生长。

3. 液体接种法

　　从固体培养基中将菌洗下,倒入液体培养基中,或者从液体培养物中用移液管将菌液移入液体培养基中,又或者从液体培养物中将菌液移至固体培养基中,都可以称为液体接种。

4. 平板接种法

　　平板接种法主要有涂布法和倾注法两种。涂布法是在灭菌的培养皿中倒入灭菌的培养基,等培养基凝固后,再用移液管或滴管将菌液滴加入培养基表面,然后迅速用涂布棒将其在表面涂匀,等培养基吸收菌液后,倒置培养即可长出单个菌落。因为培养基吸收菌液的能力有限,一般涂布法的菌液用量为 0.2～0.4 mL;倾注法是用移液管将菌液移入空的灭菌的培养皿中,然后倒入 46 ℃左右的灭菌培养基,迅速摇匀,让菌液均匀分布,培养基凝固后倒置培养,即可长出单个的微生物的菌落,一般加入菌液的量为 1 mL 左右。

　　涂布法和倾注法的区别见表 4-10。

表 4-10　涂布法和倾注法的区别

不 同 点	涂 布 法	倾 注 法
培养基和菌液的倾倒顺序	先倒培养基,后加菌液	先加菌液,后倒培养基
加菌液量	0.2～0.4 mL	1 mL
倾倒培养基后是否摇匀	否	是

5. 三点接种法

　　在研究霉菌形态时常用三点接种法。三点接种法是指把少量的微生物接种在平板表面上,成等边三角形的三点,让它各自独立形成菌落后,来观察、研究它们的形态。除三点外,也有一点或多点进行接种的方法。

6. 注射接种法

　　注射接种法是用注射的方法将待接种的微生物转接至活的生物体内,如人或其他动物中,常见的疫苗预防接种,就是用注射接种的方法将疫苗接入人体,来预防某些疾病。

7. 活体接种法

　　活体接种是专门用于培养病毒或其他病原微生物的一种方法,因为病毒必须接种于活的生物体内才能生长繁殖。所用的活体可以是整个动物,可以是某个离体活组织,例如猴的肾脏等,也可以是发育的鸡胚。接种的方式可以是注射,也可以是拌料喂养。

此外,对厌氧菌的分离常采用厌氧法,对某些较少的菌的分离常采用富集培养法。

厌氧法:在实验室中,为了分离某些厌氧菌,可以利用装有原培养基的试管作为培养容器,把这支试管放在沸水浴中加热数分钟,以便逐出培养基中的溶解氧。然后快速冷却,并进行接种。接种后,加入无菌的石蜡于培养基表面,使培养基与空气隔绝。另一种方法是,在接种后,利用 N_2 或 CO_2 取代培养基中的气体,然后在火焰上把试管口密封。有时为了更有效地分离某些厌氧菌,可以把所分离的样品接种于培养基上,然后再把培养皿放在完全密封的厌氧培养装置中。

富集培养法:富集培养法的方法和原理非常简单,是指人为创造一些条件只让所需的微生物生长,在这些条件下,所需的微生物能有效地与其他微生物进行竞争,在生长能力方面远远超过其他微生物。所创造的条件包括选择最适的碳源、能源、温度、光、pH 值、渗透压和氢受体等。在相同的培养基和培养条件下,经过多次重复移种,最后富集的菌株很容易在固体培养基上长出单菌落。如果要分离一些专性寄生菌,就必须把样品接种到相应敏感宿主细胞群体中,使其大量生长。通过多次重复移种便可以得到纯的寄生菌。

(二) 无菌操作

培养基经高压灭菌后,用经过灭菌的工具(如接种针和吸管等)在无菌条件下接种含菌材料(如样品、菌苔或菌悬液等)于培养基上,这个过程称为无菌接种操作。在实验室检验中的各种接种必须是无菌操作。

无论是什么材料,实验台面一律要求光滑、水平。实验台光滑是便于用消毒剂擦洗;实验台水平是为了在倒琼脂培养基时使培养皿内平板的厚度保持一致。在实验台上方,空气流动应缓慢,杂菌应尽量减少,其周围的杂菌也应越少越好。为此,必须清扫室内,关闭实验室的门窗,并用消毒剂进行空气消毒处理,尽可能地减少杂菌的数量。

空气中的杂菌在气流小的情况下,可随着灰尘落下,所以接种时,打开培养皿的时间应尽量短。用于接种的器具一般先用酒精棉球擦拭,然后经干热或火焰等灭菌后方可使用。接种环的火焰灭菌方法:通常接种环在酒精灯火焰外焰上充分烧红(用接种柄一边转动一边慢慢地来回通过火焰三次),冷却时先接触一下灭菌试管内壁或平皿边缘的培养基(画线时不会接触),待接种环冷却到室温后,方可用它来挑取含菌材料或菌体,迅速地接种到新的培养基上。然后,将接种环从柄部至环端逐渐通过火焰灭菌来复原。不要直接烧接种环,以免残留在接种环上的菌体爆溅而污染空间。平板接种时,通常把平板的面倾斜,把培养皿的盖打开一小部分进行接种。在向培养皿内倒培养基或接种时,试管口或瓶壁外面不要接触平皿底边,试管或瓶口应倾斜一下在火焰上通过。

三、实验材料

1. 实验菌种

大肠杆菌、金黄色葡萄球菌、枯草芽孢杆菌。

2. 实验培养基

牛肉膏蛋白胨培养基(固体、液体、半固体)。

3. 实验仪器和其他用具

接种环、接种针、无菌吸管、涂布棒、酒精灯、标签纸、无菌试管、恒温培养箱、无菌水。

四、实验步骤

实验前的准备:实验前应先将用于实验的已灭菌的各种培养基(固体培养基除外,应先熔化后放于46 ℃恒温水浴锅中备用)、试管、平皿、移液管、无菌水、涂布棒和未灭菌的接种环、接种针等器材放入无菌操作台或无菌室中,开启紫外线灭菌 20 min 以上。

1. 斜面接种

从斜面试管培养物中挑取少量菌苔至空白斜面培养基上。

(1)用酒精棉球擦拭手和台面。

(2)打开试管的包装,在空白牛肉膏蛋白胨斜面试管上标明待接种的名称、菌株号、接种者和接种日期。如贴标签应贴在斜面向上的部位。

(3)点燃酒精灯。

(4)左手平托两支试管(见图 4-6),将接种管和新鲜空白斜面试管向上,菌种管在外,空白斜面试管在内,平托在手中。一种是用大拇指和其他四指握在手中,使中指位于两试管之间的部位,无名指和大拇指分别夹住两试管边缘,管口平齐,分开 0.5 cm 左右;另一种是试管横放,管口稍稍上斜。一定要让实验者的视线能够完整、清楚地看到两支试管的斜面。

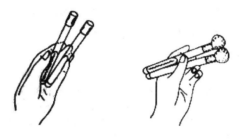

图 4-6　斜面接种时试管的两种拿法

斜面接种过程见图 4-7。

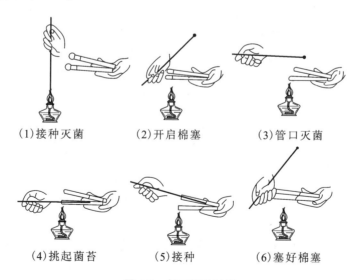

(1)接种灭菌　　(2)开启棉塞　　(3)管口灭菌

(4)挑起菌苔　　(5)接种　　(6)塞好棉塞

图 4-7　斜面接种过程

(5)右手将试管棉塞拧转松动以利于接种时拔出。右手持接种环灼烧灭菌,右手小指、无名指和手掌拔下棉塞并夹紧,棉塞下部应在手外,不能放于桌上,以防止污染。此时两支试管的管口均应靠近酒精灯火焰。

(6) 将试管口迅速在火焰上微烧一周,烧死可能污染试管口的少量杂菌和尘埃所带细菌,将灼烧过的接种环伸入菌种管内,先将其在试管壁或没长菌的培养基上冷却,后用接种环轻轻取少许菌,慢慢从试管中抽出,伸入待接种的斜面试管中,将菌种轻轻画线于培养基斜面上完成接种。画线时由底部划起,形成较密的波浪状线;或由底部向上画直线,直至斜面顶部;也可先画直线,后画波浪线。

(7) 灼烧试管口,在火焰旁将棉塞塞上,灼烧接种环。

2. 液体接种

(1) 从液体菌种接种到液体培养基中的方法:在无菌条件下,用移液管取一定量的菌液移入待接种的液体培养基试管中,摇匀即可。

(2) 从固体斜面菌种接种到液体培养基中的方法:在无菌条件下,可直接用接种环挑取菌种伸入液体培养基中,振荡接种环数次,将菌种分散到液体培养基中,震荡液体培养基使菌种分散均匀。也可以先将固体斜面菌种制成菌悬液,后按照"从液体菌种接种到液体培养基中的方法"进行。

菌悬液的制备方法:在无菌条件下,将一定量(如 4 mL)灭菌的生理盐水倒入菌种培养良好的斜面试管中,用灭菌并冷却的接种环轻轻刮取培养基斜面上的菌苔于生理盐水中,后将含有菌苔的生理盐水倒入灭菌的试管中,即得菌悬液。

3. 穿刺接种

将斜面接种中的接种环换成接种针,用接种针自培养基中心垂直刺入培养基底部,然后沿着接种线将接种针拔出,最后塞上棉塞。灼烧除去接种针上残余的菌种。为了方便接种,一般将穿刺试管采用水平或垂直倒立的方式进行穿刺。

4. 平板接种

(1) 倾注平板法。

倾注法又称为稀释到平板法、混溶法。该法首先把微生物悬液通过一系列的 10 倍递增稀释,取一定量的稀释液与熔化好的保持在 46 ℃左右的营养琼脂培养基充分混合,然后将其倾注到无菌的培养皿中,待其凝固后,把该平板倒置在恒温培养箱中培养。有时也先将菌液用移液管放入无菌平皿中,然后倒入 46 ℃的营养琼脂培养基摇匀、凝固后倒置培养。单一细胞经过多次增殖后形成一个菌落,取单个菌落制成悬液,重复上述步骤数次,便可得到纯培养物。

(2) 涂布平板法。

为了防止热敏菌和厌氧菌不能很好地生长分离,可采用涂布法。首先把微生物悬液通过适当稀释,取一定量的稀释液放在无菌的已经凝固的营养琼脂平板上,然后用无菌的玻璃刮刀把稀释液均匀涂布在培养基表面上,经恒温培养便可以得到单个菌落。

(3) 平板划线法。

最简单的分离微生物的方法是平板划线法。用无菌的接种环取培养物少许在平板上进行画线。画线的方法很多,常见的比较容易出现单个菌落的画线方法有斜线法、曲线法、方格法、放射法、四格法等。当接种环在培养基表面向后移动时,接种环上的菌液逐渐稀释,最后在所划的线上分散着单个细胞,经培养,每一个细胞长成一个菌落。

五、实验结果和讨论

（1）分别描述各种微生物在斜面培养基、液体培养基和半固体培养基中的培养特征。

（2）接种环（针）在接种前后灼烧的目的是什么？为什么在接种前一定要冷却？如何判断灼烧过的接种环已冷却？

项目四　菌落特征的观察

一、试验目的

掌握观察细菌、酵母菌和霉菌落特征的方法，并能够从菌落特征上辨别常见和常用的几种细菌、酵母菌和霉菌。

二、试验原理

将单个微生物细胞或多个同种细胞接种于固体培养基表面或内部，经适宜条件培养，以母细胞为中心扩展成一堆肉眼可见的、具有一定形态结构的子细胞群落，称为菌落。如果将某一纯种细胞大量密集接种于固体培养基表面，菌体生长形成各菌落连成片，称为菌苔。各种细菌、酵母菌和霉菌在平板上形成的菌落均具有一定的特征，它对微生物的分类、鉴定有重要的意义。

三、试验材料

（1）各种细菌、酵母菌和霉菌：藤黄八叠球菌、大肠杆菌、枯草芽孢杆菌、酿酒酵母、红酵母、啤酒酵母、假丝酵母、根霉、黑曲霉、白地霉等。

（2）放大镜。

四、实训步骤

1. 接种

按照画线接种和稀释倾注法接种各种菌到相应的培养基平皿中（具体操作见模块四项目三），倒置培养。

2. 观察记载

1）细菌菌落特征观察

一般细菌在牛肉膏蛋白胨琼脂培养基上培养 3～7 d，再进行观察和记载，培养时间过短，不易观察到应有的特征。

细菌菌落的形状见图 4-8。

菌落的突起情况见图 4-9。

（1）大小：以菌落的直径为多少毫米表示，大菌落（5 mm 以上）、中等菌落（3～5 mm）、小菌落（1～2 mm）、露滴状菌落（1 mm 以下）。

（2）形状：圆形、不规则状、放射状、卷发状和根状等。

（3）表面：光滑、皱、颗粒状、同心环状、辐射状和龟裂状等。

（4）边缘：光滑整齐，锯齿状、波状、裂叶片、有缘毛利多枝等。

（5）隆起形状：扩展、凸起、中凹台状、突脐形和台状等。

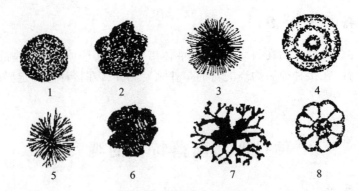

图 4-8   细菌菌落的形状

1—圆形;2—不规则形;3—缘毛状;4—同心环状;5—丝状;6—卷发状;7—根状;8—规则放射叶状

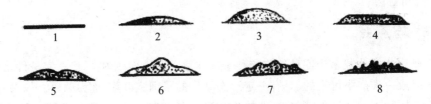

图 4-9   菌落的突起情况

1—扁平、扩展;2—低凸面;3—高凸面;4—台状;5—脐状;6—草帽状;7—乳头状;8—褶皱凸面

（6）透明程度:透明、半透明和不透明。

（7）颜色:黄色、乳白色、乳黄色、红色、黑色等。

（8）菌落质地:油脂状、膜状、松软、脆硬等。在酒精灯旁以无菌操作打开平皿盖,用接种环挑动群落,判别菌落质地是否为松软或脆硬等。

细菌菌落特征观察记录表见表 4-11。

表 4-11   细菌菌落特征观察记录表

温度_____℃   时间_____d

菌种	大小	形状	表面	边缘	隆起形状	透明程度	颜色	菌落质地

2）酵母菌菌落特征观察

酵母菌细胞形态可分为椭圆形、卵圆形、圆形、圆柱形或柠檬形,其菌落较大而厚,湿润,较光滑,颜色多为乳白色、灰黄、淡黄和灰褐色,少见粉红或红色,偶见黑色。将酵母菌接种到麦芽汁琼脂培养基平板上,在 28 ℃下培养 3～5 d 后,用肉眼观察菌落特征。菌落特征包括:菌落质地(包括松软、致密干燥、脆硬等)、有无光泽、隆起形状、边缘形状、大小和颜色等。

酵母菌菌落特征观察记录表见表 4-12。

表 4-12   酵母菌菌落特征观察记录表

温度_____℃   时间_____d

菌种	大小	光泽	表面湿润或干燥	边缘形状	隆起形状	隆起程度	颜色

3）霉菌菌落特征观察

霉菌菌落是由菌丝体及孢子组成,菌落大而疏松,呈绒毛状、棉絮状和蜘蛛网状等不同的结构。其孢子有各种颜色,如黑色、灰白色、褐色和清绿色等。有的菌丝可分泌色素到培养基中,使培养基呈现出不同的颜色。

霉菌菌落特征观察记录表见表4-13。

表 4-13 霉菌菌落特征观察记录表

温度_____℃ 时间_____d

菌种	大小	菌丝高低	孢子颜色	表面结构	松紧度	可溶性色素

项目五 实验室环境和人体体表微生物的检测

一、目的

（1）通过实验确证实验室内的空气、物品和人体体表上存在着微生物,对微生物有一定的认识。

（2）观察不同微生物的菌落形态特征。

（3）加强对微生物实验中无菌操作技术重要性的体会。

二、材料

灭菌的营养琼脂(见附录 B:微生物学实验室基础培养基)平板、灭菌棉拭子、镊子、记号笔、恒温培养箱、酒精灯等。

三、实训步骤

以 4 人为 1 组,取 6 个已灭菌的营养琼脂平板,取其中 1 个作为对照,另 5 个分别进行以下处理。

1. 空气沉降菌的测定

打开培养皿盖,将培养皿盖倒放到平皿的旁边,在空气中暴露 10 min(也可适当延长或缩短),然后盖上盖子,在 37 ℃下倒置培养 48 h,计数平皿中的菌落数。按照下列公式来计算每立方米中的微生物数量。在此试验过程中,试验人员应远离测试平皿,尽量不要使平皿上方的空气流动。

$$1\ m^3\ 中细菌数 = \frac{167\ 000}{At} \times N$$

式中:A——平皿的面积,cm^2;

t——平皿暴露在空气中的时间,min;

N——培养后平皿上菌落的总个数。

2. 台面的微生物测定

用灭菌棉拭子(可蘸少量无菌水)在实验台或凳子上擦两下,打开皿盖,在培养基表面轻轻涂抹,然后盖上皿盖。注意不要划破培养基表面。

3. 手指表面微生物的测定

打开培养皿盖,用手指触摸培养基表面2～3个点,然后盖上皿盖。注意不要戳破培养基表面。

4. 头发上微生物的测定

用剪刀剪取自己的头发1根,用镊子将头发放于培养基表面,然后盖上皿盖(或用硬币、笔等代替)。注意要将头发贴在培养基表面。

5. 自来水微生物的测定

无菌条件下,用灭菌棉拭子蘸少量自来水,打开皿盖,轻点于培养基表面,然后盖上皿盖。注意不要划破培养基表面。取水时,应先将水管口用酒精棉球擦拭消毒,然后打开水管,流水5～10 min后采样(如果是经常使用的水管,或者刚刚使用过的,则可适当缩短水流时间)。

在皿盖上注明班级、姓名、日期等,将平板倒置于37 ℃的培养箱中培养48 h后,观察结果。

四、实训结果

记录所观察到的实验结果,并在表4-14中填写处理的培养皿中长出的菌落形态特征。

表 4-14 培养皿中长出的菌落形态特征记录表

微生物来源	菌落数	大小	颜色	形状	边缘	是否形成菌苔
空气						
尘土						
头发或硬币等						
手指						
水						
其他						

五、注意事项

(1)在步骤2～5的实验内容应注意在无菌操作的情况下完成。

(2)平板倒置培养。

(3)每项步骤做完后,要及时标明记号。

(4)实验完毕后,及时清理台面。

六、思考题

(1)实验结果说明了什么问题?

(2)微生物实验的无菌操作有什么意义?

补充：空气浮游菌的测试

参考 GB/T16292—2010 医药工业洁净室（区）悬浮粒子的测试方法，GB/T16293—2010 医药工业洁净室（区）浮游菌的测试方法

1. 名词

洁净室：对尘粒及微生物污染规定需要进行环境控制的房间或区域。其建筑结构、装备及其使用均具有减少对该区域内污染源的介入、产生和滞留的功能。

浮游菌：本实验方法收集悬浮在空气中的活微生物粒子，通过专门的培养基，在适宜的生长条件下繁殖到可见的菌落数。

浮游菌浓度：单位体积空气中含浮游菌菌落数的多少，以计数浓度表示，单位是个/立方米或个/升。

2. 测试方法

（1）原理：本方法采用计数浓度法，即通过收集悬浮在空气中的生物性粒子于专门的培养基（选择能证实其能够支持微生物生长的培养基），经若干时间和适宜的生长条件让其繁殖到可见的菌落进行计数，以判定洁净室的微生物浓度。

（2）仪器、辅助设备、培养基：浮游菌采样器、培养皿、培养基、恒温培养箱、高压蒸汽灭菌器。

（3）浮游菌采样器原理：浮游菌采样器一般采用撞击法机理，可分为狭缝式采样器、离心式采样器或针孔式采样器。

狭缝式采样器的原理：由内部风机将气流吸入，通过采样器的狭缝式平板，将采集的空气喷射并撞击到缓慢旋转的平板培养基表面上，附着的活微生物粒子经培养后形成菌落。

离心式采样器的原理：由于内部风机的高速旋转，气流从采样器前部吸入从后部流出，在离心力的作用下，空气中的活微生物粒子有足够的时间撞击到专用的固形培养条上，附着的活微生物粒子经培养后形成菌落。

针孔式采样器的原理：气流通过一个金属盖吸入，盖子上是密集的经过机械加工的特制小孔，通过风机将收集到的细小的空气流直接撞击到平板培养基表面上，附着的活微生物粒子经培养后形成菌落。

3. 测试步骤

（1）测试前仪器、培养皿表面必须严格消毒。采样器进入被测房间前先用消毒房间的消毒剂灭菌，用于 100 级洁净室的采样器宜预先放在被测房间内；用消毒剂擦净培养皿的外表面；采样前，先用消毒剂清洗采样器的顶盖、转盘及罩子的内外面，采样结束，再用消毒剂轻轻喷射罩子的内壁和转盘；采样口及采样管，使用前必须高温灭菌。如用消毒剂对采样管的外壁及内壁进行消毒时，应将管中的残留液倒掉并晾干。

（2）狭缝式采样器的采样程序。采样仪器经消毒后先不放入培养皿，开启浮游菌采样器，使仪器中的残余消毒剂蒸发，时间不少于 5 min，检查流量并根据采样量调整设定采样时间；关闭浮游菌采样器，放入培养皿，盖上盖子；置采样口于采样点后，开启浮游菌采样器进行

采样。

（3）培养。全部采样结束后，将培养皿倒置恒温培养箱中培养；采用大豆酪蛋白琼脂培养基（TSA）配制的培养皿，经采样后，在30～35 ℃的培养箱中培养，时间不少于2 d；采用沙氏培养基（SDA）配制的培养皿经采样后，在20～25 ℃的培养箱中培养，时间不少于5 d。每批培养基应有对照试验，检验培养基本身是否污染。可每批选定3只培养皿作对照培养。

（4）菌落计数。用肉眼对培养皿上所有的菌落直接计数、标记或在菌落计数器上点计，然后用5～10倍放大镜检查是否有遗漏；若平板上有2个或2个以上的菌落重叠，可分辨时仍以2个或2个以上的菌落计数。

（5）注意事项。①使用前应仔细检查每个培养皿的质量，培养基及培养皿有变质、破损或污染的不能使用；②对培养基、培养条件及其他参数作详细的记录；③由于细菌种类繁多，差别甚大，计数时一般用透射光于培养皿背面或正面仔细观察，不要漏计培养皿边缘生长的菌落，并须注意细菌菌落或培养基沉淀物的区别，必要时用显微镜鉴别。

4. 测试规则

1）测试状态

（1）静态和动态两种状态均可测试。

（2）静态测试时，室内测试人员不得多于2人。

（3）浮游菌测试前，被测洁净室（区）由用户决定是否需要预先消毒。

（4）测试报告中应标明测试时所采用的状态和室内测试人员数。

2）测试时间

（1）在空态或静态 a 测试时，对单向流洁净室（区）而言，测试宜在净化空气调节系统正常运行时间不少于10 min后开始；对非单向流洁净室（区），测试宜在净化空气调节系统正常运行时间不少于30 min后开始。

（2）在静态 b 测试时，对单向流洁净室（区），测试宜在生产操作人员撤离现场并经过10 min自净后开始；对非单向流洁净室（区），测试宜在生产操作人员撤离现场并经过20 min自净后开始。

（3）在动态测试时，则须记录生产开始的时间及测试时间。

3）浮游菌浓度计算

（1）采样点数量及其布置：最少采样点数目可从表4-15中查询；采样点一般在离地面0.8 m高度的水平面上均匀布置；采样点多于5点时，也可以在离地面0.8～1.5 m高度的区域内分层布置，但每层不少于5点。

表 4-15　最少采样点数目

面积 S/m²	洁净度级别			
	100	10 000	100 000	300 000
S<10	2～3	2	2	2
10≤S<20	4	2	2	2
20≤S<40	8	2	2	2
40≤S<100	16	4	2	2
100≤S<200	40	10	3	3

面积 S/m²	洁净度级别			
	100	10 000	100 000	300 000
200≤S<400	80	20	6	6
400≤S<1 000	160	40	13	13
1 000≤S<2 000	400	100	32	32
S≥2 000	800	200	63	63

注:100级的单向流洁净室(区),包括100级洁净工作台,面积指的是送风口表面积;10 000级以上的单向流洁净室(区),面积指的是房间面积。

(2) 最小采样量:浮游菌每次最少采样量见表4-16。

表 4-16　最小采样量

洁净度级别	采样量,升/次
100 级	1 000
10 000 级	500
100 000 级	100
300 000 级	100

(3) 采样次数:每个采样点一般采样一次。

4) 记录

(1) 测试报告中应记录测试者的名称、地址、测试日期。

(2) 测试依据:被测洁净室(区)的平面位置(必要时标注相邻区域的平面位置)。

(3) 有关测试仪器及测试方法的描述:包括测试环境条件、采样点数目及布置图,测试次数,采样流量,或可能存在的测试方法的变更,测试仪器的检定证书等;若为动态测试,则还应记录现场操作人员数量及位置,现场运转设备的数量及位置。

(4) 测试结果:包括所有统计计算资料。

5) 结果计算

用计数方法得出各个培养皿的菌落数。

$$浮游菌平均浓度(个/立方米) = \frac{菌落数}{采样量}$$

6) 结果评定(用浮游菌平均浓度判断洁净室(区)空气中的微生物)

(1) 每个测点的浮游菌平均浓度必须低于所选定评定标准中的界限。

(2) 在静态测试时,若某测点的浮游菌平均浓度超过评定标准,则应重新采样两次,两次测试结果均合格才能判为符合。

项目六　环境因素对微生物生长的影响

一、目的

了解温度、紫外线、pH 值、盐、氧气、药敏试纸等物理因素、化学因素和生物因素对微生物生长的影响,确定微生物的最佳生长条件。

二、基本原理

环境因素(包括物理因素、化学因素和生物因素),如温度、渗透压、紫外线、pH 值、氧气、某些化学药品及拮抗菌等会对微生物的生长繁殖、生理生化过程产生影响。不良的环境条件使微生物的生长受到抑制,甚至导致菌体的死亡。但是某些微生物产生的芽孢,对恶劣的环境条件有较强的抵抗能力。我们可以通过控制环境条件,使有害微生物的生长繁殖受到抑制,甚至被杀死,从而使有益微生物得到发展。

三、实训材料

1. 菌种

大肠杆菌、金黄色葡萄球菌。

2. 培养基

牛肉膏蛋白胨培养基(见附录 B:微生物学实验室基础培养基)。

3. 其他物品

培养皿、无菌滤纸片、镊子、无菌生理盐水、无菌滴管、接种环、水浴箱、紫外线灯、消毒水等。

4. 药敏试纸

土霉素、氯霉素、庆大霉素等。

四、实训内容和步骤

1. 氧气对微生物生长的影响

根据微生物对氧气的需求,可把微生物分为专性好氧菌、专性厌氧菌、耐氧菌、兼性厌氧菌和微好氧菌。在半固体培养基管中,穿刺接种对氧气需求不同的细菌。适温培养后,好氧菌生长在培养基的表面,厌氧菌生长在培养基管的基部,兼性好氧菌按其兼性好氧的程度,生长在培养基的不同深度。

(1)取牛肉膏蛋白胨半固体培养基试管 4 支。

(2)用穿刺接种法分别接种金黄色葡萄球菌、大肠杆菌,每种菌接种 2 支培养基试管。

(3)在 37 ℃恒温下培养 48 h 后观察结果,注意各菌在培养基中生长的部位。

氧气对微生物生长的影响见图 4-10。

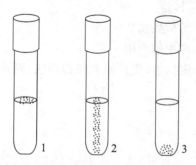

图 4-10　氧气对微生物生长的影响

1—好氧菌;2—兼性好氧菌;3—厌氧菌

2. 温度对微生物生长的影响

不同的微生物生长繁殖所要求的最适温度不同,根据微生物生长的最适温度范围可分为高温菌、中温菌和低温菌,自然界中绝大部分微生物属中温菌。

(1) 取 6 支试管均装灭过菌的牛肉膏蛋白胨培养液,每管装 5 mL,分别标明 20 ℃、37 ℃、45 ℃三种温度,每种温度下试管为 2 支。

(2) 向每管接入培养 18～20 h 的大肠杆菌菌液 0.1 mL,混匀。

(3) 将上述各管分别在不同温度下进行振荡培养 24 h,观察结果。根据比浊法测定微生物数量的原理,可知菌液的混浊度越大,微生物越多,该温度就越适应微生物的生长,从而可以判断大肠杆菌和金黄色葡萄球菌生长繁殖的最适温度。

(4) 用"－"表示不生长,"＋"表示生长,并用"＋"、"＋＋"、"＋＋＋"表示不同生长量的记录结果。

3. pH 值对微生物生长的影响

(1) 配制 pH 值为 3.0,7.0,9.0 的牛肉膏蛋白胨液体培养基,做好记号,高压备用。

(2) 将大肠杆菌和金黄色葡萄球菌按 1% 的量分别接种于(1)配制的肉汤中,每种接种各 2 支,留 1 支做对照。

(3) 将接种后培养基置于 37 ℃下振荡培养 24 h,观察结果。根据菌液的混浊度判断大肠杆菌和金黄色葡萄球菌生长繁殖的最适宜 pH 值。

(4) 用"－"表示不生长,"＋"表示生长,并用"＋"、"＋＋"、"＋＋＋"表示不同生长量的记录结果。

4. 紫外线对微生物的影响

紫外线主要作用于细胞内的 DNA。它能使同一条链 DNA 的相邻嘧啶间形成胸腺嘧啶二聚体,引起双链结构扭曲变形,阻碍碱基正常配对,从而抑制 DNA 的复制,轻则使微生物发生突变,重则造成微生物死亡。紫外线照射的剂量与所用紫外光灯的功率(瓦数)、照射距离和照射时间有关。当紫外光灯和照射距离固定时,照射的时间越长,则照射的剂量就越高。

紫外光为波长比可见光短,但比 X 射线长的电磁辐射。紫外光在电磁波谱中的波长范围为 10～400 nm。这个范围开始于可见光的短波极限,而与长波 X 射线的波长相重叠。紫外光被划分为 A 射线、B 射线和 C 射线(简称 UVA、UVB 和 UVC),其波长范围分别为 400～320 nm、320～280 nm、280～200 nm。实验中所用的紫外线的波长为 253.7 nm,该波段的紫外线穿透能力差,因此,必须直接照射到微生物表面或物体表面才能起到杀菌的作用。

紫外线透过物质的能力弱,一层黑纸足以挡住紫外线的通过。本实验是验证紫外线的杀菌作用及不同微生物对紫外线的抵抗能力。

(1) 取牛肉膏蛋白胨培养基平板 2 个,分别标明大肠杆菌、金黄色葡萄球菌等试验菌的名称。

(2) 分别用无菌移液管取培养 18～20 h 的大肠杆菌和金黄色葡萄球菌菌液 0.1 mL(或 2 滴),加在相应的平板上,再用无菌涂棒涂布均匀,然后用无菌滤纸遮盖部分平板。

(3) 紫外灯预热 10～15 min 后,把盖有滤纸的平板置于紫外灯下,打开培养皿盖,紫外线照射 20 min(照射的剂量以平板没有被黑纸遮盖的部位,有少量菌落出现为宜),取出纸,盖上皿盖。

(4) 在 37 ℃环境下培养 24 h 后观察结果,比较并记录两种菌对紫外线的抵抗能力(见图4-11)。

5. 不同药物的杀菌试验

(1) 取培养 18～20 h 的大肠杆菌和金黄色葡萄球菌斜面各 1 支,分别加入 4 mL 无菌生理盐水,用接种环将菌苔轻轻刮下、振荡,制成均匀的菌悬液。

(2) 取 3 个无菌培养皿,在每个皿底写明菌名及测试药品名称(见图 4-12)。

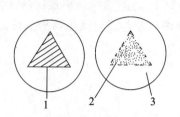

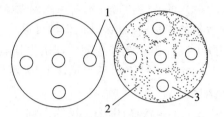

图 4-11　紫外线照射对微生物生长的影响

1— 黑纸;2—贴黑纸处有细菌生长;
3—紫外线照射处有少量菌生长

图 4-12　圆滤纸片法测药物杀菌作用

1—滤纸片;2—细菌生长区;3—抑菌区

(3) 分别用无菌滴管加 4 滴(或 0.2 mL)菌液于相应的无菌培养皿中。

(4) 将约 15 mL 融化并冷却至 45～50 ℃的肉膏蛋白胨培养基倾入皿中,迅速与菌液混匀,冷凝,制成含菌平板。

(5) 用镊子分别取土霉素、氯霉素、庆大霉素等的药敏试纸片各一张,置于同一含菌平板上。

(6) 将平板倒置于 37 ℃温箱中,培养 24 h 后观察结果,测量并记录抑菌圈的直径。根据其直径的大小,可初步确定测试药品的抑菌效能。

五、注意事项

(1) 试验过程中应注意无菌操作。

(2) 培养温度应根据需要调整。

(3) 正确标记各种试验用的培养基,防止培养物在培养过程中和别人的培养物混淆。

六、结果与分析

(1) 实验结果以绘图或表格的方式报告各种因素对微生物的影响的结果。

(2) 对各种实验结果进行分析讨论。

七、思考题

(1) 紫外线照射时,为什么要除掉皿盖?

(2) 化学药剂对微生物所形成的抑菌圈内未长菌部分,是否能说明其中的微生物细胞已杀死?

项目七　微生物的生理生化反应

——糖类发酵试验、IMViC 试验和硫化氢试验

一、实训目的

（1）了解糖发酵的原理和在肠道细菌鉴定中的重要作用。掌握通过糖发酵鉴别不同微生物的方法。

（2）了解 IMViC 与硫化氢反应的原理及其在肠道菌鉴定中的意义和方法。

二、实训原理

由于不同微生物具有不同的酶系统，它们分解和利用糖类、脂肪类及蛋白质类物质的能力也不同，所以不同细菌的代谢类型和分解产物也不相同。微生物的生理生化反应是指用化学反应来测定微生物的代谢产物，常用来鉴别一些在形态和其他方面不易区别的微生物，是微生物分类鉴定中的重要依据之一。即使在分子生物学技术和手段不断发展的今天，细菌的生理生化反应在菌株的分类鉴定中仍有很大作用。微生物检验中常用的生化反应介绍如下。

（一）糖发酵试验

糖发酵试验是常用的鉴别微生物的生化反应，在肠道细菌的鉴定上尤为重要。绝大多数细菌都能利用糖类作为碳源和能源，但是它们在分解糖类物质的能力上有很大的差异。有些细菌能分解某种糖产生有机酸（如乳酸、醋酸、丙酸等）和气体（如氢气、甲烷、二氧化碳等），有些细菌只产酸不产气。例如：大肠杆菌能分解乳糖和葡萄糖产酸并产气；伤寒杆菌分解葡萄糖产酸不产气，不能分解乳糖；普通变形杆菌分解葡萄糖产酸产气，不能分解乳糖。发酵培养基含有蛋白胨、指示剂（溴甲酚紫）、倒置的德汉氏小管和不同的糖类。当发酵产酸时，溴甲酚紫指示剂可由紫色（pH 值为 6.8）变为黄色（pH 值在 5.2 以下）。气体的产生可由倒置的德汉氏试管中有无气泡来证明。

本试验主要是检查细菌对各种糖、醇和糖苷等的发酵能力，从而进行各种细菌的鉴别，因而每次试验，常需要同时接种多管。一般常用的指示剂为酚红、溴甲酚紫、溴百里酚蓝和Andrade指示剂。糖发酵培养基阴阳性颜色见彩图 1。

（二）IMViC 试验

IMViC 试验是靛基质（吲哚）试验（indol test）、甲基红试验（methyl red test）、二乙酰试验（Voges-Proskauer test）和枸橼酸盐利用试验（Citrate utilization test）四个试验的缩写，i 是为了在英文中发音方便而加上的。这四个试验主要是用来快速鉴别大肠杆菌和产气肠杆菌，多用于水的细菌学检查。大肠杆菌虽非致病菌，但在饮用水中若超过一定数量，则表示其受粪便污染。产气肠杆菌也广泛存在于自然界中，因此检查水时要将两者分开。硫化氢试验也是检查肠道杆菌的生化试验。

靛基质（吲哚）试验是用来检测吲哚的产生。有些细菌能产生色氨酸酶，分解蛋白胨中的色氨酸产生吲哚和丙酮酸。吲哚能与对二甲氨基苯甲醛结合，形成红色的玫瑰吲哚。但并非所有微生物都具有分解色氨酸产生吲哚的能力，因此，靛基质（吲哚）试验可以作为一个生物化

学检测的指标。靛基质(吲哚)试验颜色变化见彩图 2。

甲基红试验是用来检测由葡萄糖产生的有机酸,如甲酸、醋酸、乳酸等。当细菌代谢糖产生酸时,培养基的 pH 值下降至 4.2 以下,使加入培养基的甲基红指示剂由橘黄色(pH 值为 6.3)变为红色(pH 值为 4.2),即甲基红反应。尽管所有的肠道微生物都能发酵葡萄糖产生有机酸,但这个试验在区分大肠杆菌和产气肠杆菌上仍然是有价值的。这两个细菌在培养的早期均产生有机酸,但大肠杆菌在培养后期仍能维持酸性 pH 值为 4,而产气肠杆菌则转化有机酸为非酸性末端产物,如酒精、丙酮酸等,使 pH 值升至 6 左右。

二乙酰试验是用来测定某些细菌利用葡萄糖产生非酸性或中性末端产物的能力,如产气肠杆菌分解葡萄糖产生丙酮酸,丙酮酸进行缩合、脱羧生成乙酰甲基甲醇,此化合物在碱性条件下能被空气中的氧气氧化成二乙酰。二乙酰与蛋白胨中精氨酸的胍基作用,生成红色化合物,即 V-P 反应阳性;不产生红色化合物者为阴性反应。有时为了使反应更为明显,可加入少量含胍基的化合物,如肌酸等。

枸橼酸盐试验是用来检测细菌是否具有利用枸橼酸盐的能力。有些细菌能够利用枸橼酸盐作为碳源,如产气肠杆菌,而另一些细菌则不能利用枸橼酸盐,如大肠杆菌。细菌在分解枸橼酸盐及培养基中的磷酸铵后,产生碱性化合物,使培养基中的 pH 值升高,当加入 1‰溴麝香草酚蓝指示剂时,培养基就会由绿色变为深蓝色。溴麝香草酚蓝的指示范围为:pH 值小于 6.0 时呈黄色,pH 值在 6.0～7.0 时为绿色,pH 值大于 7.6 时呈蓝色。

(三)硫化氢试验

硫化氢试验是用于检测细菌能否分解含硫氨基酸释放硫化氢的能力,也是用于肠道细菌检查的常用生化试验。有些细菌能分解含硫的有机物,如胱氨酸、半胱氨酸、甲硫氨酸等产生硫化氢,硫化氢一遇培养基中的铅盐或铁盐等,就形成黑色的硫化铅或硫化铁沉淀物。

(四)其他生化试验

1. 淀粉水解试验

某些细菌可以产生分解淀粉的酶,把淀粉水解为麦芽糖或葡萄糖。淀粉水解后,遇碘不再变蓝色。

试验方法:取培养 18～24 h 的纯培养物,涂布接种于淀粉琼脂斜面或平板(一个平板可分区接种,试验数种培养物)或直接移种于淀粉肉汤中,于(36±1)℃环境下培养 24～48 h,或于 20 ℃下培养 5 d。然后将碘试剂直接滴浸于培养物表面,若为液体培养物,则加数滴碘试剂于试管中。立即检视结果,阳性反应(淀粉被分解)为琼脂培养基呈深蓝色,菌落或培养物周围出现无色透明环或肉汤颜色无变化。阴性反应则无透明环或肉汤呈深蓝色。

淀粉水解是逐步进行的过程,因而试验结果与菌种产生淀粉酶的能力、培养时间,培养基含有淀粉量和 pH 值等均有一定关系。培养基 pH 值必须为中性或微酸性,以 pH 值为 7.2 最适。淀粉琼脂平板不宜保存于冰箱中,因而以临用时制备为妥。

2. 硝酸盐还原试验

有些细菌具有还原硝酸盐的能力,可将硝酸盐还原为亚硝酸盐、氨或氮气等。亚硝酸盐的存在可用硝酸试剂检验。

试验方法:临试前将试剂的 A(磺胺酸冰醋酸溶液)和 B(α-萘胺酒精溶液)试液各 0.2 mL 等量混合,取混合试剂约 0.1 mL 加在液体培养物或琼脂斜面培养物的表面上,立即或于 10 min 内呈现红色即为试验阳性,若无红色出现则为阴性。

用 α-萘胺进行试验时,阳性红色消退得很快,故加入后应立即判定结果。进行试验时必须有未接种的培养基管作为阴性对照。α-萘胺具有致癌性,故使用时应多加注意。

3. 明胶液化实验

有些细菌具有明胶酶(亦称类蛋白水解酶),能将明胶先水解为多肽,然后进一步水解为氨基酸,使其失去凝胶性质而液化。

试验方法:取培养 18～24 h 待试菌培养物,以较大量穿刺接种于明胶高层约 2/3 深度或点种于平板培养基。于 20～22 ℃ 环境下培养 7～14 d。明胶高层亦可培养于(36±1)℃ 环境下。每天观察结果,若因培养温度高而使明胶本身液化时应不加摇动,静置冰箱中待其凝固后再观察其是否被细菌液化,如确被液化,即为试验阳性。平板试验结果的观察为在培养基平板点种的菌落上滴加试剂,若为阳性,10～20 min 后,菌落周围应出现清晰带环,否则为阴性。

4. 尿素酶试验

有些细菌能产生尿素酶,将尿素分解产生 2 分子的氨,使培养基变为碱性,酚红呈粉红色。尿素酶不是诱导酶,因为不论底物尿素是否存在,细菌均能合成此酶。其活性最适 pH 值为 7.0。

试验方法:取培养 18～24 h 待试菌培养物大量接种于液体培养基管中,摇匀,于(36±1)℃培养 10 min、60 min 和 120 min,分别观察结果。或者涂布并穿刺接种于琼脂斜面,不要到达底部,留底部作变色对照。培养 2 h、4 h 和 24 h 分别观察结果,如阴性应继续培养至 4 d,作最终判定,变为粉红色为阳性。

三、实训器材

1. 菌种

大肠杆菌、普通变形杆菌、产气肠杆菌。

2. 培养基

葡萄糖发酵培养基试管和乳糖发酵培养基试管各 4 支(内装有倒置的德汉氏小试管),蛋白胨水培养基,葡萄糖蛋白胨水培养基,枸橼酸盐斜面培养基,醋酸铅培养基。(培养基的配制参见附录 E:生化试验培养基)

3. 溶液或试剂

甲基红指示剂、40% KOH、5%α-萘酚、乙醚、吲哚试剂等。

4. 仪器或其他用具

无菌试管、接种环、接种针、试管、试管架等。

四、实训内容

(一)糖发酵试验

(1)用记号笔在各试管外壁上分别标明发酵培养基的名称和所接种的细菌菌名。

(2)取葡萄糖发酵培养基试管 4 支,采用无菌操作,用接种针或接种环移取纯培养物少许分别接入大肠杆菌、普通变形杆菌、产气肠杆菌,并且第 4 支不接种作对照(若为半固体培养基,则用接种针作穿刺接种)。另取乳糖发酵培养基试管 4 支,同样分别接入大肠杆菌、普通变形杆菌、产气肠杆菌,并且第 4 支不接种作对照。在接种后,轻缓摇动试管,使其均匀,防止倒置的小管进入气泡。

（3）将接种过的和作为对照的试管均置于 37 ℃环境下培养 24~48 h。

（4）观察结果,检视培养基颜色有无改变(产酸),小导管中有无气泡,微小气泡亦为产气阳性,若为半固体培养基,则检视沿穿刺线和管壁及管底有无微小气泡。有时还可看出接种菌有无动力,若有动力则培养物可呈弥散生长。

（二）IMViC 与硫化氢试验

1. 培养

（1）将上述两种菌分别接种 3 支蛋白胨水培养基靛基质(吲哚)试验,3 支葡萄糖蛋白胨水培养基(甲基红试验和二乙酰试验),3 支柠檬酸盐斜面培养基中,置于 37 ℃环境下培养 2 d。第 4 支不接种作对照。

（2）用接种针将大肠杆菌、普通变形杆菌、产气肠杆菌分别穿刺接入 3 支醋酸铅培养基中(硫化氢试验),置于 37 ℃环境下培养 48 h。第 4 支不接种作对照。

2. 结果观察

1）靛基质(吲哚)试验

向培养 2 d 后的蛋白胨水培养基内加 3~4 滴乙醚,摇动数次,静置 1~3 min,待乙醚上升后,沿试管壁徐徐加入 2 滴吲哚试剂,在乙醚和培养物之间产生红色环状物为阳性反应。配制蛋白胨水培养基,最好选用含色氨酸高的蛋白胨,如用胰蛋白酶水解酪素得到的蛋白胨中色氨酸含量较高。

2）甲基红试验

培养 2 d 后,将 1 支葡萄糖蛋白胨水培养物内加入甲基红试剂 2 滴,培养基变为红色者为阳性,变黄色者为阴性。注意甲基红试剂不要加得太多,以免出现假阳性反应。

3）二乙酰试验

培养 2 d 后,将另 1 支葡萄糖蛋白胨水培养物内加入 5~10 滴 40% KOH,然后加入等量的 5%α-萘酚溶液,用力振荡,再放入 37 ℃温箱中保温 15~30 min,以加快反应速度。若培养物呈红色者,为二乙酰反应阳性。

4）枸橼酸盐试验培养

培养 48 h 后观察枸橼酸盐平面培养基上有无细菌生长和是否变色。蓝色为阳性,绿色为阴性。

5）硫化氢试验

培养 48 h 后观察是否有黑色硫化铅的产生。培养基变黑者为阳性反应。

五、实训结果和报告

将结果填入表 4-17 中。"（＋）"表示产酸产气,"＋"表示产酸或产气,"－"表示不产酸或不产气。

表 4-17　糖发酵试验记录表

糖类发酵	大肠杆菌	产气肠杆菌	普通变形杆菌	对照
葡萄糖发酵				
乳糖发酵				

将结果填入表 4-18 中。"＋"表示阳性反应,"－"表示阴性反应。

表 4-18 IMViC 试验及硫化氢试验记录表

菌　名	IMViC 试验				硫化氢试验
	靛基质(吲哚)试验	甲基红试验	二乙酰试验	枸橼酸盐试验	
大肠杆菌					
产气肠杆菌					
普通变形杆菌					
空白对照					

六、思考题

(1)细菌生理生化反应试验中为什么要设对照?

(2)为什么大肠杆菌是甲基红反应阳性,而产气肠杆菌为阴性?这个试验与二乙酰试验最初底物与最终产物有何异同处?

模块五　食品微生物检验中常见检样的采集与制备

　　样品的采集和制备是食品微生物检验的重要组成部分。用于检验的样品数量和状况具有重要的意义,因为对整批食品的判定是以这批样品的检验结果为依据的。如果在样品的采集、运送、储存或制备过程中操作不当,或者样品不具备代表性,就会使得出的微生物检验结果毫无意义。这就对食品检验人员提出了很高的专业要求,既要保证样品的代表性和一致性,又要保证整个微生物检验过程在无菌操作的条件下进行。因此,食品微生物检验样品的采样原则有两点:一是样品的采集应遵循随机性、代表性的原则;二是采样过程遵循无菌操作程序,防止一切可能的外来污染。

　　除了采样原则外,对样品的采样还应选用相应的采样方案,具体如下:

　　(1) 根据检验目的、食品特点、批量、检验方法、微生物的危害程度等确定采样方案。

　　(2) 采样方案分为二级和三级采样方案。二级采样方案设有 n、c 和 m 值,三级采样方案设有 n、c、m 和 M 值。

　　n:同一批次产品应采集的样品件数;

　　c:最大可允许超出 m 值的样品数;

　　m:微生物指标可接受水平限量值(三级采样方案)或最高安全限量值(二级采样方案);

　　M:微生物指标的最高安全限量值。

　　注1:按照二级采样方案设定的指标,在 n 个样品中,允许有不多于 c 个样品相应微生物指标检验值大于 m 值。

　　注2:按照三级采样方案设定的指标,在 n 个样品中,允许全部样品中相应微生物指标检验值小于或等于 m 值;允许有不多于 c 个样品相应微生物指标检验值在 m 值和 M 值之间;不允许有样品相应微生物指标检验值大于 M 值。

　　例如:$n=5$,$c=2$,$m=100$ CFU/g,$M=1\,000$ CFU/g。含义是从一批产品中采集 5 个样品,若 5 个样品的检验结果均小于或等于 m 值($\leqslant 100$ CFU/g),则这种情况是允许的;若不多于 2 个样品的结果(X)位于 m 值和 M 值之间(100 CFU/g$<X\leqslant 1\,000$ CFU/g),则这种情况也是允许的;若有 3 个及 3 个以上样品的检验结果位于 m 值和 M 值之间,则这种情况是不允许的;若有任一样品的检验结果大于 M 值($>1\,000$ CFU/g),则这种情况也是不允许的。

　　(3) 各类食品的采样方案按食品安全相关标准的规定执行。

　　(4) 食品安全事故中食品样品的采集:

　　① 由批量生产加工的食品污染导致的食品安全事故,食品样品的采集和判定原则按(2)和(3)点执行。重点采集同批次食品样品。

　　② 由餐饮单位或家庭烹调加工的食品导致的食品安全事故,重点采集现场剩余食品样品,以满足食品安全事故病因判定和病原确证的要求。

项目一　肉与肉制品检样的采集与制备

一、采样用品

采样用品的准备决定着采样过程是否顺利和检验结果的准确性。物品的准备因样而定，必须无菌、牢固、可密封。通常盛样物品有采样箱、灭菌塑料袋、有盖搪瓷盘、灭菌带塞广口瓶等；常用的采样用具有灭菌刀、剪子、镊子、灭菌棉签等；其他物品有温度计、标签纸、记号笔等。

二、样品的采集和送检

1. 生肉及脏器检样

如果是屠宰后的畜肉，可于开腔后，用无菌刀取两腿内侧肌肉各 150 g（或劈半后取两侧背最长肌肉各 150 g）；如果是冷藏或销售的生肉，可用无菌刀取腿肉或其他部位的肌肉 250 g。检样采来后放入无菌容器内，立即送检；如果条件不许可，最好不超过 3 h。送检时应注意冷藏，不得加入任何防腐剂。检样送往化验室后应立即检验或放置冰箱里暂存。

2. 禽类（包括家禽和野禽）

鲜、冻家禽采取整只，放无菌容器内；带毛野禽可放清洁容器内，立即送检，送检时的注意事项同上述生肉的注意事项。

3. 各类熟肉制品

各类熟肉制品包括酱卤肉、肴肉、方圆腿、熟灌肠、熏烤肉、肉松、肉脯、肉干等，一般取 250 g，熟禽采取整只，均放入无菌容器内，立即送检，送检时的注意事项同上述生肉的注意事项。

4. 腊肠、香肠等生灌肠

腊肠、香肠等生灌肠采取整根、整只，小型的可采数根、数只，其总量不少于 250 g。

三、检样的制备

1. 生肉及脏器检样的制备

先将检样进行表面消毒（在沸水内烫 3～5 s，或者灼烧消毒），再用无菌剪子剪取检样深层肌肉 25 g，放入无菌乳钵内用灭菌剪子剪碎后，加灭菌海砂或玻璃砂研磨，磨碎后加入灭菌生理盐水 225 mL，混匀后即为 1∶10 稀释液。或者用无菌均质器以 8 000～10 000 r/min，均质 1 min，做成 1∶10 稀释液。

2. 鲜、冻家禽检样的制备

先将检样进行表面消毒，用灭菌剪子或刀去皮后，剪取肌肉 25 g（一般可从胸部或腿部剪取），放入无菌乳钵内用灭菌剪子剪碎后，加灭菌海砂或玻璃砂研磨，磨碎后加入灭菌生理盐水 225 mL，混匀后即为 1∶10 稀释液。或者用无菌均质器以 8 000～10 000 r/min，均质 1 min，做成 1∶10 稀释液。带毛野禽去毛后，与家禽检样进行相同的处理。

3. 各类熟肉制品检样的制备

将检样除去外包，直接切取或称取 25 g，放入无菌乳钵内用灭菌剪子剪碎后，加灭菌海砂或玻璃砂研磨，磨碎后加入灭菌生理盐水 225 mL，混匀后即为 1∶10 稀释液。或者用无菌均质器以 8 000～10 000 r/min，均质 1 min，做成 1∶10 稀释液。

4. 腊肠、香肠等生灌肠检样制备

先对生灌肠表面进行消毒,用灭菌剪子取内容物 25 g,放入无菌乳钵内用灭菌剪子剪碎后,加灭菌海砂或玻璃砂研磨,磨碎后加入灭菌生理盐水 225 mL,混匀后即为 1:10 稀释液。或者用无菌均质器以 8 000~10 000 r/min,均质 1 min,做成 1:10 稀释液。

注:以上样品的采集、送检和检样的制备,均以检验肉禽及其制品内的细菌含量,从而判断其质量鲜度为目的。如果需要检验肉禽及其制品受外界环境污染的程度或检验其是否带有某种致病菌,应用棉拭采样法。

5. 棉拭采样法和检样处理

检验肉禽及其制品受污染的程度,一般可用有 5 cm² 板孔的金属制规板,压在受检物上,将灭菌棉拭子用无菌水稍沾湿,在板孔 5 cm² 的范围内揩抹多次,然后将板孔规板移压另一点,用另一棉拭子揩抹,如此共移压揩抹 10 次,总面积 50 cm²,共用 10 支棉拭。每支棉拭子在揩抹完毕后应立即剪断或烧断后投入盛有 50 mL 灭菌水的三角烧瓶或大试管中,立即送检。检验时先充分振摇吸取瓶、管中的液体,作为原液,再按要求作 10 倍递增稀释。检验致病菌,不必用规板,在可疑部位用棉拭子揩抹即可。

项目二 乳与乳制品检样的采集与制备

一、采样用品

1. 采样工具

采样工具应使用不锈钢或其他强度适当的材料,表面光滑,无缝隙,边角圆润。采样工具应清洗和灭菌,使用前保持干燥。采样工具包括搅拌器具、采样勺、匙、切割丝、刀具(小刀或抹刀)、采样钻等。

2. 样品容器

样品容器的材料(如玻璃、不锈钢、塑料等)和结构应能充分保证样品的原有状态。容器和盖子应清洁、无菌、干燥。样品容器应有足够的体积,使样品可在测试前充分混匀。样品容器包括采样袋、采样管、采样瓶等。

3. 其他用品

其他用品包括温度计、铝箔、封口膜、记号笔、采样登记表等。

二、样品的采集和送检

样品应当具有代表性。采样过程中采用无菌操作,采样方法和采样数量应根据具体产品的特点和产品标准要求执行。样品在储存和运输过程中,应采取必要的措施防止样品中原有微生物的数量变化,保持样品的原有状态。

1. 生乳的采样

(1) 样品应充分搅拌混匀,混匀后应立刻取样,用无菌采样工具分别从相同批次(此处特指单体的储奶罐或储奶车)中采集 *n* 个样品,采样量应满足微生物指标检验的要求。

(2) 具有分隔区域的储奶装置,应根据每个分隔区域内储奶量的不同,按比例从中采集一定量经混合均匀的代表性样品,将上述奶样混合均匀采样。

2. 液态乳制品的采样

巴氏杀菌乳、发酵乳、灭菌乳、调制乳等的采样,取相同批次最小零售原包装,每批至少取 n 件。

3. 半固态乳制品的采样

1) 炼乳的采样

下面讲的采样方法适用于淡炼乳、加糖炼乳、调制炼乳等。

原包装小于或等于 500 g(或 mL)的制品　取相同批次的最小零售原包装,每批至少取 n 件。采样量不小于 5 倍或以上检验单位的样品。

原包装大于 500 g(或 mL)的制品(再加工产品、进出口)　采样前应摇动或使用搅拌器搅拌,使其达到均匀后采样。如果样品无法进行均匀混合,就从样品容器中的各个部位取代表性样。采样量不小于 5 倍或以上检验单位的样品。

2) 奶油及其制品的采样

下面讲的采样方法适用于稀奶油、奶油、无水奶油等。

原包装小于或等于 1 000 g(或 mL)的制品　取相同批次的最小零售原包装,采样量不小于 5 倍或以上检验单位的样品。

原包装大于 1 000 g(或 mL)的制品　采样前应摇动或使用搅拌器搅拌,使其达到均匀后采样。对固态制品,用无菌抹刀除去表层产品,厚度不少于 5 mm。将洁净、干燥的采样钻沿包装容器切口方向往下,匀速穿入底部。当采样钻到达容器底部时,将采样钻旋转 180°,抽出采样钻并将采集的样品转入样品容器。采样量不小于 5 倍或 5 倍以上检验单位的样品。

4. 固态乳制品采样

下面讲的采样方法适用于干酪、再制干酪、乳粉、乳清粉、乳糖和酪乳粉等。

1) 干酪与再制干酪的采样

原包装小于或等于 500 g 的制品　取相同批次的最小零售原包装,采样量不小于 5 倍或 5 倍以上检验单位的样品。

原包装大于 500 g 的制品　根据干酪的形状和类型,可分别使用下列方法。

① 在距边缘不小于 10 cm 处,把取样器向干酪中心斜插到一个平表面,进行一次或数次;

② 把取样器垂直插入一个面,并穿过干酪中心到对面;

③ 从两个平面之间将取样器水平插入干酪的竖直面,插向干酪中心;

④ 若干酪是装在桶、箱或其他大容器中,或者是将干酪制成压紧的大块时,将取样器从容器顶斜穿到底进行采样。采样量不小于 5 倍或以上检验单位的样品。

2) 乳粉、乳清粉、乳糖、酪乳粉的采样

原包装小于或等于 500 g 的制品　取相同批次的最小零售原包装,采样量不小于 5 倍或 5 倍以上检验单位的样品。

原包装大于 500 g 的制品　将洁净、干燥的采样钻沿包装容器切口方向往下,匀速穿入底部。当采样钻到达容器底部时,将采样钻旋转 180°,抽出采样钻并将采集的样品转入样品容器。采样量不小于 5 倍或以上检验单位的样品。

三、检样的制备

1. 乳及液态乳制品的处理

将检样摇匀,采用无菌操作开启包装。对塑料或纸盒(袋)装的,用75％酒精棉球消毒盒盖或袋口,用灭菌剪刀剪开;对玻璃瓶装的,采用无菌操作去掉瓶口的纸罩或瓶盖,瓶口经火焰消毒。用灭菌吸管吸取25 mL(液态乳中添加固态颗粒状物的,应均质后取样)检样,放入装有225 mL灭菌生理盐水的锥形瓶内,振摇均匀。

2. 半固态乳制品的处理

1)炼乳

清洁瓶或罐的表面,再用点燃的酒精棉球消毒瓶或罐口周围,然后用灭菌的开罐器打开瓶或罐,采用无菌操作称取25 g检样,放入预热至45 ℃的装有225 mL灭菌生理盐水(或其他增菌液)的锥形瓶中,摇动均匀。

2)稀奶油、奶油、无水奶油等

采用无菌操作打开包装,称取25 g检样,放入预热至45 ℃的装有225 mL灭菌生理盐水(或其他增菌液)的锥形瓶中,摇动均匀。从检样融化到接种完毕的时间不应超过30 min。

3. 固态乳制品的处理

1)干酪及其制品

采用无菌操作打开外包装,对有涂层的样品削去部分表面封蜡,对无涂层的样品直接经无菌程序用灭菌刀切开干酪,用灭菌刀(勺)从表层和深层分别取出有代表性的适量样品,磨碎混匀,称取25 g检样,放入预热到45 ℃的装有225 mL灭菌生理盐水(或其他稀释液)的锥形瓶中,摇动均匀。充分混合使样品均匀散开(1～3 min),分散过程中的温度不超过40 ℃,尽可能避免泡沫产生。

2)乳粉、乳清粉、乳糖、酪乳粉

取样前将样品充分混匀。罐装乳粉的开罐取样法同炼乳处理,袋装奶粉应使用75％酒精棉球涂擦消毒袋口,采用无菌操作开封取样。称取检样25 g,加入预热到45 ℃盛有225 mL灭菌生理盐水等稀释液或增菌液的锥形瓶内,振摇使其充分溶解和混匀。

对经酸化工艺生产的乳清粉,应使用pH值为8.4±0.2的磷酸氢二钾缓冲液稀释。对含较高淀粉的特殊配方乳粉,可使用α-淀粉酶降低溶液黏度,或者将其稀释以降低溶液黏度。

3)酪蛋白和酪蛋白酸盐

采用无菌操作,称取25 g检样,按照产品不同,分别加入225 mL灭菌生理盐水等稀释液或增菌液。在对黏稠的样品溶液进行梯度稀释时,应在无菌条件下反复多次吹打吸管,尽量将附在吸管内壁的黏稠样品转移到溶液中。

(1)酸法工艺生产的酪蛋白:使用磷酸氢二钾缓冲液并加入消泡剂,在pH值为8.4±0.2的条件下溶解样品。

(2)凝乳酶法工艺生产的酪蛋白:使用磷酸氢二钾缓冲液并加入消泡剂,在pH值为7.5±0.2的条件下溶解样品,室温静置15 min。必要时再在灭菌的匀浆袋中均质2 min,再静置5 min后检测。

(3)酪蛋白酸盐:使用磷酸氢二钾缓冲液在pH值为7.5±0.2的条件下溶解样品。

项目三　蛋与蛋制品检样的采集与制备

一、采样用品

现场采样用品包括采样箱、带盖搪瓷盘、灭菌塑料袋、灭菌带塞广口瓶、灭菌电钻和钻头、灭菌搅拌棒、灭菌金属制双层旋转式套管采样器、灭菌铝铲、勺子、灭菌玻璃漏斗、75%酒精棉球、酒精、温度计、铝箔、封口膜、记号笔、采样登记表等。

二、样品的采集和送检

1. 鲜蛋、糟蛋、皮蛋

对成批鲜蛋、糟蛋、皮蛋等产品进行质量鉴定时的采样数量：以生产一日或一班生产量为一批，检验沙门氏菌时，按每批总量的5%抽样（即每100箱中抽检5箱，每箱1个检样），但每批不得少于3个检样。测定菌落总数和大肠菌群时，每批按装罐过程前、中、后取样3次，每次取样100 g，每批合为1个检样。

检样用流水冲洗外壳，再用75%酒精棉涂擦消毒后放入灭菌袋内，加封做好标记后送检。

2. 巴氏杀菌冰全蛋、冰蛋黄、冰蛋白

对成批巴氏杀菌冰全蛋、冰蛋黄、冰蛋白等产品进行质量鉴定时的采样数量：产品按生产批号在装罐时流动取样。检验沙门氏菌时，冰蛋黄及冰蛋白按每250 kg取样一件，巴氏消毒冰全蛋每500 kg取样1件。菌落总数测定和大肠菌群测定时，在每批装罐过程前、中、后取样3次，每次取样100 g，每批合为1个检样。

先将铁罐开处用75%酒精棉球消毒，再将盖开启，用灭菌电钻由顶到底斜角钻入，徐徐钻取检样，然后抽出电钻，从中取出250 g，检样装入灭菌带塞广口瓶中，标明后送检。

3. 巴氏杀菌全蛋粉、蛋黄粉、蛋白片

对成批巴氏杀菌全蛋粉、蛋黄粉、蛋白片等产品进行质量鉴定时的采样数量：产品以生产一日或一班生产量为一批检验沙门氏菌时，按每批总量的5%抽样（即每100箱中抽检5箱，每箱1个检样），但每批不得少于3个检样。测定菌落总数和大肠菌群时，每批按装罐过程前、中、后取样3次，每次取样100 g，每批合为1个检样。

将包装铁箱上开口处用75%酒精棉球消毒，然后将盖开启，用灭菌的金属制双层旋转式套管采样器斜角插入箱底，使套管旋转收取检样，再将采样器提出箱外，用灭菌小匙自上、中、下部收取检样，装入灭菌带塞广口瓶中，每个检样质量不少于100 g，标明后送检。

三、检样的制备

1. 鲜蛋、糟蛋、皮蛋

鲜蛋、糟蛋、皮蛋外壳用灭菌生理盐水浸湿的棉拭子充分擦拭蛋壳，然后将棉拭子直接放入培养基内增菌培养，也可将整只蛋放入灭菌小烧杯或平皿中，按检样要求加入定量灭菌生理盐水或液体培养基，用灭菌棉拭子将蛋壳表面充分擦拭后，以擦洗液作为检样检验。

2. 鲜蛋蛋液

将鲜蛋在流水下洗净，待干后再用75%酒精棉球消毒蛋壳，然后根据检验要求，打开蛋壳

取出蛋白、蛋黄或全蛋液,放入带有玻璃珠的灭菌瓶内,充分摇匀待检。

3. 巴氏杀菌全蛋粉、蛋白片、蛋黄粉

将检样放入带有玻璃珠的灭菌瓶内,按比例加入灭菌生理盐水,充分摇匀待检。

4. 巴氏杀菌冰全蛋、冰蛋白、冰蛋黄

将装有冰蛋检样的瓶浸泡于流动的冷水中,使检样融化后取出,放入带有玻璃珠的灭菌瓶中,充分摇匀待检。

5. 各种蛋制品沙门氏菌增菌培养

以无菌手续称取检样,接种于亚硒酸盐煌绿或煌绿肉汤等增菌培养基中(此培养基预先置于盛有适量玻璃珠的灭菌瓶内),盖紧瓶盖,充分摇匀,然后放入(36 ± 1)℃温箱中,培养(20 ± 2) h。

6. 接种以上各种蛋与蛋制品的数量及培养基的数量和成分

在用亚硒酸盐煌绿增菌培养时,各种蛋与蛋制品的检样接种数量为 30 g,培养基数量为 150 mL。在用煌绿肉汤进行增菌培养时,检样接种数量、培养基数量和浓度见表 5-1。

表 5-1 检样接种数量、培养基数量和浓度

检 样 种 类	检样接种数量	培养基数量/mL	煌绿浓度/(g/mL)
巴氏杀菌全蛋粉	6 g(加 24 mL 灭菌水)	120	1/6 000~1/4 000
蛋黄粉	6 g(加 24 mL 灭菌水)	120	1/6 000~1/4 000
鲜蛋液	6 mL(加 24 mL 灭菌水)	120	1/6 000~1/4 000
蛋白片	6 g(加 24 mL 灭菌水)	150	1/1 000 000
巴氏杀菌冰全蛋	30 g	150	1/6 000~1/4 000
冰蛋黄	30 g	150	1/6 000~1/4 000
冰蛋白	30 g	150	1/60 000~1/50 000
鲜蛋、糟蛋、皮蛋	30 g	150	1/6 000~1/4 000

注:煌绿肉汤应在临用时加入肉汤中,煌绿肉汤的浓度是以检样和肉汤的总量计算的。

项目四 水产品检样的采集与制备

一、采样用品

水产品的采样用品包括采样箱、篮、灭菌塑料袋、带盖搪瓷盘、灭菌带塞广口瓶、灭菌刀、镊子、剪子、灭菌棉签、带绳编号牌。

二、样品的采集和送检

现场采取水产品样品时,应按检验目的和水产品的种类确定采样量。除个别大型的鱼类和海兽只能割取其局部作为样品外,一般都采集完整的个体,待检验时再按要求在一定部位采取检样。在以判断质量鲜度为目的时,鱼类和体型较大的贝甲类动物虽然应以一个个体为 1

件样品,单独采取 1 个检样,但当对一批水产品做质量判断时仍须采取多个个体做多件检样以全面反映质量。而一般小型鱼类和对虾、小蟹等海鲜,因个体过小,在检验时只能混合采取检样,在采样时须采取更多的个体;鱼糜制品(如灌肠、鱼丸等)和熟制品采取 250 g,放入灭菌带塞容器内。

水产品含水较多,体内酶的活力也较旺盛,容易变质。因此,在采好样品后应在最短的时间内送检,并且在送检过程中应加冰保养。

三、检样的制备

1. 鱼类

鱼类采取检样的部位为背肌。先用流水将鱼体体表冲净,去鳞,再用 75% 酒精棉球擦净鱼背,待干后用灭菌刀在鱼背部沿脊椎切开 5 cm,再切开两端使两块背肌分别向两侧翻开,然后用无菌剪子剪取鱼肉 25 g,放入灭菌乳钵内,用灭菌剪子剪碎,加灭菌海砂或玻璃砂研磨(有条件情况下可用均质器),检样磨碎后加入 225 mL 灭菌生理盐水,混匀成稀释液。

注:剪取肉样时,勿触破及沾上鱼皮;鱼糜制品和熟制品应放入乳钵内进一步捣碎后,再加生理盐水混匀成稀释液。

2. 虾类

虾类采取检样的部位为腹节内的肌肉。将虾体在流水下冲净,摘取头胸节,用灭菌剪子剪除腹节与头胸节连接处的肌肉,然后挤出腹节内的肌肉,称取 25 g 放入灭菌乳钵内,以下操作同鱼类检样的处理。

3. 蟹类

蟹类采取检样的部位为胸部肌肉。将蟹体在流水下冲净,剥去壳盖、腹脐及鳃条,再置于流水下冲净。用 75% 酒精棉球擦拭前后外壁,置灭菌搪瓷盘上待干。然后用灭菌剪子将其剪成左右两片,再用双手将一片蟹体的胸部肌肉挤出(用手指从足根一端向剪开的一端挤压),称取 25 g,置于灭菌乳钵内。以下操作同鱼类检样的处理。

4. 贝壳类

从贝壳的缝中徐徐切入,撬开壳盖,再用灭菌镊子取出整个内容物,称取 25 g 置于灭菌乳钵内,以下操作同鱼类检样的处理。

注:水产品兼受海洋细菌和陆上细菌的污染,检验时细菌培养温度为 30 ℃。以上检样的方法和检验部位均以检验水产品肌肉内细菌含量从而判断其鲜度质量为目的。如需检验水产食品是否带染某种致病菌,其检验部位应采用胃肠消化道和鳃等呼吸器官,如鱼类检取肠管和鳃,虾类检取头胸节内的内脏和腹节外沿处的肠管,蟹类检取胃和鳃条,贝类中的螺类检取腹足肌肉以下的部分,贝类中的双壳类检取覆盖在斧足肌肉外层的内脏和瓣鳃。

项目五　饮料、冷冻饮品检样的采集与制备

一、采样用品

饮料、冷冻饮品的采样用品包括灭菌用的大注射器、泡沫隔热塑料箱、干冰、采样箱、篮子、灭菌塑料袋、带盖搪瓷盘、灭菌带塞广口瓶、灭菌刀、镊子、剪子、灭菌棉签、带绳编号牌等。

二、样品的采集和送检

1. 果蔬汁饮料、碳酸饮料、茶饮料、固体饮料

应采取原瓶(罐)、袋和盒装样品,不少于 250 mL。样品采取后,应立即送检。如不能立即检验,应置冰箱内保存。

2. 散装饮料

采取 500 mL,用灭菌注射器抽取 500 mL 放入灭菌带塞广口瓶内。样品采取后,应立即送检。如不能立即检验,应置冰箱内保存。

3. 固体饮料

瓶装采取 1 瓶为 1 件,散装采取 500 g,放入灭菌塑料袋中。样品采取后,应立即送检。如不能立即检验,应置冰箱内保存。

4. 冰棍

班产量在 20 万支以下者,一班为一批;班产量在 20 万支以上者,以一个工作台为一批。一批取 3 件,一件取 3 支,放入灭菌塑料袋中,置于有干冰的泡沫塑料箱中。样品采取后,应立即送检。如不能立即检验,应置冰箱内保存。

5. 冰淇淋

原包装小于或等于 500 g(或 mL)的制品　取相同批次的最小零售原包装,每批至少取 n 件。采样量为不小于 5 倍检验单位的样品。

原包装大于 500 g(或 mL)的制品(再加工产品、进出口)　采样前应摇动或使用搅拌器搅拌,使其达到均匀后采样。如果样品无法进行均匀混合,就从样品容器中的各个部位取代表性样品。采样量为不小于 5 倍检验单位的样品。样品放入灭菌塑料袋中,然后放于有干冰的泡沫塑料箱中。样品采取后,应立即送检。如不能立即检验,应置冰箱内保存。

6. 食用冰块

原包装小于或等于 500 g(或 mL)的制品　取相同批次的最小零售原包装,每批至少取 n 件。采样量为不小于 5 倍检验单位的样品。

原包装大于 500 g(或 mL)的制品(再加工产品、进出口)　采样前应摇动或使用搅拌器搅拌,使其达到均匀后采样。如果样品无法进行均匀混合,就从样品容器中的各个部位取代表性样品。采样量为不小于 5 倍检验单位的样品。

样品放入灭菌塑料袋中,放置于有干冰的泡沫塑料箱中。样品采取后,应立即送检。如不能立即检验,应置冰箱内保存。

三、检样的制备

1. 瓶装饮料

用点燃的酒精棉球烧灼瓶口灭菌,用苯酚纱布盖好,塑料瓶口可用 75％的酒精棉球擦拭灭菌,用灭菌开瓶器将盖启开,含有二氧化碳的饮料可倒入另一灭菌容器内,口勿盖紧,覆盖一灭菌纱布,轻轻摇荡。待气体全部逸出后,进行检验。

2. 冰棍

用灭菌镊子除去包装纸,将冰棍部分放入灭菌带塞广口瓶内,木棒留在瓶外,盖上瓶盖,用力抽出木棒,或者用灭菌剪子剪掉木棒,置于 45 ℃环境下水浴 30 min,融化后立即进行检验。

3. 冰淇淋

放在灭菌容器内,待其融化,立即进行检验。

项目六　调味品检样的采集与制备

一、采样用品

调味品的采样用品包括灭菌用的大注射器、采样箱、灭菌塑料袋、带盖搪瓷盘、灭菌带塞广口瓶、灭菌刀、镊子、剪子、灭菌棉签、带绳编号牌等。

二、样品的采集和送检

原包装小于或等于 500 g(或 mL)的制品　取相同批次的最小零售原包装,每批至少取 n 件。采样量为不小于 5 倍检验单位的样品。

原包装大于 500 g(或 mL)的制品(再加工产品、进出口)　采样前应摇动或使用搅拌器搅拌,使其达到均匀后采样。如果样品无法进行均匀混合,就从样品容器中的各个部位取样,这样才有代表性。采样量为不小于 5 倍检验单位的样品。

样品送往化验室后应立即检验或放置于冰箱内暂存。

三、检样的制备

1. 瓶装调味品

用点燃的酒精棉球烧灼瓶口灭菌,苯酚纱布盖好,再用灭菌开瓶器启开,袋装样品用 75% 酒精棉球消毒袋口后进行检验。液体调味品,吸取样品 25 mL,加入 225 mL 灭菌蒸馏水,制成混悬液。固体调味品,采用无菌操作称取 25 g,放入灭菌容器内,加入 225 mL 蒸馏水。

2. 酱类

采用无菌操作称取 25 g,放入灭菌容器内,加入 225 mL 蒸馏水。吸取酱油 25 mL,加入 225 mL 灭菌蒸馏水,制成混悬液。

3. 食醋

用 20%～30% 灭菌碳酸钠溶液调 pH 值到中性。吸取调至中性的食醋 25 mL,加入 225 mL 灭菌蒸馏水,制成混悬液。

项目七　冷食菜、豆制品检样的制备

冷食菜多为蔬菜和熟肉制品及不经加热而直接食用的凉拌菜,该类食品由于原料、半成品、厨师及厨房用具等消毒灭菌不彻底,造成细菌的污染。豆制品是以大豆为原料制成的含有大量蛋白质的食品,该类食品大多在加工后,由于盛器、运输及销售等环节不注意卫生,沾染了存在于空气、土壤中的细菌。这两类食品如不加强卫生管理,极易造成食物中毒及肠道疾病的传播。

一、采样用品

现场采样用品包括采样箱、灭菌塑料袋、灭菌带塞广口瓶、灭菌搅拌棒、灭菌勺子、75% 酒精棉球、酒精、温度计、铝箔、封口膜、记号笔、采样登记表等。

二、样品的采集和送检

1. 冷食菜

采集时将样品混匀,采集后放入灭菌容器内。

2. 豆制品

采集接触盛器边缘、底部及上面不同部位的样品,放入灭菌容器内。

三、检样的制备

定型包装样品,先用 75％酒精棉球消毒包装袋口,用灭菌剪刀剪开后采用无菌操作称取 25 g 检样,放入 225 mL 灭菌生理盐水之中,用均质器打碎 1 min,制成混悬液。

散装样品现场采集后放入灭菌带塞广口瓶或是灭菌塑料袋中,从灭菌容器中取出,以无菌操作称取 25 g 检样,放入 225 mL 灭菌生理盐水之中,用均质器打碎 1 min,制成混悬液。

项目八 糖果、糕点和蜜饯检样的制备

糖果、糕点、果脯等此类食品大多是由糖、牛乳、鸡蛋、水果等为原料而制成的甜食。部分食品有包装纸,污染机会较少,但包装纸、盒不清洁,或者没有包装的食品放入不洁的容器内也可造成污染。带馅的糕点往往因加热不彻底,存放时间长或温度高,细菌大量繁殖,造成食品变质。因此,对这类食品进行微生物学检验是很有必要的。

一、采样用品

现场采样用品包括采样箱、灭菌塑料袋、灭菌带塞广口瓶、灭菌勺子、灭菌镊子、75％酒精棉球、酒精、封口膜、记号笔、采样登记表等。

二、样品的采集和送检

糕点(饼干)、面包、蜜饯等样品可用灭菌镊子夹取不同部位,放入灭菌容器内;糖果采集原包装样品,采集后立即送检。

三、检样的制备

1. 糕点(饼干)、面包

如果为原包装,用灭菌镊子夹下包装纸,采集外部及中心部位;如果为带馅糕点,取外皮及内馅共 25 g;如果为奶花糕点,采集奶花及糕点部分各一半共 25 g,加入 225 mL 灭菌生理盐水中,制成混悬液。

2. 蜜饯

蜜饯采集不同部位称取 25 g 检样,加入 225 mL 灭菌生理盐水中,制成混悬液。

3. 糖果

糖果用灭菌镊子夹取包装纸,称取数块共 25 g,加入预温至 45 ℃ 的灭菌生理盐水 225 mL,待溶解后检验。

项目九　酒类检样的采集与制备

酒类一般不进行微生物学检验,进行检验的主要是酒精度低的发酵酒,因酒精度低,不能抑制细菌生长。污染主要来自原料或加工过程中不注意卫生操作而污染了水、土壤及空气中的细菌,尤其是散装生啤酒,因不加热往往滋生大量细菌。

一、采样用品

现场采样用品包括采样箱、灭菌塑料袋、灭菌带塞广口瓶、灭菌勺子、75％酒精棉球、酒精、封口膜、记号笔、采样登记表等。

二、样品的采集和送检

若是瓶装酒类,酒类样品应整瓶采集(至少2瓶);若是散装酒类,酒类样品应用灭菌容器采集(至少500 mL)。

三、检样的制备

1. 瓶装酒类

用点燃的酒精棉球灼烧瓶口灭菌,用苯酚纱布盖好,再用灭菌开瓶器将盖启开,含有二氧化碳的酒类可倒入另一灭菌容器内,口勿盖紧,覆盖一灭菌纱布,轻轻摇荡,待气体全部出来后,进行检验。

2. 散装酒类

散装酒类可直接吸取,然后进行检验(检验方法与饮料等食品相同)。

注:取出的酒类样品先检测其 pH 值,然后用灭菌的氢氧化钠溶液调节其 pH 值至 7.0,再进行检验。

项目十　方便食品检样的采集与制备

方便面(米粉)是以小麦粉、荞麦粉、绿豆粉、米粉等为主要原料,添加食盐或面粉改良剂,加入适量水调制、压延、成型、汽蒸后,经油炸或干燥处理,达到一定熟度的粮食制品。同类食品还有即食粥、速煮米粉等。这类食品大部分均有包装,污染机会少,但往往由于包装纸、盒不清洁或没有包装的食品放于不清洁的容器内,造成污染。此外,也常在加工、存放、销售各环节中被大量细菌和霉菌污染,而造成食品变质。这类食品不仅会被非致病菌污染,有时还会污染到沙门氏菌、志贺氏菌、金黄色葡萄球菌、溶血性链球菌和霉菌及其毒素。

一、采样用品

现场采样用品包括采样箱、灭菌塑料袋、灭菌带塞广口瓶、灭菌勺子、灭菌镊子、75％酒精棉球、酒精、封口膜、记号笔、采样登记表等。

二、样品的采集和送检

袋装及碗装方便面(米粉)、即食粥、速煮米粉 3 袋(碗)为 1 件,简易包装的采集 250 g。

三、检样的制备

1. 未配有调味料的方便面(米粉)、即食粥、速煮米粉

采用无菌操作开封取样,称取样品 25 g,加入 225 mL 灭菌生理盐水制成 1:10 的均质液。

2. 配有调味料的方便面(米粉)、即食粥、速煮米粉

采用无菌操作开封取样,将面(粉)块、干饭粒和全部调料及配料一起称重,按 1:1 加入灭菌生理盐水,制成检验均质液。然后再量取 50 mL 均质液加到 200 mL 灭菌生理盐水中,制成 1:10 的稀释液。

项目十一　罐藏食品检样的采集与制备

罐藏食品是将食品原料经过预处理,装入容器,经杀菌、密封之后制成的,通常称为罐头。罐头密封是为了防止外界微生物侵入,而加热杀菌是要杀死存在于罐内的致病菌、产毒菌和腐败菌。

一、采样用品

现场采样用品包括采样箱、灭菌塑料袋、灭菌带塞广口瓶、灭菌勺子、灭菌镊子、75%酒精棉球、酒精、封口膜、记号笔、采样登记表等。

二、样品的采集和送检

一听罐头的全部内容物混匀后称取 25 g 或是将多听同批次罐头的内容物在灭菌容器中混匀称取 25 g,然后加入 225 mL 灭菌生理盐水中,制成混悬液。

三、检样的制备

1. 保温

(1)将全部样罐按下述分类在规定温度下按规定时间进行保温,见表 5-2。

表 5-2　罐头食品的保温时间和温度

罐头种类	温度/℃	时间/d
低酸性罐头食品	36±1	10
酸性罐头食品	36±1	10
预定要送往热带地区(40 ℃以上)的低酸性罐头食品	55±1	5~7

(2)保温过程中应每天检查,如有胖听或泄漏等现象,立即剔除做开罐检查。

2. 开罐

取保温过的全锅罐头,冷却到常温后,采用无菌操作开罐检验。

将样罐用温水和洗涤剂洗刷干净,用自来水冲洗后擦干。放入无菌室,用紫外线杀菌灯照 30 min。

将样罐移置于超净工作台上,用 75% 酒精棉球擦拭无代号端,并点燃灭菌(胖听罐不能烧)。用灭菌的卫生开罐刀或罐头打孔器开启(带汤汁的罐头开罐前适当振摇,开罐时不能伤及卷边结构)。

3. 留样

开罐后,用灭菌吸管或其他适当工具以无菌操作取出内容物 10～20 mL(或 g),移入灭菌容器内,保存于冰箱中。待该批罐头检验得出结论后可弃去。

4. pH 值测定

取样测定 pH 值,与同批中正常罐相比,看是否有显著的差异。

5. 感官检查

在光线充足、空气清洁无异味的检验室中将罐头内容物倾入白色搪瓷盘内,由检验人员对产品外观、色泽、状态和气味等进行观察和嗅闻,用餐具按压食品或戴薄指套以手指进行触感检查来鉴别食品有无腐败变质的迹象。

模块六 食品中常见微生物检验项目实训

项目一 食品中菌落总数的测定

一、目的

（1）学习并掌握食品中细菌菌落总数的测定方法和原理。

（2）了解菌落总数测定在对被测样品进行卫生学评价中的意义。

二、原理

细菌数量的表示方法由于所采用的计数方法不同而分为两种：菌落总数和细菌总数。

（1）菌落总数。

菌落总数是指食品检样经过处理，在一定条件下培养后，所得的 1 g 或 1 mL 检样中形成的细菌菌落总数，以 CFU/g（或 CFU/mL）来表示。除了对样品测定外，有时我们也对食品表面、食品接触面、食品加工用器具等测定，这时我们所得的是检样表面所带细菌形成的菌落总数，以 CFU/cm² 来表示。

按国家标准中的规定，菌落总数就是在需氧情况下，在（36±1）℃环境下培养（48±2）h，能在平板计数琼脂上生长发育的细菌菌落总数。厌氧或微需氧菌、有特殊营养要求的及非嗜中温的细菌，由于现有条件不能满足其生理需求，故难以繁殖生长。菌落总数并不表示实际中的所有细菌总数，也不能区分其中细菌的种类，只包括一群在普通营养琼脂中生长发育、嗜中温的需氧和兼性厌氧的细菌菌落总数，所以有时被称为杂菌数、需氧菌数等。

菌落总数主要作为判别食品被污染程度的标志，也可以应用这一方法观察细菌在食品中繁殖的动态，以便对被检样品进行卫生学评价时提供依据。食品中细菌菌落总数越多，则食品中含有致病菌的可能性越大，食品质量越差；食品中细菌菌落总数越少，则食品中含有致病菌的可能性越小。须配合大肠菌群和致病菌的检验，才能对食品做出较全面的评价。

（2）细菌总数。

细菌总数是指一定数量或面积的食品样品，经过适当的处理后，在显微镜下对细菌进行直接计数。其中，包括各种活菌数和尚未消失的死菌数。细菌总数也称细菌直接显微镜数。通常以 1 g 或 1 mL 样品中的细菌总数来表示。

三、材料

（1）食品检样、阳性对照样品。

（2）培养基：平板计数琼脂（见附录 G：专用培养基），无菌生理盐水或磷酸盐缓冲液。

（3）其他：无菌培养皿、无菌吸管、电炉、恒温培养箱等。

四、流程

菌落总数试验流程图见图 6-1。

(一) 取样、稀释和培养

取样 采用无菌操作取检样 25 g(或 mL),放于 225 mL 灭菌生理盐水或磷酸盐缓冲液的灭菌玻璃瓶内(瓶内预置适量的玻璃珠)或灭菌乳钵内,经充分振荡或研磨制成 1:10 的均匀稀释液。

固体和半固体检样在加入稀释液后,最好置于灭菌均质器中以 8 000~10 000 r/min 的速度处理 1~2 min,制成 1:10 的均匀稀释液。

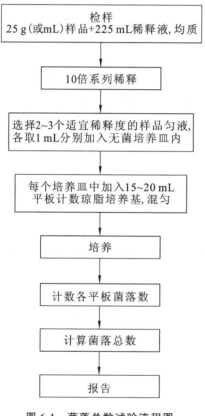

图 6-1 菌落总数试验流程图

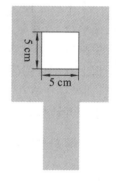

图 6-2 采样板

对物体表面的取样则采用自制不锈钢采样板,见图 6-2,用酒精棉球擦拭后在酒精灯上灼烧灭菌,冷却后放到被取样的位置,压紧采样板,用灭菌的生理棉球擦拭中间的 25 cm²,放入 225 mL 无菌生理盐水中,震荡摇匀,制得 1:10 的样液。

稀释 用 1 mL 灭菌吸管吸取 1:10 稀释液 1 mL,沿管壁徐徐注入含有 9 mL 灭菌生理盐水或磷酸盐缓冲液的试管内,振摇试管或反复吹打混合均匀,制成 1:100 的稀释液。另取 1 mL 灭菌吸管,按上项操作顺序,制得 10 倍递增稀释液,如此每递增稀释一次即换用 1 支 10 mL 吸管。

样品稀释度选择 根据标准要求或对污染情况的估计,选择 2~3 个适宜稀释度,分别在制作 10 倍递增稀释的同时,用吸取该稀释度的吸管移取 1 mL 稀释液于灭菌平皿中,每个稀释度做两个平皿。同时分别取 1 mL 稀释液(不含样品)加入两个灭菌平皿内作空白对照。

样品稀释度选择方法:如果知道污染程度,就按照污染程度来选择稀释度,当对某一个样品的污染程度不清楚的时候,往往要根据它的限量标准来选择适宜的稀释度,最好能够使三个稀释度中的中间稀释度的平皿菌落数在 30～300 之间。具体选择方法如下:

如果某样品的限量标准为 10 000 CFU/g,根据平板菌落数,当样品处在限量标准时稀释 100 倍,可以选择 10^{-1}、10^{-2}、10^{-3} 三个稀释度,这样当样品中的菌落数超出限量标准 10 倍或低于限量标准 10 倍时都可以有相对准确的数值,从而满足对样品检验结果的要求。

稀释液移入平皿后,将凉至 46 ℃的平板计数琼脂培养基 15～20 mL 注入平皿,并转动平皿,混合均匀。

待琼脂凝固后,翻转平板,置于(36±1)℃恒温培养箱内培养(48±2)h,水产品置于(30±1)℃的温箱内培养(72±3)h。

如果样品中可能含有在琼脂培养基表面弥漫生长的菌落时,可在凝固后的琼脂表面覆盖一薄层琼脂培养基(约 4 mL),凝固后培养。

(二)菌落计数方法

作平皿菌落计数时,可用肉眼观察,必要时用放大镜检查,以防遗漏。在记下各平皿中的菌落总数后,求出同稀释度的各平皿的平均菌落数。

到达规定培养时间,应立即计数。如果不能立即计数,应将平板放置于 0～4 ℃环境下,但不要超过 24 h。

平皿菌落数的选择　选取菌落数在 30～300 之间的平板作为菌落总数的测定标准。每一个稀释度应采用两个平皿平均数,大于 300 的可记为"多不可计"。

其中一个平板有较大片状菌落生长时,则不宜采用,而应以无片状菌落生长的平板作为该稀释度的菌落数;若片状菌落不到平板的一半,而其余一半中菌落分布又很均匀,则可以计算半个平板后乘以 2,以代表一个平板的菌落数。

当平板上有链状菌落生长时,如果呈链状生长的菌落之间无任何明显界限,则应作为一个菌落计算,如果存在有几条不同来源的链,则每条链均应按一个菌落计算,不要把链上生长的每一个菌落分开计数。

(三)菌落总数的计算

若只有一个稀释度平板上的菌落数在适宜计数范围内,计算两个平板菌落数的平均值,再将平均值乘以相应的稀释倍数,作为每克(毫升)中菌落总数结果。

若有两个连续稀释度的平板菌落数在适宜计数范围内时,按如下公式计算:

$$N = \sum C/(n_1 + 0.1n_2)d \tag{6-1}$$

式中:N—— 样品中菌落数;

$\sum C$—— 平板(含适宜范围菌落数的平板)菌落数之和;

n_1—— 第一个适宜稀释度(低稀释倍数)平板数;

n_2—— 第二个适宜稀释度(高稀释倍数)平板数;

d—— 稀释因子(第一稀释度)。

例如:稀释度:1:100(第一稀释度);1:1 000(第二稀释度)。

菌落数：232，244；33，35。

则
$$N = \frac{232 + 244 + 33 + 35}{(2 + 0.1 \times 2) \times 10^{-2}} = \frac{544}{0.022} = 24\ 727$$

四舍五入表示为：2.5×10^4。

若所有稀释度的平板菌落数均大于 300，则取最高稀释度的平均菌落数乘以稀释倍数计算。如 10^{-1}、10^{-2}、10^{-3} 三个稀释度的平板菌落数分别为 850 和 900、640 和 680、320 和 340，均大于 300，则选择 10^{-3} 的稀释度的平皿进行计算，即该样品的菌落总数为 $\frac{320 + 340}{2 \times 10^{-3}} = 3.3 \times 10^5$。

若所有稀释度平板菌落数均小于 30，则以最低稀释度的平均菌落数乘稀释倍数计算。

若所有稀释度平板均无菌落生长，则应按小于 1 乘以最低稀释倍数计算。

若所有稀释度均不在 30～300 之间，在连续两个稀释度中一个大于 300，一个小于 30，则应以最接近 300 或 30 的平均菌落数乘以稀释倍数计算。当出现这种情况时，应注意将不同稀释度的平皿中的菌落数统一到同一个稀释度中进行比较。如 10^{-1}、10^{-2} 稀释度的平板菌落数分别为 330 和 340、24 和 22，则应将它们统一到 10^{-1} 的稀释度比较，即此时 10^{-1} 稀释度的平板中的菌落平均数 335 和 300 比较，而 10^{-2} 稀释度中平板的菌落平均数乘以 10 倍后即 230 和 300 比较，然后再对两种比较结果进行分析，即 10^{-1} 相差 35，而 10^{-2} 相差 70，应选择 10^{-1} 的稀释度平板中的菌落数作为结果。

（四）菌落计数报告方法

菌落数在 1～100 时，按四舍五入报告两位有效数字。

菌落数大于或等于 100 时，第三位数字按四舍五入计算，取前面两位有效数字，为了缩短数字后面的零数，也可以 10 的指数表示。

若所有平板上为蔓延菌落而无法计数，则报告"菌落蔓延"。

若空白对照上有菌落生长，则此次检测结果无效。

称重取样以 CFU/g 为单位报告，体积取样以 CFU/mL 为单位报告。

五、注意事项

（1）无菌操作。操作中必须有"无菌操作"的概念，所用玻璃器皿必须是完全灭菌的。所用剪刀、镊子等器具也必须进行消毒处理。样品如果有包装，应用 75% 的酒精在包装开口处擦拭后取样。操作应当在超净工作台或经过消毒处理的无菌室进行。

（2）采样的代表性。如是固体样品，取样时不应集中一点，宜多采取几个部位。固体样品必须经过均质或研磨，液体样品须经过振摇，以获得均匀稀释液。

（3）稀释液。样品稀释液主要是灭菌生理盐水，或者磷酸盐缓冲液（或 0.1% 蛋白胨水），后者对食品已受损伤的细菌细胞有一定的保护作用。如对含盐量较高的食品（如酱油）进行稀释，可以采用灭菌蒸馏水。

（4）每递增稀释一次即换用 1 支 1 mL 灭菌吸管。

（5）倾注用培养基应在 46 ℃ 水浴内保温，温度过高会影响细菌生长，温度过低琼脂易于凝固而不能与菌液充分混匀。如无水浴，应以皮肤感受较热而不烫为宜。

（6）倾注培养基的量规定不一，从 12～20 mL 不等，一般以 15 mL 较为适宜，平板过厚会影响观察,太薄又易于干裂。倾注时,培养基底部如有沉淀物,应将底部弃去,以免与菌落混淆而影响计数观察。

(7) 为使菌落能在平板上均匀分布,检液加入平皿后,应尽快倾注培养基并旋转混匀,可正、反两个方向旋转,检样从开始稀释到倾注最后一个平皿所用时间不宜超过 20 min,以防止细菌死亡或繁殖。

(8) 培养温度一般为 37 ℃(水产品的培养温度,由于其生活环境水温较低,故多采用30 ℃)。培养时间一般为 48 h,有些方法只要求 24 h 的培养即可计数。培养箱应保持一定的湿度,琼脂平板培养 48 h 后,培养基失重不应超过 15%。

(9) 为了避免食品中的微小颗粒或培养基中的杂质与细菌菌落发生混淆,不易分辨,可同时作一稀释液与琼脂培养基混合的平板,不经培养,而置于 4 ℃环境中放置,以便计数时作对照观察。

六、结 果

(1) 将实验测出的样品数据填入表 6-1 中,并计算其结果。

(2) 对样品菌落总数做出是否符合卫生要求的结论。

表 6-1 菌落总数数据记录及结果计算表

数据及计算 稀释度 样品	样品稀释液			稀释度的选择	计算公式及结果 (CFU/mL,g,cm²)

七、思考题

(1) 什么是细菌菌落总数?

(2) 影响杂菌总数准确性的因素有哪些?

(3) 在食品卫生检验中,为什么要以细菌菌落总数为指标?

(4) 为什么营养琼脂培养基在使用前要保持在(46±1)℃的温度下?

螺旋平板法测定样品中微生物的数量

1. 一般要求

使用螺旋接种仪将样品接种在平板上。样品接种后,菌落即分布在螺旋轨迹上,随半径的增加分布得越来越稀。采用特殊的计数栅格,自平板外周向中央对平皿上的菌落进行计数,即可得到样品中微生物的数量。

2. 实验步骤

取制备好的适宜稀释度的样品稀释液,以选定的模式接种于实验所用平板,每个稀释度接种两块平板,接种每一个样品前后均按仪器设定程序对螺旋接种仪进行清洗消毒。

按相同接种模式接种悬浮液作为空白对照。

将平板按标准方法中规定的培养时间和温度进行培养后,计数每个平板菌落数,并记录下来。

3. 菌落总数的计算和记录

平板上菌落数符合菌落计数仪规定计数范围的为合适范围。如果两个稀释度的四个平板菌落数均在合适范围内,则将四个平板菌落数的平均值作为每克(每毫升)样品中的菌落数;如果只有一个稀释度的两个平板菌落数在合适范围内,则将这两个平板菌落数的平均值作为每克(每毫升)样品中的菌落数。

当低稀释度的两个平板菌落数都少于合适范围的下限时,计算这一稀释度两个平板菌落数的平均值作为每克(每毫升)样品中的菌落数。给这个数注上星号(＊),表明该数是从菌落数在计数范围之外的平板估计所得。当所有平板上的菌落数都超过合适范围的上限时,计算高稀释度两个平板菌落数的平均值作为每克(每毫升)样品中的菌落数,给这个数注上星号(＊)。如果所有稀释度的平板都没有菌落,则以小于1乘以稀释倍数和接种体积作为每克(每毫升)样品中的菌落数,给这个数注上星号(＊)。

记录时,只有在换算到每克(每毫升)样品中的菌落数时,才能定下两位有效数字,第三位数字采用四舍五入的方法记录。也可将样品的菌落数记录为10的指数形式。

4. 结果的表述

根据3归档计算出每克(每毫升)样品的菌落数,固体样品以 CFU/g 为单位,液体样品以 CFU/mL 为单位。

项目二　食品中大肠菌群计数

一、目的

(1) 了解大肠菌群的定义及食品中大肠菌群测定在食品卫生检验中的意义。

(2) 练习并掌握大肠菌群的检验方法。

二、原理

1. 大肠菌群

大肠菌群是指一群在37 ℃环境下24 h 能发酵乳糖产酸产气,需氧或兼性厌氧的革兰氏阴性无芽孢杆菌。主要由肠杆菌科中的埃希氏菌属、柠檬酸杆菌属、肠杆菌属及克雷伯菌属的一部分及沙门菌属的Ⅲ亚属的细菌组成。典型大肠杆菌的 IMViC 与硫化氢试验结果为＋＋－－－。

常用的大肠菌群检测的方法有以下两种。

(1) 最可能数(MPN)法:大肠菌群可产生 β-半乳糖苷酶,分解液体培养基中的酶底物——4-甲基伞形酮-β-D-半乳糖苷(以下简称 MUGal),使 4-甲基伞形酮游离,因而在 366 nm 的紫外光灯下呈现蓝色荧光。本方法适用于大肠菌群含量较低的食品中大肠菌群的计数。

(2) 平板法:大肠菌群可产生 β-半乳糖苷酶,分解培养基中的酶底物——茜素-β-D 半乳糖苷(以下简称 Aliz-gal),使茜素游离并与固体培养基中的铝、钾、铁、铵离子结合形成紫色(或红色)的螯合物,使菌落呈现相应的颜色。本方法适用于大肠菌群含量较高的食品中大肠菌群的计数。

2. 大肠杆菌测定的意义

该菌主要来源于人畜粪便,故以此作为粪便污染指标来评价食品的卫生质量,具有广泛的卫生学意义。它反映了食品是否被粪便污染,同时间接地指出食品是否有肠道致病菌污染的可能性。食品中大肠菌群数是以每克(或每毫升)检样内大肠菌群最可能数(MPN)表示。

三、材料

(1)食品样品:乳、肉、禽蛋制品,饮料,糕点,发酵调味品或其他食品。

(2)阳性对照菌:大肠杆菌。

(3)仪器设备:除微生物实验室常规灭菌及培养设备外,其他设备和材料有恒温培养箱、恒温水浴箱、均质器、振荡器、无菌吸管或微量移液器及吸头、无菌锥形瓶、无菌培养皿、菌落计数器等。

(4)培养基和试剂:月桂基硫酸盐胰蛋白胨(LST)肉汤、煌绿乳糖胆盐(BGLB)肉汤、结晶紫中性红胆盐琼脂(VRBA)、无菌生理盐水或磷酸盐缓冲液、1 mol/L 氢氧化钠(NaOH)、1 mol/L 盐酸(HCl)、MUGal 肉汤、Aliz-gal 琼脂。(培养基参见附录 G:专用培养基)

四、检验方法

检验方法有大肠菌群 MPN 计数法、大肠菌群平板计数法、大肠菌群的快速检测。

1. 大肠菌群 MPN 计数法

MPN 法是统计学和微生物学结合的一种定量检测法。待测样品经系列稀释并培养后,根据其未生长的最低稀释度与生长的最高稀释度,应用统计学概率论推算出待测样品中大肠菌群的最大可能数。具体检验程序见图 6-3。

1)样品的稀释

(1)固体和半固体样品:称取 25 g 样品,放入盛有 225 mL 磷酸盐缓冲液或生理盐水的无菌均质杯内,8 000~10 000 r/min 均质 1~2 min,或者放入盛有 225 mL 磷酸盐缓冲液或生理盐水的无菌均质袋中,用拍击式均质器拍打 1~2 min,制成 1:10 的样品匀液。

(2)液体样品:以无菌吸管吸取 25 mL 样品,置于盛有 225 mL 磷酸盐缓冲液或生理盐水的无菌锥形瓶(瓶内预置适当数量的无菌玻璃珠)中,充分混匀,制成 1:10 的样品匀液。

(3)样品匀液的 pH 值应为 6.5~7.5,必要时分别用 1 mol/L 氢氧化钠(NaOH)或 1 mol/L 盐酸(HCl)调节。

(4)用 1 mL 无菌吸管或微量移液器吸取 1:10 样品匀液 1 mL,沿管壁缓缓注入 9 mL 磷酸盐缓冲液或生理盐水的无菌试管中(注意吸管或吸头尖端不要触及稀释液面),振摇试管或换用 1 支 1 mL 无菌吸管反复吹打,使其混合均匀,制成 1:100 的样品匀液。

(5)根据对样品污染状况的估计,按上述操作,依次制成 10 倍递增系列稀释样品匀液。每递增稀释 1 次,换用 1 支 1 mL 无菌吸管或吸头。从制备样品匀液至样品接种完毕,全过程不得超过 15 min。

2)初发酵试验

每个样品选择 3 个适宜的连续稀释度的样品匀液(液体样品可以选择原液),每个稀释

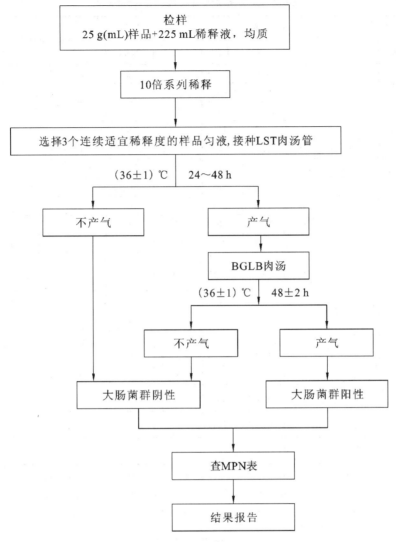

图 6-3　大肠菌群 MPN 计数法检验程序

度接种 3 管月桂基硫酸盐胰蛋白胨（LST）肉汤,每管接种 1 mL（如接种量超过 1 mL,则用双料 LST 肉汤）,（36±1）℃ 培养（24±2）h,观察导管内是否有气产生,如未产气则继续培养至（48±2）h 。

　　记录在 24～48 h 内产气的 LST 肉汤管数。未产气者为大肠菌群阴性,产气者则进行复发酵试验。

　　3）复发酵试验

　　用接种环从所有（48±2）h 内发酵产气的 LST 肉汤管中分别取 1 环培养物,移种于煌绿乳糖胆盐肉汤管中,（36±1）℃ 培养（48±2）h,观察产气情况。产气者,计为大肠菌群阳性管。

　　4）大肠菌群最可能数的报告

　　根据大肠菌群阳性管数,检索 MPN（见表 6-2）,将相应的数据填入表 6-3 中,报告每克（或每毫升）样品中大肠菌群的 MPN 值。

表 6-2 大肠菌群最可能数(MPN)检索表

阳性管数			MPN	95%可信限		阳性管数			MPN	95%可信限	
0.10	0.01	0.001		下限	上限	0.10	0.01	0.001		下限	上限
0	0	0	<3.0	—	9.5	2	2	0	21	4.5	42
0	0	1	3.0	0.15	9.6	2	2	1	28	8.7	94
0	1	0	3.0	0.15	11	2	2	2	35	8.7	94
0	1	1	6.1	1.2	18	2	3	0	29	8.7	94
0	2	0	6.2	1.2	18	2	3	1	36	8.7	94
0	3	0	9.4	3.6	38	3	0	0	23	4.6	94
1	0	0	3.6	0.17	18	3	0	1	38	8.7	110
1	0	1	7.2	1.3	18	3	0	2	64	17	180
1	0	2	11	3.6	38	3	1	0	43	9	180
1	1	0	7.4	1.3	20	3	1	1	75	17	200
1	1	1	11	3.6	38	3	1	2	120	37	420
1	2	0	11	3.6	42	3	1	3	160	40	420
1	2	1	15	4.5	42	3	2	0	93	18	420
1	3	0	16	4.5	42	3	2	1	150	37	420
2	0	0	9.2	1.4	38	3	2	2	210	40	430
2	0	1	14	3.6	42	3	2	3	290	90	1 000
2	0	2	20	4.5	42	3	3	0	240	42	1 000
2	1	0	15	3.7	42	3	3	1	460	90	2 000
2	1	1	20	4.5	42	3	3	2	1 100	180	4 100
2	1	2	27	8.7	94	3	3	3	>1 100	420	—

注:①本表采用 3 个稀释度[0.1 g(或 mL)、0.01 g(或 mL)和 0.001 g(或 mL)],每个稀释度接种 3 管。

②表内所列检样量如改用 1 g(或 mL)、0.1 g(或 mL)和 0.01 g(或 mL)时,表内数字应相应除以 10;如改用 0.01 g(或 mL)、0.001 g(或 mL)、0.000 1 g(或 mL)时,则表内数字应相应乘以 10,其余依此类推。

表 6-3 大肠菌群试验记录表

数据及计算 稀释度 样 品	样品稀释液			查表得 MPN 值	样品大肠菌群 (MPN/mL、g、cm²)
	每种样品初发 酵结果写在上 面,复发酵结果 写在下面				

注意:当检样的量与表中的量有增加或减少时,表内的数也应相应减少或增加。

5）案例

双料培养基的使用

在检测一些食品时,常常会碰到这样的问题:MPN法所选用的稀释度测得的结果依据该食品的卫生标准是无法下结论的。如 GB 17324—2003 中对瓶装饮用纯净水的卫生标准规定为小于等于 3 MPN/100 g(mL),而如果我们取 1、0.1、0.01 三个稀释度的样品进行测定,得到的结果最少为 30 MPN/100 g(mL)。此时,我们应该用双料培养基进行测定,所选稀释度为10、1、0.1,其中稀释度为 10 的样品加原液 10 mL 加入双料培养基(此时加双料培养基 10 mL)中,1、0.1 分别加入单料培养基中,这样测定结果按照 10、1、0.1 三个稀释度来进行查表,最小值可达到 3 MPN/100 g(mL),此时就可以下结论了。

2. 大肠菌群平板计数法

1）样品的稀释

大肠菌群在固体培养基中发酵乳糖产酸,在指示剂的作用下形成可计数的红色或紫色,带有或不带有沉淀环的菌落。具体检验程序见图6-4。

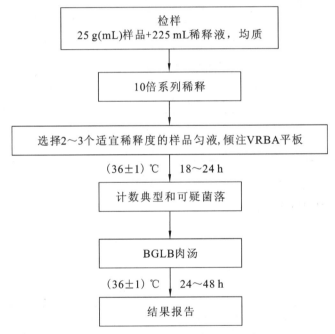

图 6-4 大肠菌群平板计数法检验程序

按大肠菌群 MPN 计数法中的稀释方法进行。

2）平板计数

(1) 选取 2～3 个适宜的连续稀释度,每个稀释度接种两个无菌平皿,每个平皿加入1 mL。同时分别取 1 mL 生理盐水加入两个无菌平皿作空白对照。

(2) 及时将 15～20 mL 冷至 46 ℃ 的结晶紫中性红胆盐琼脂(VRBA)倾注于每个平皿中。小心旋转平皿,将培养基与样液充分混匀,待琼脂凝固后,再加入 3～4 mL VRBA 覆盖平板表层。翻转平板,置于(36±1)℃环境下培养 18～24 h。

(3) 平板菌落数的选择。选取菌落数为 15～150 CFU 的平板,分别计数平板上出现的典型和可疑大肠菌群菌落。典型菌落为紫红色,菌落周围有红色的胆盐沉淀环,菌落直径为 0.5 mm 或更大,最低稀释度平板低于 15 CFU 的记录具体菌落数。

3）证实试验

从 VRBA 平板上挑取 10 个不同类型的典型和可疑菌落,分别移种于 BGLB 肉汤管内,在(36±1)℃环境下培养 24～48 h,观察产气情况。凡 BGLB 肉汤管产气,即可报告为大肠菌群阳性。

4）大肠菌群平板计数的报告

经最后证实为大肠菌群阳性的试管比例乘以(3)中计数的平板菌落数,再乘以稀释倍数,即为每克(或每毫升)样品中的大肠菌群数。例:10^{-4} 样品稀释液 1 mL,在 VRBA 平板上有 100 个典型和可疑菌落,挑取其中 10 个接种 BGLB 肉汤管,证实有 6 个阳性管,则该样品的大肠菌群数为:$(100×6÷10×10^4)$ CFU/g(mL)$=6.0×105$ CFU/g(mL)。若所有稀释度(包括液体样品原液)平板均无菌落生长,则以小于 1 乘以最低稀释倍数计算。

将试验数据填入表 6-4 中。

表 6-4　大肠菌群平板计数法数据记录表

数据及计算　　稀释度 样　　品	样品稀释液		稀释度的选择	计算公式及结果 (cfu/mL,g,cm²)

3. 大肠菌群的快速检测

大肠菌群快速检测流程图见图 6-5。

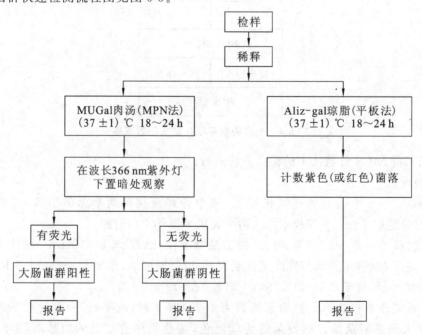

图 6-5　大肠菌群快速检测流程图

1) 样品的制备

取样及稀释过程参见大肠菌群 MPN 计数法。

根据食品卫生标准要求或对样品污染程度的估计,选择 3 个适宜的连续稀释度,每个稀释度接种 3 管培养基(MPN 法)或两个平皿(平板法),具体选择和操作分别参见大肠菌群 MPN 计数法和大肠菌群平板计数法。

2) 大肠菌群的 MPN 计数

将待检样品和样品稀释液接种 MUGal 肉汤管,每管 1.0 mL(接种量在 1.0 mL 以上者,接种双料 MUGal 肉汤管),每个样品接种三个连续稀释度,每个稀释度接种 3 管培养基。同时另取 2 支 MUGal 肉汤管(或双料 MUGal 肉汤管)加入与样品稀释液等量的上述无菌磷酸盐缓冲液(或生理盐水)作空白对照。

将接种后的培养管置于(37±1)℃ 培养箱培养 18～24 h。

将培养管置于暗处,用波长 366 nm 的紫外光灯照射,如果显蓝色荧光,则为大肠菌群阳性管;如果未显蓝色荧光,则为大肠菌群阴性管。

结果报告:根据大肠菌群阳性管数,查 MPN 表,报告每 100 mL(或 g)食品中大肠菌群的 MPN 值。

3) 大肠菌群的菌落计数

用灭菌吸管吸取待检样液 1.0 mL,加入无菌平皿内。每个样品接种 3 个连续稀释度,每个稀释度接种两个平皿。

于每个加样平皿内倾注 15 mL 45～50 ℃ 的 Aliz-gal 琼脂,迅速轻轻转动平皿,使其混合均匀。待琼脂凝固后,再倾注 3～5 mL Aliz-gal 琼脂覆盖表面。同时将 Aliz-gal 琼脂倾入加有 1 mL 上述无菌磷酸盐缓冲液(或生理盐水)的无菌平皿内作空白对照。

待琼脂凝固后,翻转平板,于(37±1)℃培养箱中培养 18～24 h。取出平板,计数紫色(或红色)菌落。

当平板上的紫色(或红色)菌落数不高于 150 个,并且其中至少有一个平板紫色(或红色)菌落不少于 15 个时,按下式计算大肠菌群数。

$$N = \frac{\sum C}{(n_1 + 0.1n_2)d} \tag{6-2}$$

式中:N—— 样品的大肠菌群数;

$\sum C$—— 所有计数平板上,紫色(或红色)菌落数之总和;

n_1—— 供计数的最低稀释倍数的平板数;

n_2—— 供计数的高一倍数的平板数;

d—— 供计数的样品最低稀释度(如 10^{-1}、10^{-2}、10^{-3} 等)。

如果接种所有(3 个)稀释样品的平板上紫色(或红色)菌落数均少于 15 个时,仍按式(6-2)计算,但应在所得结果旁加"＊"号,表示为估计值。

如果接种未稀释样品和所有稀释样品的平板上,紫色(或红色)菌落数均少于 15 个时,报告结果为:每毫升(每克)样品少于 15 个大肠菌群。

如果接种未稀释样品和所有稀释样品的平板上,均未发现紫色(或红色)菌落数时,报告结果为:每毫升(每克)样品少于 1 个大肠菌群。

如果平板上的紫色(或红色)菌落数高于 150 个时,按上式计算,在结果旁加"＊"号表示估计值或视情况重新选择较高的稀释倍数进行测定。

五、思考题

（1）大肠菌群的范围有哪些？

（2）简述食品中大肠菌群最近似数测定的卫生学意义。

（3）大肠菌群最近似数测定中应注意的问题有哪些？

（4）平板菌落计数测定大肠菌群时，平板菌落计数的选择和细菌菌落总数测定时的选择有什么区别？

项目三　霉菌和酵母菌计数

第一法　霉菌和酵母菌平板计数法

一、目的

（1）学习食品中酵母菌和霉菌的检验流程和基本原理。

（2）掌握食品中酵母菌和霉菌的检验方法。

二、原理

每一个霉菌的孢子或酵母菌在适宜的条件下，培养一定的时间，都可以长成一个肉眼可见的菌落，通过对形成的菌落的计数得出样品中霉菌和酵母菌的个数。

三、实训材料

设备：冰箱、恒温培养箱、显微镜、电子天平、锥形瓶、广口瓶、吸管（0.1 mL，1 mL，10 mL）、平皿、试管。

培养基：马铃薯-葡萄糖-琼脂培养基、孟加拉红培养基。（培养基参见附录 G：专用培养基）

四、检验程序和步骤

（1）样品的稀释。以无菌操作取检样 25 g（mL），放入装有 225 mL 灭菌生理盐水或磷酸盐缓冲液的灭菌玻璃瓶内（瓶内预置适量的玻璃珠）或灭菌乳钵内，经充分振荡或研磨制成 1:10 的均匀稀释液。

固体和半固体检样在加入稀释液后，充分振摇，或用拍击式均质器拍打 1～2 min，制成 1:10 的均匀稀释液。

（2）用 1 mL 灭菌吸管吸取 1:10 稀释液 1 mL，沿管壁徐徐注入含有 9 mL 灭菌生理盐水或磷酸盐缓冲液的试管内，振摇试管或反复吹打混合均匀，制成 1:100 的稀释液。

（3）另取 1 mL 灭菌吸管，按上项操作顺序，制成 10 倍递增稀释液，如此每递增稀释一次即换用 1 支 10 mL 吸管。

（4）根据标准要求或对污染情况的估计，选择 2～3 个适宜稀释度，分别在制作 10 倍递增稀释的同时，以吸取该稀释度的吸管移取 1 mL 稀释液于灭菌平皿中，每个稀释度做两个平皿。同时，分别取 1 mL 稀释液（不含样品）加入两个灭菌平皿内作空白对照。

酵母菌和霉菌计数检测流程图见图 6-6。

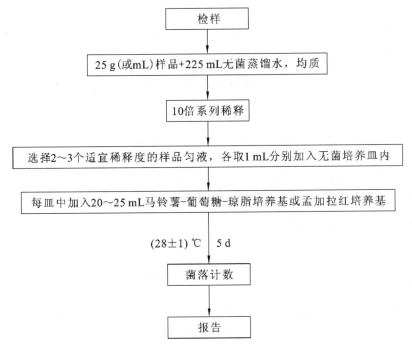

图 6-6　酵母菌和霉菌计数检测流程图

（5）稀释液移入平皿后，及时将凉至 46 ℃的马铃薯-葡萄糖-琼脂培养基或孟加拉红培养基 20～25 mL 注入平皿，并转动平皿使其混合均匀。

（6）待琼脂凝固后，翻转平板，置于（28±1）℃温箱内培养，从第三天开始观察到第五天。

（7）5 d 时，进行菌落计数，可用肉眼观察，必要时可用放大镜，记录各稀释度倍数和相应的霉菌和酵母菌落个数，以菌落形成单位 CFU 表示。选取菌落数为 10～150 CFU 的平板，根据菌落形态分别计算霉菌和酵母菌，霉菌蔓延生长覆盖整个平皿的可记为"多不可计"，菌落数应采用两个平板的平均值。

五、结果

（1）计算两个平板菌落数的平均值，再将平均值乘以相应稀释倍数计算。

（2）若所有平板上菌落数均大于 150 CFU，则对稀释度最高的平板进行计数，其他平板可记录为"多不可计"，结果按平均菌落数乘以最高稀释倍数计算。

（3）若所有平板上菌落数均小于 10 CFU，则应按稀释度最低的平均菌落数乘以稀释倍数计算。

（4）若所有稀释度平板均无菌落生长，则以小于 1 乘以最低稀释倍数计算；若为原液，则以小于 1 计数。

六、报告

（1）菌落数在 100 以内时，按四舍五入原则报告两位有效数字。

（2）菌落数大于或等于 100 时，第三位数字采用四舍五入计算后，取前两位数字，后面用 0

代替位数来表示结果;也可用 10 的指数形式来表示,此时也按四舍五入计算,采用两位有效数字。

(3)称重取样以 CFU/g 为单位报告,体积取样以 CFU/mL 为单位报告,将霉菌数和酵母菌数一起报告或分别报告。

第二法　霉菌直接镜检计数法

霉菌直接镜检计数法操作步骤如下:

(1)检样的制备:取适量检样,加蒸馏水稀释至折光指数为 1.344 7~1.346 0(即浓度为 7.9%~8.8%),备用。

(2)显微镜标准视野的校正:将显微镜按放大率 90~125 倍调节标准视野,使其直径为 1.382 mm。

(3)涂片:洗净郝氏计测玻片,将制备好的标准液,用玻璃棒均匀地摊布于计测室,加盖玻片,以备观察。

(4)观测:将制好的载玻片置于显微镜标准视野下进行观测。一般每一检样每人观察 50 个视野。同一检样应由两人进行观察。

(5)结果与计算:在标准视野下,发现有霉菌菌丝其长度超过标准视野(1.382 mm)的 1/6 或三根菌丝总长度超过标准视野的 1/6(即测微器的一格)时,即记录为阳性(+),否则记录为阴性(—)。

(6)报告:报告每 100 个视野中全部阳性视野数为霉菌的视野百分数(视野%)。

七、思考题

(1)酵母菌和霉菌的平板菌落计数法与细菌平板菌落计数法有什么区别?
(2)第一法试验中,为什么在培养基中加入孟加拉红和氯霉素?

项目四　乳酸菌的检验

一、目的

(1)学习乳酸菌饮料中乳酸菌的检验方法和基本原理。
(2)掌握乳酸菌饮料中乳酸菌的计数方法。

二、原理

乳酸菌是一类可发酵糖且主要产生大量乳酸的细菌的通称。本试验中乳酸菌主要为乳杆菌属、双歧杆菌属和嗜热链球菌属。

三、材料

(1)菌种:保加利亚乳杆菌(对照菌)。
(2)检样:乳酸菌饮料。

（3）培养基和试剂。MRS 培养基及莫匹罗星锂盐和半胱氨酸盐酸盐改良 MRS,MC 培养基,0.5％蔗糖发酵管,0.5％纤维二糖发酵管,0.5％麦芽糖发酵管,0.5％甘露醇发酵管,0.5％水杨苷发酵管,0.5％山梨醇发酵管,0.5％乳糖发酵管,七叶苷发酵管,革兰氏染色液,莫匹罗星锂盐(化学纯)。培养基参见附录 G:专用培养基。

（4）器具。天平(称取检样用)、均质器或乳钵、显微镜、广口瓶、三角烧瓶、吸管、试管、平皿、金属匙或玻璃棒、接种棒、试管架。

四、检验方法

（一）检验程序

乳酸菌检验流程图见图 6-7。

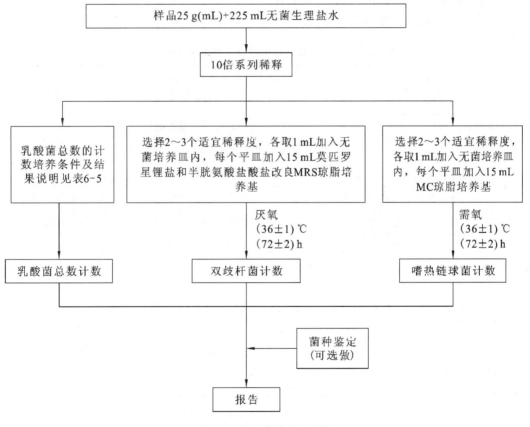

图 6-7　乳酸菌检验流程图

（二）操作步骤

1. 样品制备

样品的全部制备过程均应遵循无菌操作程序。

冷冻样品可先使其在 2～5 ℃条件下解冻,时间不超过 18 h,也可在温度不超过 45 ℃的条件下解冻,时间不超过 15 min。

固体和半固体食品 以无菌操作称取 25 g 样品,置于装有 225 mL 生理盐水的无菌均质杯内,于 8 000～10 000 r/min 均质 1～2 min,制成 1∶10 的样品匀液;或者置于 225 mL 生理盐水的无菌均质袋中,用拍击式均质器拍打 1～2 min 制成 1∶10 的样品匀液。

液体样品 液体样品应先将其充分摇匀后以无菌吸管吸取样品 25 mL 放入装有 225 mL 生理盐水的无菌锥形瓶(瓶内预置适当数量的无菌玻璃珠)中,充分振摇,制成 1∶10 的样品匀液。

2. 步骤

用 1 mL 无菌吸管或微量移液器吸取 1∶10 样品匀液 1 mL,沿管壁缓慢注于装有 9 mL 生理盐水的无菌试管中(注意吸管尖端不要触及稀释液),振摇试管或换用 1 支无菌吸管反复吹打使其混合均匀,制成 1∶100 的样品匀液。

另取 1 mL 无菌吸管或微量移液器吸头,按上述操作顺序,制得 10 倍递增样品匀液,每递增稀释一次,即换用 1 次 1 mL 灭菌吸管或吸头。

(1) 乳酸菌总数。乳酸菌总数计数培养条件的选择及结果说明见表 6-5。

表 6-5 乳酸菌总数计数培养条件的选择及结果说明

样品中所包括乳酸菌菌属	培养条件的选择及结果说明
仅包括双歧杆菌属	按照(2)双歧杆菌计数部分操作
仅包括乳杆菌属	按照(4)乳杆菌计数部分操作
仅包括嗜热链球菌	按照(3)嗜热链球菌计数部分操作
同时包括双歧杆菌属和乳杆菌属	按照(2)双歧杆菌计数和(4)乳杆菌计数部分操作
同时包括双歧杆菌属和嗜热链球菌	按照(2)双歧杆菌计数和(3)嗜热链球菌计数部分操作
同时包括乳杆菌属和嗜热链球菌	按照(3)嗜热链球菌和(4)乳杆菌计数部分操作
同时包括双歧杆菌属、乳杆菌属和嗜热链球菌	按照(2)双歧杆菌计数、(3)嗜热链球菌计数和(4)乳杆菌计数部分操作

(2) 双歧杆菌计数。根据对待检样品双歧杆菌含量的估计,选择 2～3 个连续的适宜稀释度,每个稀释度吸取 1 mL 样品匀液于灭菌平皿内,每个稀释度做 2 个平皿。稀释液移入平皿后,将冷却至 48 ℃的莫匹罗星锂盐和半胱氨酸盐酸盐改良的 MRS 培养基倾注入平皿约 15 mL,转动平皿使混合均匀。在(36±1)℃的环境下厌氧培养(72±2)h,培养后计数平板上的所有菌落数。从样品稀释到平板倾注要求在 15 min 内完成。

(3) 嗜热链球菌计数。根据待检样品嗜热链球菌活菌数的估计,选择 2～3 个连续的适宜稀释度,每个稀释度吸取 1 mL 样品匀液于灭菌平皿内,每个稀释度做 2 个平皿。稀释液移入平皿后,将冷却至 48 ℃的 MC 培养基倾注入平皿约 15 mL,转动平皿使混合均匀。在(36±1)℃环境下需氧培养(72±2)h,培养后计数。嗜热链球菌在 MC 琼脂平板上的菌落特征为:菌落中等偏小,边缘整齐光滑的红色菌落,直径(2±1)mm,菌落背面为粉红色。从样品稀释到平板倾注要求在 15 min 内完成。

(4) 乳杆菌计数。根据待检样品活菌总数的估计,选择 2～3 个连续的适宜稀释度,每个稀释度吸取 1 mL 样品匀液于灭菌平皿内,每个稀释度做 2 个平皿。稀释液移入平皿后,将冷却至 48 ℃的 MRS 琼脂培养基倾注入平皿约 15 mL,转动平皿使混合均匀。在(36±1)℃环境下厌氧培养(72±2)h。从样品稀释到平板倾注要求在 15 min 内完成。

(三)菌落计数、结果表述和报告

参见"项目一 食品中菌落总数的测定"中的"四、流程"中的"(二)菌落计数方法、(三)菌落总数的计算和(四)菌落计数报告方法"。

五、菌落的特征

乳酸菌在改良 TJA 和改良 MC 培养基上菌落生产形态特征见表 6-6。

表 6-6　乳酸菌在改良 TJA 和改良 MC 培养基上菌落生产形态特征

	改良 TJA	改良 MC
杆菌	平皿底为黄色,菌落中等大小,微白色,湿润,边缘不整齐,直径为(3±1)mm,如棉絮团状菌落	平皿底为粉红色,菌落较小,圆形,红色,边缘似星状,直径为(2±1)mm,可有淡淡的晕
球菌	平皿底为黄色,菌落光滑,湿润,微白色,边缘整齐	平皿底为粉红色,菌落较小,圆形,红色,边缘整齐,可有淡淡的晕

注:干酪乳杆菌在改良 TJA 培养基上为圆形光滑,边缘整齐,侧面呈菱形。

六、乳酸菌的鉴定

对上述分离到的乳酸菌进行菌种鉴定时,需要进行以下试验。

菌种制备:挑取 3 个或 3 个以上单个菌落,将嗜热链球菌接种于 MC 琼脂平板,而乳杆菌属接种于 MRS 琼脂平板,置于(36±1)℃环境下厌氧培养 48 h。

涂片镜检:乳杆菌属菌体形态多样,呈长杆状、弯曲杆状或短杆状。无芽孢,革兰氏染色阳性。嗜热链球菌菌体呈球形或球杆状,直径为 0.5～2.0 μm,成对或成链排列,无芽孢,革兰氏染色阳性。

常见乳杆菌属内种的碳水化合物反应,见表 6-7。

产乳酸的链球菌的鉴别试验,见表 6-8。

嗜热链球菌的主要生化反应,见表 6-9。

表 6-7　常见乳杆菌属内种的碳水化合物反应

菌种	七叶苷	纤维二糖	麦芽糖	甘露醇	水杨苷	山梨酸	蔗糖	棉籽糖
干酪乳杆菌干酪亚种	+	+	+	+	+	+	+	-
德氏乳杆菌保加利亚种	-	-	-	-	-	-	-	-
嗜酸乳杆菌	+	+	+	-	+	-	+	d
罗伊氏乳杆	ND	-	+	-	-	-	+	+
鼠李糖乳杆菌	+	+	+	+	+	+	+	-
植物乳杆菌	+	+	+	+	+	+	+	+

注:"+"表示 90%以上菌株阳性;"-"表示 90%以上菌株阴性;"d"表示 11%～89%菌株阳性;"ND"表示未测定。

表 6-8 产乳酸的链球菌的鉴别试验表

菌种	生长试验						加热 60 ℃ 30 min	水解淀粉	水解精氨酸
	10 ℃	45 ℃	0.1% 美兰牛乳	6.5% 氯化钠	40% 胆汁	pH 值 9.6			
嗜热链球菌	−	+	−	−	−	−	+	+	−
乳链球菌	+	−	+	−	+	−	d	−	+
乳脂链球菌	+	d	−	−	+	−	d	−	−

注:"d"表示 11%~89%菌株阳性。

表 6-9 嗜热链球菌的主要生化反应

菌种	菊糖	乳糖	甘露醇	水杨苷	山梨醇	马尿酸	七叶苷
嗜热链球菌	−	+	−	−	−	−	−

注:"+"表示 90%以上菌株阳性;"−"表示 90%以上菌株阴性。

项目五　金黄色葡萄球菌的检验

一、金黄色葡萄球菌的相关知识

葡萄球菌广泛存在于自然界中,在土壤、空气、水、物品及人和动物的皮肤上,与外界相通的腔道中都有存在。大多数是非致病菌,少数有致病性,能引起人和动物各种化脓性疾病和葡萄球菌病。食品受到葡萄球菌的污染,在适宜条件下,能产生肠毒素,引起食物中毒。

(一)金黄色葡萄球菌的生物学特性

1. 形态及染色

典型的金黄色葡萄球菌为球形,直径在 0.8 μm 左右,在显微镜下排列成葡萄串状。金黄色葡萄球菌无芽孢、鞭毛,大多数无荚膜,革兰氏染色阳性。其衰老、死亡或被白细胞吞噬后,以及耐药的某些菌株可被染成革兰氏阴性。

2. 培养特性

金黄色葡萄球菌营养要求不高,在普通培养基上生长良好,需氧或兼性厌氧,最适生长温度为 37 ℃,最适生长 pH 值为 7.4。有高度的耐盐性,可在 10%~15% NaCl 肉汤中生长。

在血琼脂平板上形成的菌落较大,大多数致病菌株菌落周围形成明显的全透明溶血环(β 溶血),也有不发生溶血者。凡溶血性菌株大多具有致病性。

在 Baird-Parker 平板上生长时,因可以将亚碲酸钾还原成碲酸钾,而使菌落呈灰黑色;因可以产生脂酶使菌落周围有一个混浊带,而在其外层因产生蛋白水解酶有一透明带。

3. 生化特性

分解葡萄糖、麦芽糖、乳糖、蔗糖,产酸不产气。致病菌株能液化明胶,在厌氧条件下分解甘露醇,产酸。不产生靛基质,甲基红反应阳性,二乙酰反应弱阳性。许多菌株可分解精氨酸,水解尿素,还原硝酸盐,液化明胶。

4. 分类与分型

根据生化反应和产生色素的不同,可分为金黄色葡萄球菌、表皮葡萄球菌和腐生葡萄球菌三种。其中金黄色葡萄球菌多为致病菌,表皮葡萄球菌偶尔致病,腐生葡萄球菌一般不致病。

5. 抗原结构

葡萄球菌抗原构造复杂,已发现的在 30 种以上,仅了解少数几种的化学组成及生物学活性。

(二)流行病学

金黄色葡萄球菌肠毒素是一个世界性的卫生问题,在美国由金黄色葡萄球菌肠毒素引起的食物中毒占整个细菌性食物中毒的 33%,加拿大占 45%,我国每年发生的此类中毒事件也非常多。

金黄色葡萄球菌的流行病学一般有如下特点:季节分布,多见于春夏季;中毒食品种类多,如奶、肉、蛋、鱼及其制品,此外,剩饭、油煎蛋、糯米糕及凉粉等引起的中毒事件也有报道,上呼吸道感染患者鼻腔带菌率 83%,所以人畜化脓性感染部位常成为污染源。

金黄色葡萄球菌常通过以下途径污染食品:食品加工人员、炊事员或销售人员带菌,造成食品污染;食品在加工前本身带菌,或者在加工过程中受到了污染,产生了肠毒素,引起食物中毒;熟食制品包装不严,运输过程受到污染;奶牛患化脓性乳腺炎或禽畜局部化脓时,对肉体其他部位的污染。

肠毒素形成条件:存放温度在 37 ℃以下,温度越高,产毒时间越短;存放地点的通风不良且氧分压低易形成肠毒素;含蛋白质丰富,水分多,同时含一定量淀粉的食物,肠毒素易生成。

(三)致病性

金黄色葡萄球菌是人类化脓感染中最常见的病原菌,可引起局部化脓感染,也可引起肺炎、伪膜性肠炎、心包炎等,甚至败血症、脓毒症等全身感染。

金黄色葡萄球菌的致病力强弱主要取决于其产生的毒素和侵袭性酶。

1. 溶血毒素

外毒素,分 α、β、γ、δ 四种,能损伤血小板,破坏溶酶体,引起肌体局部缺血和坏死。

2. 杀白细胞素

杀白细胞素可破坏人的白细胞和巨噬细胞。

3. 血浆凝固酶

血浆凝固酶能使含有枸橼酸钠或肝素抗凝剂的兔血或人血发生凝固。大多致病性葡萄球菌能产生此酶,该酶也是鉴别葡萄球菌有无致病性的重要指标。当金黄色葡萄球菌侵入人体时,该酶使血液或血浆中的纤维蛋白沉积于菌体表面或凝固,阻碍吞噬细胞的吞噬作用。

4. 脱氧核糖核酸酶

金黄色葡萄球菌产生的脱氧核糖核酸酶能耐受高温,可用来作为依据鉴定金黄色葡萄球菌。

5. 肠毒素

金黄色葡萄球菌能产生数种引起急性胃肠炎的蛋白质性肠毒素,目前已知的有 A、B、C、D、E、F 六种血清型。肠毒素耐热,可耐受在 100 ℃环境下煮沸 30 min 而不被完全破坏。它引起的食物中毒症状是呕吐和腹泻。此外,金黄色葡萄球菌还产生溶表皮素、明胶酶、蛋白酶、脂肪酶、肽酶等。

(四) 金黄色葡萄球菌的控制

1. 防止金黄色葡萄球菌污染食品

防止带菌人群对各种食物的污染:定期对生产加工人员进行健康检查,患局部化脓性感染(如疖疮、手指化脓等)、上呼吸道感染(如鼻窦炎、化脓性肺炎、口腔疾病等)的人员要暂时停止其工作或调换岗位。

防止金黄色葡萄球菌对奶及其制品的污染:如牛奶厂要定期检查奶牛的乳房,不能挤用患化脓性乳腺炎的牛奶;奶挤出后,要迅速冷至−10 ℃以下,以防毒素生成、细菌繁殖。奶制品要以消毒牛奶为原料,注意低温保存。

对肉制品加工厂患局部化脓感染的禽、畜尸体应除去病变部位,经高温或其他适当方式处理后进行加工生产。

2. 防止金黄色葡萄球菌肠毒素的生成

应在低温和通风良好的条件下储藏食物,以防肠毒素形成;在气温高的春夏季,食物置于冷藏或通风阴凉的地方也不应超过6 h,并且食用前要彻底加热。

二、金黄色葡萄球菌的检验

(一) 目的

了解金黄色葡萄球菌的生物学特性及临床症状。

了解食品中金黄色葡萄球菌群在食品卫生检验中的意义。

学习并掌握金黄色葡萄球菌群的检验方法。

(二) 基本原理

在肉汤中培养时,金黄色葡萄球菌菌体可生成血浆凝固酶并释放于培养基中,此酶类似凝血酶原物质,并不直接作用到血浆纤维蛋白原上,而是被血浆中的致活剂激活后,变成耐热的凝血酶样物质,此物质可使血浆中的液态纤维蛋白原变成纤维蛋白,使血浆因成凝固状态。

金黄色葡萄球菌可产生多种毒素和酶。在血平板上生成金黄色色素使菌落呈现金黄色;由于产生溶血素使菌落周围形成大而透明的溶血圈,金黄色葡萄球菌能产生凝固酶,使血浆凝固,多数致病菌株能产生溶血毒素,使血琼脂平板菌落周围出现溶血环,在试管中出现溶血反应。这些是鉴定致病性金黄色葡萄球菌的重要指标。在 B-P 平板上生长时,因其将亚碲酸钾还原成碲酸钾而使菌落呈灰黑色;该菌产生脂酶使菌落周围有一混浊带,而在其外层由于产生蛋白水解酶而有一透明带。

三、材料

食品检样,阳性对照样品,7.5%氯化钠肉汤,血琼脂平板,Baird-Parder 琼脂平板,BHI 肉汤,营养琼脂小斜面,磷酸盐缓冲液,无菌生理盐水,兔血浆,革兰氏染色液(培养基参见附录G;专用培养基)。

四、方法

(一)方法一,金黄色葡萄球菌定性检验

1. 检验程序

金黄色葡萄球菌检验程序图见图 6-8。

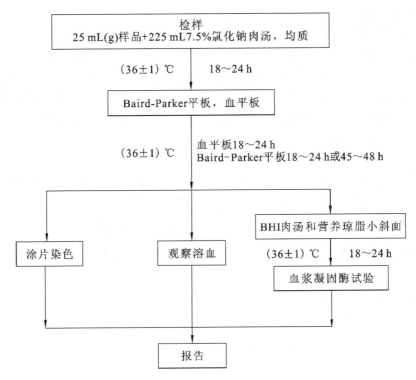

图 6-8　金黄色葡萄球菌检验程序图

1) 样品处理

称取 25 g 样品至盛有 225 mL 7.5%氯化钠肉汤的无菌均质杯内,8 000～10 000 r/min 均质 1～2 min,或者放入盛有 225 mL 7.5%氯化钠肉汤的无菌均质袋中,用拍击式均质器拍打 1～2 min。若样品为液态,吸取 25 mL 样品至盛有 225 mL 7.5%氯化钠肉汤的无菌锥形瓶(瓶内可预置适当数量的无菌玻璃珠)中,振荡混匀。

2) 增菌和分离培养

将上述样品匀液于(36±1)℃培养 18～24 h。金黄色葡萄球菌在 7.5%氯化钠肉汤中呈混浊生长。

将上述培养物,分别画线接种到 Baird-Parker 平板和血平板,血平板中在(36±1)℃环境下培养 18～24 h。Baird-Parker 平板中在(36±1)℃环境下培养 18～24 h 或 45～48 h。

金黄色葡萄球菌在 Baird-Parker 平板上(见彩图 3),菌落直径为 2～3 mm,颜色呈灰色到黑色,边缘为淡色,周围为一混浊带,在其外层有一透明圈。用接种针接触菌落有似奶油或树胶样的硬度,偶尔会遇到非脂肪溶解的类似菌落,但无混浊带及透明圈。长期保存的冷冻或干燥食品中所分离的菌落比典型菌落所产生的黑色较淡些,外观可能粗糙并干燥。在血平板上

(见彩图 4),形成的菌落较大,圆形,光滑凸起,湿润,金黄色(有时为白色),菌落周围可见完全透明的溶血圈。挑取上述菌落进行革兰氏染色镜检及血浆凝固酶试验。

3) 鉴定

(1) 染色镜检:金黄色葡萄球菌为革兰氏阳性球菌,排列呈葡萄球状,无芽孢,无荚膜,直径为 0.5~1 μm。

(2) 血浆凝固酶试验:挑取 Baird-Parker 平板或血平板上可疑菌落 1 个以上,分别接种到 5 mL BHI 和营养琼脂小斜面,在(36±1)℃环境下培养 18~24 h。

取新鲜配制兔血浆 0.5 mL,放入小试管中,再加入 BHI 培养物 0.2~0.3 mL,振荡摇匀,置于(36±1)℃温箱或水浴箱内,每 0.5 h 观察一次,观察 6 h,如呈现凝固(即将试管倾斜或倒置时,呈现凝块)或凝固体积大于原体积的一半,被判定为阳性结果。同时以血浆凝固酶试验阳性和阴性葡萄球菌菌株的肉汤培养物作对照。也可用商品化的试剂,按说明书操作,进行血浆凝固酶试验。结果如果可疑,挑取营养琼脂小斜面的菌落到 5 mL BHI 中,在(36±1)℃环境下培养 18~48 h,重复试验。

4) 结果与报告

(1) 结果判定:在血平板、Baird-Parker 平板的菌落特征、镜检结果符合金黄色葡萄球菌的特征,以及血浆酶试验阳性的,可判断为金黄色葡萄球菌阳性。

(2) 结果报告:在 25 g(或 mL)样品中检出或未检出金黄色葡萄球菌。

(二) 方法二,金黄色葡萄球菌 Baird-Parker 平板计数

1. 检验程序

金黄色葡萄球菌 Baird-Parker 平板法检验程序见图 6-9。

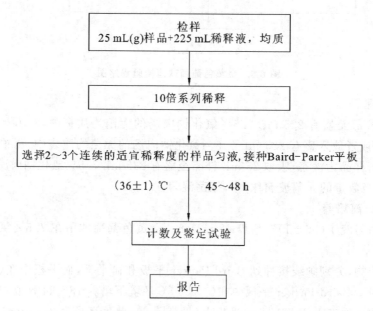

图 6-9 金黄色葡萄球菌 Baird-Parker 平板法检验程序

2. 操作步骤

1) 样品的稀释

(1) 固体和半固体样品:称取 25 g 样品置于盛有 225 mL 磷酸盐缓冲液或生理盐水的无

菌均质杯内,8 000～10 000 r/min 处理均质 1～2 min,或者置于盛有 225 mL 稀释液的无菌均质袋中,用拍击式均质器拍打 1～2 min,制成 1∶10 的样品匀液。

(2) 液体样品:以无菌吸管吸取 25 mL 样品置于盛有 225 mL 磷酸盐缓冲液或生理盐水的无菌锥形瓶(瓶内预置适当数量的无菌玻璃珠)中,充分混匀,制成 1∶10 的样品匀液。

(3) 用 1 mL 无菌吸管或微量移液器吸取 1∶10 样品匀液 1 mL,沿管壁缓慢注于盛有 9 mL 稀释液的无菌试管中(注意吸管或吸头尖端不要触及稀释液面),振摇试管或换用 1 支 1 mL 无菌吸管反复吹打使其混合均匀,制成 1∶100 的样品匀液。

(4) 按此操作程序,制备 10 倍系列稀释样品匀液。每递增稀释一次,换用 1 次 1 mL 无菌吸管或吸头。

2) 样品的接种

根据对样品污染状况的估计,选择 2～3 个适宜稀释度的样品匀液(液体样品可包括原液),在进行 10 倍递增稀释时,每个稀释度分别吸取 1 mL 样品匀液以 0.3 mL、0.3 mL、0.4 mL 的接种量分别加入三块 Baird-Parker 平板,然后用无菌"L"棒涂布整个平板,注意不要触及平板边缘。使用前,如果 Baird-Parker 平板表面有水珠,可放在 25～50 ℃的培养箱里干燥,直到平板表面的水珠消失。

3) 培养

在通常情况下,涂布后,将平板静置 10 min,如果样液不易吸收,可将平板放在培养箱中,在(36±1)℃环境下培养 1 h;等样品匀液吸收后翻转平皿,倒置于培养箱中,在(36±1)℃环境下培养 45～48 h。

4) 典型菌落计数和确认

(1) 金黄色葡萄球菌在 Baird-Parker 平板上,菌落直径为 2～3 mm,颜色呈灰色到黑色,边缘为淡色,周围为混浊带,在其外层有透明圈。用接种针接触菌落有似奶油或树胶样的硬度,偶尔会遇到非脂肪溶解的类似菌落,但无混浊带及透明圈。长期保存的冷冻或干燥食品中所分离的菌落比典型菌落所产生的黑色稍淡,外观可能粗糙且干燥。

(2) 选择有典型的金黄色葡萄球菌菌落的平板,并且选择同一稀释度 3 个平板所有菌落数合计在 20～200 CFU 之间的平板,计数典型菌落数。

① 只有一个稀释度平板的菌落数为 20～200 CFU 且有典型菌落,计数该稀释度平板上的典型菌落。

② 最低稀释度平板的菌落数小于 20 CFU 且有典型菌落,计数该稀释度平板上的典型菌落。

③ 某一稀释度平板的菌落数大于 200 CFU 且有典型菌落,但下一稀释度平板上没有典型菌落,应计数该稀释度平板上的典型菌落。

④ 某一稀释度平板的菌落数大于 200 CFU 且有典型菌落,并且下一稀释度平板上有典型菌落,但其平板上的菌落数不为 20～200 CFU,应计数该稀释度平板上的典型菌落,以上按下列公式(6-3)计算。

⑤ 2 个连续稀释度的平板菌落数均为 20～200 CFU,按下列公式(6-4)计算。

(3) 从典型菌落中至少选 5 个可疑菌落(小于 5 个全选)进行鉴定试验。分别做染色镜检,血浆凝固酶试验(见方法一);同时画线接种到血平板(36±1)℃环境下培养(18～24)h 后观察菌落形态,金黄色葡萄球菌菌落较大,圆形、光滑凸起、湿润、金黄色(有时为白色),菌落周围可见完全透明溶血圈。

3. 结果计算

$$T = AB/Cd \qquad (6\text{-}3)$$

式中:T——样品中金黄色葡萄球菌菌落数;

    A——某一稀释度典型菌落的总数;

    B——某一稀释度血浆凝固酶阳性的菌落数;

    C——某一稀释度用于血浆凝固酶试验的菌落数;

    d——稀释因子。

$$T = (A_1 B_1/C_1 + A_2 B_2/C_2)/1.1d \qquad (6\text{-}4)$$

式中:T——样品中金黄色葡萄球菌菌落数;

    A_1——第一稀释度(低稀释倍数)典型菌落的总数;

    A_2——第二稀释度(高稀释倍数)典型菌落的总数;

    B_1——第一稀释度(低稀释倍数)血浆凝固酶阳性的菌落数;

    B_2——第二稀释度(高稀释倍数)血浆凝固酶阳性的菌落数;

    C_1——第一稀释度(低稀释倍数)用于血浆凝固酶试验的菌落数;

    C_2——第二稀释度(高稀释倍数)用于血浆凝固酶试验的菌落数;

    1.1——计算系数;

    d——稀释因子(第一稀释度)。

4. 结果与报告

根据 Baird-Parker 平板上金黄色葡萄球菌的典型菌落数,按上述公式计算,报告每克(或毫升)样品中金黄色葡萄球菌数,以 CFU/g(或 mL)表示;如 T 值为 0,则以小于 1 乘以最低稀释倍数报告。

(三) 方法三 金黄色葡萄球菌 MPN 计数

1. 检验程序

金黄色葡萄球菌 MPN 计数检验程序见图 6-10。

2. 操作步骤

1) 样品的稀释(见方法二)

2) 接种和培养

(1) 根据对样品污染状况的估计,选择 3 个适宜稀释度的样品匀液(液体样品可包括原液),在进行 10 倍递增稀释的同时,每个稀释度分别接种 1 mL 样品匀液至 7.5% 的氯化钠肉汤管中(如接种量超过 1 mL,则用双料 7.5% 的氯化钠肉汤),每个稀释度接种 3 管,将上述接种物在(36±1)℃环境下培养 18~24 h。

(2) 用接种环从培养后的 7.5% 的氯化钠肉汤管中分别取培养物 1 环,移种于 Baird-Parker 平板在(36±1)℃环境下培养 24~48 h。

(3) 典型菌落确认,按照"方法二"中"2 操作步骤,4)典型菌落计数和确认方法"进行。

3) 结果与报告

根据证实为金黄色葡萄球菌阳性的试管管数,查 MPN 检索表(见表 6-10)报告每克(每毫升)样品中金黄色葡萄球菌的最可能数,以 MPN/g(mL)表示。

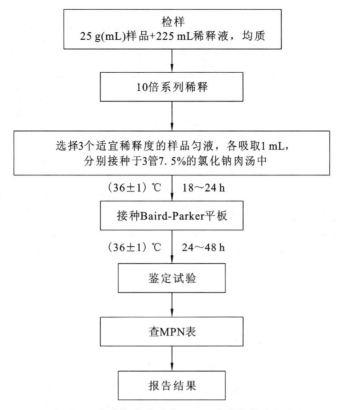

图 6-10　金黄色葡萄球菌 MPN 法计数检验程序

表 6-10　金黄色葡萄球菌最可能数（MPN）检索表

阳性管数			MPN	95％可信限		阳性管数			MPN	95％可信限	
0.10	0.01	0.001		上限	下限	0.10	0.01	0.001		上限	下限
0	0	0	<3.0	—	9.5	2	2	0	21	4.5	42
0	0	1	3.0	0.15	9.6	2	2	1	28	8.7	94
0	1	0	3.0	0.15	11	2	2	2	35	8.7	94
0	1	1	6.1	1.2	18	2	3	0	29	8.7	94
0	2	0	6.2	1.2	18	2	3	1	36	8.7	94
0	3	0	9.4	3.6	38	3	0	0	23	4.6	94
1	0	0	3.6	0.17	18	3	0	1	38	8.7	110
1	0	1	7.2	1.3	18	3	0	2	64	17	180
1	0	2	11	3.6	38	3	1	0	43	9	180
1	1	0	7.4	1.3	20	3	1	1	75	17	200
1	1	1	11	3.6	38	3	1	2	120	37	420
1	2	0	11	3.6	42	3	1	3	160	40	420
1	2	1	15	4.5	42	3	2	0	93	18	420
1	3	0	16	4.5	42	3	2	1	150	37	420

续表

阳性管数			MPN	95%可信限		阳性管数			MPN	95%可信限	
0.10	0.01	0.001		上限	下限	0.10	0.01	0.001		上限	下限
2	0	0	9.2	1.4	38	3	2	2	210	40	430
2	0	1	14	3.6	42	3	2	3	290	90	1 000
2	0	2	20	4.5	42	3	3	0	240	42	1 000
2	1	0	15	3.7	42	3	3	1	460	90	2 000
2	1	1	20	4.5	42	3	3	2	1 100	180	4 100
2	1	2	27	8.7	94	3	3	3	>1 100	420	—

注1：本表采用 3 个稀释度[0.1 g(mL)、0.01 g(mL)和 0.001 g(mL)]，每个稀释度接种 3 管。

注2：表内所列检样量如改用 1 g(mL)、0.1 g(mL)和 0.01 g(mL)时，表内数字应相应除以 10；如改用 0.01 g(mL)、0.01 g(mL)、0.001 g(mL)时，则表内数字应相应乘以 10，其余依此类推。

五、注意

（1）实验操作注意生物安全防护。

（2）做好环境消毒，实验材料的灭菌工作。

六、思考题

（1）金黄色葡萄球菌的形态染色特点是怎样的？

（2）金黄色葡萄球菌的培养特性是怎样的？

项目六 沙门氏菌检验

一、目的

（1）学习食品中沙门氏菌属的检验方法和基本原理。

（2）了解沙门氏菌属的生化反应及其原理。

二、原理

沙门氏菌属是一大群寄生于人类和动物肠道，其生化反应和抗原构造相似的革兰氏阴性杆菌。从血清学上来说，它是一群需氧、无芽孢的革兰氏阴性杆菌，周身鞭毛，能运动，不发酵侧金盏花醇、乳糖及蔗糖，不液化明胶，不产生靛基质，不分解尿素，能有规律地发酵葡萄糖并产酸、产气。

沙门氏菌属种类繁多，少数只对人致病，其他对动物致病，偶尔可传染给人。主要能引起人类伤寒、副伤寒，以及食物中毒或败血症。在世界各地的食物中毒中，沙门氏菌食物中毒常占首位或第二位。

食品中沙门氏菌的检验方法有以下五个基本步骤。

前增菌→选择性增菌→选择性平板分离→生化试验，鉴定到属→血清学分型鉴定目前,检验食品中的沙门氏菌是按统计学取样方案为基础的,25 g 食品为标准分析单位。

三、材料

菌种:沙门氏菌(对照菌)。

检样:冻肉、蛋品、乳品等。

培养基和试剂:培养基有缓冲蛋白胨水(BPW)、四硫酸钠煌绿(TTB)增菌液、亚硒酸盐胱氨酸(SC)增菌液、亚硫酸铋琼脂(BS)、HE 琼脂(或者木糖赖氨酸脱氧胆盐(XLD)琼脂)、三糖铁琼脂(TSI)、蛋白胨水、尿素培养基、赖氨酸脱羧酶试验培养基、丙二酸钠培养基、氰化钾(KCN)培养基、ONPG 培养基、缓冲葡萄糖蛋白胨水、沙门氏菌 A-F 多价诊断血清。生化鉴定试剂盒:吲哚试剂、V-P 试剂、甲基红试剂、氧化酶试剂、革兰氏染色液等。培养基参见附录 G:专用培养基。

器具:天平(称取检样用)、均质器或乳钵、显微镜、广口瓶、三角烧瓶、吸管、平皿、试管、金属匙或玻璃棒、接种棒、试管架。

四、检验方法

沙门氏菌检验程序见图 6-11。

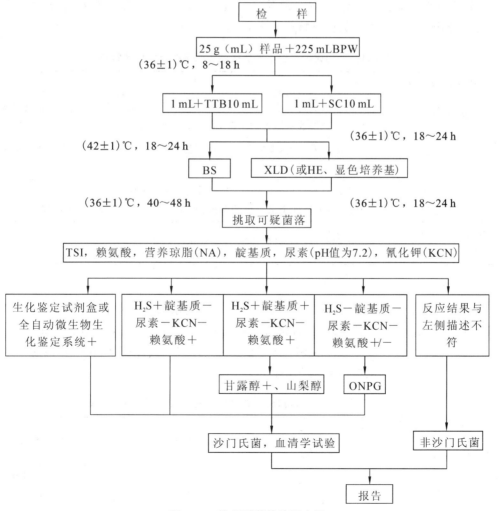

图 6-11　沙门氏菌检验程序图

五、操作步骤

1. 前增菌

称取 25 g(mL)样品放入盛有 225 mL BPW 的无菌均质杯中,以 8 000～10 000 r/min 均质 1～2 min,或者置于盛有 225 mL BPW 的无菌均质袋中,用拍击式均质器拍打 1～2 min。若样品为液态,则不需要均质,振荡混匀即可。如需测定 pH 值,用 1 mol/L 无菌 NaOH 或 HCl 调 pH 值至 6.8±0.2。无菌操作将样品转至 500 mL 锥形瓶中,如使用均质袋,可直接进行培养,在(36±1)℃环境下培养 8～18 h。

如为冷冻产品,应在 45 ℃以下放置不超过 15 min,或者在 2～5 ℃环境下不超过 18 h 解冻。

2. 增菌

轻轻摇动培养过的样品混合物,移取 1 mL,转种于 10 mL TTB 内,在(42±1)℃环境下培养 18～24 h。同时,另取 1 mL,转种于 10 mL SC 内,在(36±1)℃环境下培养 18～24 h。

3. 分离

分别用接种环取增菌液 1 环,画线接种于一个 BS 琼脂平板和一个 XLD 琼脂平板(或 HE 琼脂平板或沙门氏菌属显色培养基平板)。在(36±1)℃环境下分别培养 18～24 h(XLD 琼脂平板、HE 琼脂平板、沙门氏菌属显色培养基平板) 或 40～48 h (BS 琼脂平板),观察各个平板上生长的菌落,各个平板上的菌落特征见表 6-11。

表 6-11　沙门氏菌属在不同选择性琼脂平板上的菌落特征

选择性琼脂平板	沙门氏菌
BS 琼脂	菌落为黑色有金属光泽、棕褐色或灰色,菌落周围培养基可呈黑色或棕色;有些菌株形成灰绿色的菌落,周围培养基不变
HE 琼脂	蓝绿色或蓝色,多数菌落中心黑色或几乎全黑色;有些菌株为黄色,中心黑色或几乎全黑色
XLD 琼脂 (见彩图 5)	菌落呈粉红色,带或不带黑色中心,有些菌株可呈现出大的带光泽的黑色中心,或者呈现全部黑色的菌落;有些菌株为黄色菌落,带或不带黑色中心
沙门氏菌属显色培养基(见彩图 6)	按照显色培养基的说明进行判定

4. 生化试验

自选择性琼脂平板上分别挑取 2 个以上典型或可疑菌落,接种三糖铁琼脂,先在斜面画线,再于底层穿刺;接种针不要灭菌,直接接种赖氨酸脱羧酶试验培养基和营养琼脂平板,在(36±1)℃环境下培养 18～24 h,必要时可延长至 48 h。在三糖铁琼脂和赖氨酸脱羧酶试验培养基内,沙门氏菌属的反应结果见表 6-12。

表 6-12　沙门氏菌属在三糖铁琼脂和赖氨酸脱羧酶试验培养基内的反应结果

三糖铁琼脂				赖氨酸脱羧酶试验培养基	初步判断
斜面	底层	产气	硫化氢		
K	A	+(−)	+(−)	+	可疑沙门氏菌
K	A	+(−)	+(−)	−	可疑沙门氏菌

续表

三糖铁琼脂				赖氨酸脱羧酶试验培养基	初步判断
斜面	底层	产气	硫化氢		
A	A	+（-）	+（-）	+	可疑沙门氏菌
A	A	+/-	+/-	-	非沙门氏菌
K	K	+/-	+/-	+/-	非沙门氏菌

注："K"表示产碱；"A"表示产酸；"+"表示阳性；"-"表示阴性；"+（-）"表示多数阳性,少数阴性；"+/-"表示阳性或阴性。

　　如果为 K/K 模式,说明斜面、底层产碱,没有发酵葡萄糖,而沙门氏菌是可以发酵葡萄糖的,所以无论赖氨酸脱羧酶试验结果如何,均为非沙门氏菌。

　　沙门氏菌可发酵葡萄糖,不发酵乳糖和蔗糖,底层产酸,由于葡萄糖量少,发酵完后利用蛋白胨产碱,产量大于酸,中和后变为碱性,若沙门氏菌试验为 K/A 模式,则判定为可疑。

　　如果赖氨酸脱羧酶试验为阳性,而三糖铁为 A/A 模式,即利用了赖氨酸产碱,但量不够,在底层、斜面产酸量较大,说明利用了乳糖或蔗糖,部分沙门氏菌具有这样的性质,判定为可疑。

　　如果赖氨酸脱羧酶试验为阴性,而三糖铁为 A/A 模式,说明底层、斜面产酸,没有一种沙门氏菌属具有这样的性质,故判定为非沙门氏菌。

　　接种三糖铁琼脂和赖氨酸脱羧酶试验培养基的同时,可直接接种蛋白胨水（供做靛基质（吲哚）试验用）、尿素琼脂（pH 值为 7.2）、氰化钾培养基,也可在初步判断结果后从营养琼脂平板上挑取可疑菌落接种。在（36±1）℃环境下培养 18～24 h,必要时可延长至 48 h,按表 6-13 判定结果。将已挑菌落的平板储存于 2～5 ℃环境下,至少保留 24 h,以备必要时复查。

表 6-13　沙门氏菌属生化反应初步鉴别表

反应序号	硫化氢	靛基质	pH 值为 7.2 尿素	氰化钾	赖氨酸脱羧酶
A1	+	-	-	-	+
A2	+	+	-	-	+
A3	-	-	-	-	+/-

注："+"表示阳性；"-"表示阴性；"+/-"表示阳性或阴性。

　　反应序号 A1,典型反应判定为沙门氏菌。如尿素、氰化钾和赖氨酸脱羧酶 3 项中有一项异常,按照表 6-14 可判定为沙门氏菌。如有两项异常为非沙门氏菌。

表 6-14　沙门氏菌属生化反应初步鉴定表

pH 值为 7.2 尿素	氰化钾	赖氨酸脱羧酶	判定结果
-	-	-	甲型副伤寒沙门氏菌（要求血清学鉴定结果）
-	+	+	沙门氏菌Ⅳ或Ⅴ（要求符合本群生化特征）
+	-	+	沙门氏菌个别变体（要求血清学鉴定结果）

注："+"表示阳性；"-"表示阴性。

反应序号 A2:补做甘露醇和山梨醇试验,沙门氏菌靛基质阳性变体两项试验结果均为阳性,但需要结合血清学鉴定结果进行判定。

反应序号 A3:补做 ONPG。ONPG 阴性为沙门氏菌,同时赖氨酸脱羧酶阳性,甲型副伤寒沙门氏菌为赖氨酸脱羧酶阴性。

必要时按表 6-15 进行沙门氏菌生化群的鉴别。

表 6-15 沙门氏菌属各生化群的鉴别

项目	I	II	III	IV	V	VI
卫矛醇	+	+	−	−	+	−
山梨醇	+	+	+	+	+	−
水杨苷	−	−	−	+	−	−
ONPG	−	−	+	−	−	−
丙二酸盐	−	+	+	−	−	−
KCN	−	−	−	+	+	+

注:+表示阳性;−表示阴性。

如选择生化鉴定试剂盒或全自动微生物生化鉴定系统,可根据表 6-12 初步判断结果,从营养琼脂平板上挑取可疑菌落,用生理盐水制备成浊度适当的菌悬液,使用生化鉴定试剂盒或全自动微生物生化鉴定系统进行鉴定。

5. 血清学鉴定

1) 检查培养物有无自凝性

一般采用 1.2%～1.5%琼脂培养物作为玻片凝集试验用的抗原。首先排除自凝集反应,在洁净的玻片上滴加一滴生理盐水,将待试培养物混合于生理盐水滴内,使成为均一性的混浊悬液,将玻片轻轻摇动 30～60 s,在黑色背景下观察反应(必要时用放大镜观察),若出现可见的菌体凝集,即认为有自凝性,反之无自凝性。对无自凝的培养物参照下面方法进行血清学鉴定。

2) 多价菌体抗原(O)鉴定

在玻片上划出 2 个约 1 cm×2 cm 的区域,挑取 1 环待测菌,各放 1/2 环于玻片上的每一区域上部,在其中一个区域下部加 1 滴多价菌体(O)抗血清,在另一区域下部加入 1 滴生理盐水,作为对照。再用无菌的接种环或针分别将两个区域内的菌苔研成乳状液。将玻片倾斜摇动混合 1 min,并对着黑暗背景进行观察,任何程度的凝集现象皆为阳性反应。O 血清不凝集时,将菌株接种在琼脂量较高的(如 2%～3%)培养基上再检查;如果是由于 Vi 抗原的存在而阻止了 O 凝集反应时,可挑取菌苔于 1 mL 生理盐水中做成浓菌液,于酒精灯火焰上煮沸后再检查。

3) 多价鞭毛抗原(H)鉴定

操作同"多价菌体抗原(O)鉴定"。H 抗原发育不良时,将菌株接种在 0.55%～0.65%半固体琼脂平板的中央,待菌落蔓延生长时,在其边缘部分取菌检查;或将菌株通过接种装有 0.3%～0.4%半固体琼脂的小玻管 1～2 次,自远端取菌培养后再检查。

6. 血清学分型(选做项目)

1) O 抗原的鉴定

用 A～F 多价 O 血清做玻片凝集试验,同时用生理盐水做对照。在生理盐水中自凝者为粗糙型菌株,不能分型。

被 A~F 多价 O 血清凝集者,依次用 O4;O3、O10;O7;O8;O9;O2 和 O11 因子血清做凝集试验。根据试验结果,判定 O 群。被 O3、O10 血清凝集的菌株,再用 O10、O15、O34、O19 单因子血清做凝集试验,判定 E1、E4 各亚群,每一个 O 抗原成分的最后确定均应根据 O 单因子血清的检查结果,没有 O 单因子血清的要用两个 O 复合因子血清进行核对。

不被 A~F 多价 O 血清凝集者,先用 9 种多价 O 血清检查,如有其中一种血清凝集,则用这种血清所包括的 O 群血清逐一检查,以确定 O 群。每种多价 O 血清所包括的 O 因子如下:

O 多价 1:A,B,C,D,E,F 群(并包括 6,14 群)。

O 多价 2:13,16,17,18,21 群。

O 多价 3:28,30,35,38,39 群。

O 多价 4:40,41,42,43 群。

O 多价 5:44,45,47,48 群。

O 多价 6:50,51,52,53 群。

O 多价 7:55,56,57,58 群。

O 多价 8:59,60,61,62 群。

O 多价 9:63,65,66,67 群。

2)H 抗原的鉴定

属于 A~F 各 O 群的常见菌型,依次用表 6-16 所述 H 因子血清检查第 1 相和第 2 相的 H 抗原。

表 6-16　A~F 群常见菌型 H 抗原表

O 群	第 1 相	第 2 相
A	a	无
B	g,f,s	无
B	i,b,d	2
C1	k,v,r,c	5,z15
C2	b,d,r	2,5
D(不产气的)	d	无
D(产气的)	g,m,p,q	无
E1	h,v	6,w,x
E4	g,s,t	无
E4	i	

不常见的菌型,先用 8 种多价 H 血清检查,如有其中一种或两种血清凝集,则再用这一种或两种血清所包括的各种 H 因子血清逐一检查,以第 1 相和第 2 项的 H 抗原。8 种多价 H 血清所包括的 H 因子如下:

H 多价 1:a,b,c,d,i。

H 多价 2:eh,enx,enz15,fg,gms,gpu,gp,gq,mt,gz51。

H 多价 3:k,r,y,z,z10,lv,lw,lz13,lz28,lz40。

H 多价 4:1,2;1,5;1,6;1,7;z6。

H 多价 5:z4z23,z4z24,z4z32,z29,z35,z36,z38。

H 多价 6:z39,z41,z42,z44。

H 多价 7:z52,z53,z54,z55。

H 多价 8:z56,z57,z60,z61,z62。

每一个 H 抗原成分的最后确定均应根据 H 单因子血清的检查结果,没有 H 单因子血清的要用两个 H 复合因子血清进行核对。

检出第 1 相 H 抗原而未检出第 2 相 H 抗原的或检出第 2 相 H 抗原而未检出第 1 相 H 抗原的,可在琼脂斜面上移种 1~2 代后再检查。如仍只检出一个相的 H 抗原,要用位相变异的方法检查其另一个相。单相菌不必做位相变异检查。

位相变异试验方法:

简易平板法:将 0.35%~0.4%半固体琼脂平板烘干表面水分,挑取因子血清 1 环,滴在半固体平板表面,放置片刻,待血清吸收到琼脂内,在血清部位的中央点种待检菌株,培养后,在形成蔓延生长的菌苔边缘取菌检查。

小玻管法:将半固体管(每管约 1~2 mL)在酒精灯上溶化并冷至 50 ℃,取已知相的 H 因子血清 0.05~0.1 mL,加入于溶化的半固体内,混匀后,用毛细吸管吸取分装于供位相变异试验的小玻管内,待凝固后,用接种针挑取待检菌,接种于一端。将小玻管平放在平皿内,并在其旁放一团湿棉花,以防琼脂中水分蒸发而干缩,每天检查结果,待另一相细菌解离后,可以从另一端挑取细菌进行检查。培养基内血清的浓度应有适当的比例,过高时细菌不能生长,过低时同一相细菌的动力不能抑制。一般按原血清 1:200~1:800 的量加入。

小倒管法:将两端开口的小玻管(下端开口要留一个缺口,不要平齐)放在半固体管内,小玻管的上端应高出于培养基的表面,灭菌后备用。临用时在酒精灯上加热溶化,冷至 50 ℃,挑取因子血清 1 环,加入小套管中的半固体内,略加搅动,使其混匀,待凝固后,将待检菌株接种于小套管中的半固体表层内,每天检查结果,待另一相细菌解离后,可从套管外的半固体表面取菌检查,或转种 1%软琼脂斜面,于 36 ℃环境下培养后再做凝集试验。

3) Vi 抗原的鉴定

用 Vi 因子血清检查。已知具有 Vi 抗原的菌型有伤寒沙门氏菌、丙型副伤寒沙门氏菌、都柏林沙门氏菌。

4) 菌型的判定

根据血清学分型鉴定的结果,按照附录 B 或有关沙门氏菌属抗原表判定菌型。

7. 结果与报告

综合以上生化试验和血清学鉴定的结果,报告 25g(mL)样品中检出或未检出沙门氏菌。

项目七　食品中副溶血性弧菌的检验

一、目的

(1) 了解副溶血性弧菌的生长特性。

(2) 掌握副溶血性弧菌的检验步骤、方法。

(3) 了解副溶血性弧菌在食品卫生标准或产品标准中的限量。

二、原理

副溶血性弧菌广泛存在于海岸和海水中,海生动植物常会受到污染而带菌,海鱼、虾、蟹、蛤等海产品带菌率极高;被海水污染的食物、某些地区的淡水产品如鲫鱼、鲤鱼等,以及被污染的其他含盐量较高的食物(如咸菜、咸肉、咸蛋)亦可带菌,也可因受到污染而引起中毒。该菌尤以日本、东南亚、美国及我国台北地区多见,也是我国大陆沿海地区食物中毒中最常见的一种病原菌。带有少量该菌的食物,在适宜的温度下,经 3~4 h 细菌可急剧增加至中毒数量。

1. 培养特性

需氧或兼性厌氧,在 3%~7% NaCl 培养基中生长旺盛,在 0% 或 10% NaCl 培养基不能生长,最适温度为 (36 ± 1)℃,适宜 pH 值为 7.7。典型的副溶血性弧菌菌落在 TCBS 平板上呈圆形、半透明、表面光滑的绿色菌落,直径 2~3 mm(见彩图 7),在显色培养基上呈粉色或紫红色菌落(见彩图 8)。

2. 形态与染色

该菌为革兰氏阴性无芽孢多形态杆菌,呈棒状、弧状、卵圆状等多形态,单端鞭毛、两端浓染。

3. 生化特性

分解葡萄糖产酸不产气,分解甘露醇,不分解乳糖、蔗糖;氧化酶(＋)、H_2S(－)、V-P(－)、ONPG(－),无动力;精氨酸(－)、赖氨酸(＋)、鸟氨酸(＋)。

4. 鉴定要点

(1) 本菌在 TCBS 琼脂平板上呈绿色,在无盐及 10% 氯化钠培养基中不生长,在 7% 氯化钠培养基中生长旺盛,葡萄糖 O/F 发酵型,不发酵蔗糖,V-P 阴性,有动力,赖氨酸脱羧酶试验和氧化酶为阳性。

(2) 与溶藻弧菌、河流弧菌、霍乱弧菌的区别:在 TCBS 平板上均为黄色菌落,溶藻弧菌发酵蔗糖,V-P 阳性,河流弧菌赖氨酸脱羧酶试验阴性,霍乱弧菌发酵蔗糖,ONPG 阳性,在无盐培养基中能够生长。

5. 副溶血性弧菌检测标准

由于副溶血性弧菌分布极广,在各国海产品中检出率较高,除了海产品以外,畜禽肉、咸菜、咸蛋、淡水鱼等中都发现有副溶血性弧菌的存在,并且能引起人类疾病。因此,我国在 1984 年就建立了国家标准,在 1986 年建立了副溶血性弧菌的行业标准。目前,在用的一些标准有如下几种。

(1) GB/T 4789.7—2008 食品卫生微生物学检验 副溶血性弧菌检验。

(2) GB/T 26426—2010 饲料中副溶血性弧菌的检测。

(3) SN/T 0173—2010 进出口食品中副溶血性弧菌检验方法。

(4) SN/T 2754.5—2011 出口食品中致病菌环介导恒温扩增(LAMP)检测方法第 5 部分:副溶血性弧菌。

6. 相关产品或卫生限量标准

标　　准	限量
GB 10136—2005 腌制生食动物性水产品卫生标准	不得检出
DB11/519—2008 生食水产品卫生要求(北京市地方标准)	不得检出

三、试验设备及材料

试验设备:除微生物实验室常规设备外,其他设备还有冰箱(2~5 ℃)、恒温培养箱(36±1)℃、均质器(8 000~10 000 r/min)、乳钵或拍打式均质器、天平(感量0.1 g)、无菌手术剪、镊子。

试验材料:试管(15 mm×150 mm、18 mm×180 mm)、吸管(1 mL、10 mL)、培养皿(90 mm)、锥形瓶(500 mL、250 mL)。

四、培养基及试剂

3‰ NaCl 碱性蛋白胨水(APW)、硫代硫酸盐-柠檬酸盐-胆盐-蔗糖(TCBS)琼脂、3‰ NaCl 胰蛋白胨大豆(TSA)琼脂、3‰ NaCl 三糖铁(TSI)琼脂、嗜盐性试验培养基、革兰氏染色液、我妻氏血琼脂、生化试验用培养基(甘露醇、赖氨酸脱羧酶、MR-VP、氧化酶试剂、ONPG,均为含3‰NaCl 培养基)、弧菌显色培养基、生化鉴定试剂盒(API20E、VITEK NFC 生化鉴定卡)。培养基参见附录G:专用培养基。

五、试验方法及步骤

副溶血性弧菌检验程序图见图6-12。

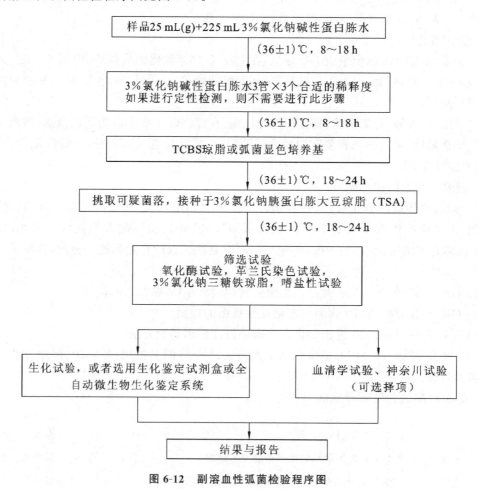

图6-12 副溶血性弧菌检验程序图

1. 样品前处理

非冷冻样品应置于 2～5 ℃冰箱里保存,尽可能及早检验;冷冻样品应放置在 −15 ℃左右冰箱里保存,检验时应在 45 ℃环境下不超过 15 min 解冻,或者在 2～5 ℃环境下不超过 18 h 解冻。

鱼类样品取表面组织、肠或鳃。

带壳贝类样品应先在自来水中洗刷外壳并甩干表面水分。然后采用无菌操作打开外壳,再取全部内容物,包括肉和体液。

甲壳类样品取包括鳃及肠的部分或整体。

采用无菌操作取检样 25 g 于 225 mL APW 中,用均质器在 8 000 r/min 下均质 1～2 min,或者用拍打式均质器拍击 2 min,又或者将样品放入无菌乳钵中磨碎,再取检样 25 g 于 225 mL APW 中,制备成 1∶10 均匀稀释液。

2. 增菌培养

1) 定性检测

取上述 1∶10 稀释液在(36±1)℃培养箱中培养 8～18 h。

2) 定量检测

(1) 用无菌吸管吸取 1∶10 样品匀液 1 mL,注入含有 9 mL 3% 氯化钠碱性蛋白胨水中。

(2) 另取 1 mL 无菌吸管,按上述操作程序,依次制备 10 倍系列稀释样,根据对检样污染情况的估计,选择三个连续的适宜稀释度,每个稀释度接种 3 支含有 9 mL 3% 氯化钠碱性蛋白胨水的试管,每管接种 1 mL。置于(36±1)℃恒温箱内,培养 8～18 h。

3. 分离培养

(1) 对所有显示生长的增菌液,用接种环在距离液面以下 1 cm 内蘸取 1 环增菌液,于 TCBS 平板或弧菌显色培养基平板上画线分离。一支试管画线一块平板。在(36±1)℃环境下培养 18～24 h。

(2) 典型的副溶血性弧菌在 TCBS 上呈圆形、半透明、表面光滑的绿色菌落,用接种环轻触,有类似口香糖的质感,直径 2～3 mm;在弧菌显色培养基上的特征按照产品说明进行判定,一般为粉色或紫红色菌落。

4. 鉴定

1) 选择可疑菌落纯化培养

从培养箱中取出 TCBS 平板或显色培养基平板后,应尽快(不超过 1 h)挑取至少 5 个可疑菌落于 TSA 平板上,在(36±1)℃环境下培养 18～24 h。

2) 初步鉴定

(1) 挑取纯培养物进行革兰氏染色镜检,观察形态。

(2) 挑选纯培养物进行氧化酶试验,副溶血性弧菌为氧化酶阳性。

(3) 挑取纯培养物转种 TSI 斜面并穿刺底层,在(36±1)℃环境下培养 24 h 观察结果。反应结果为:底层变黄不变黑,无气泡,斜面颜色不变或红色加深,有动力。

(4) 嗜盐性试验:挑取纯培养物分别接种 0%、3%、7%、10% 氯化钠胰蛋白胨水中,在(36±1)℃环境下培养 24 h,观察培养液浑浊情况。副溶血性弧菌在无氯化钠和 10% 氯化钠的胰蛋白胨水中不生长或微弱生长,在 7% 氯化钠的胰蛋白胨水中生长旺盛。

5. 生化确定鉴定

选取初步鉴定符合的菌株,分别接种含 3% 氯化钠的甘露醇、赖氨酸、V-P 半固体、乳糖、蔗糖、葡萄糖(带导管)、ONPG 培养基中,在(36±1)℃环境下培养 24～48 h 后观察结果。副溶血性弧菌的生化性状见表 6-17。

表 6-17　副溶血性弧菌的生化性状

试 验 项 目	结　　果
氧化酶	阳性
V-P	阴性
动力	阳性
蔗糖	阴性
乳糖	阴性
葡萄糖	分解葡萄糖阳性、分解葡萄糖产气阴性
甘露醇	阳性
赖氨酸脱羧酶	阳性
硫化氢	阴性
ONPG	阴性

6. 血清学分型(可选择项)

1) 制备

接种两管 3‰氯化钠胰蛋白胨大豆琼脂试管斜面,在(36±1)℃环境下培养 18～24 h。用含 3‰氯化钠的 5‰甘油溶液冲洗 3‰氯化钠胰蛋白胨大豆琼脂斜面培养物,获得浓厚的菌悬液。

2) K 抗原的鉴定

取一管上述制备好的菌悬液,首先用多价 K 抗血清进行检测,出现凝集反应时再用单个的抗血清进行检测。用蜡笔在一张玻片上划出适当数量的间隔和一个对照间隔。在每个间隔内各滴加一滴菌悬液,并对应加入一滴 K 抗血清,在对照间隔内加一滴 3‰氯化钠溶液。轻微倾斜玻片,使各成分相混合,再前后倾动玻片 1 min,阳性凝集反应可以立即观察到。

3) O 抗原的鉴定

将另外一管的菌悬液转移到离心管内,在 121 ℃环境下灭菌 1 h。灭菌后以 4 000 r/min离心 15 min,弃去上层液体,沉淀用生理盐水洗 3 次,每次以 4 000 r/min 离心 15 min,最后一次离心后留少许上层液体,混匀制成菌悬液。用蜡笔将玻片划分成相等的间隔。在每个间隔内加入一滴菌悬液,将 O 群血清分别加一滴到间隔内,最后一个间隔加一滴生理盐水作为自凝对照。轻微倾斜玻片,使各成分相混合,再前后倾动玻片 1 min,阳性凝集反应可以立即观察到。如果未见到与 O 群诊断血清的凝集反应,将菌悬液在 121 ℃环境下再次高压 1 h 后,重新检测。如果仍旧为阴性,则培养物的 O 抗原属于未知。根据表 6-18(副溶血性弧菌的抗原)报告血清学分型结果。

表 6-18 副溶血性弧菌的抗原

O 群	K 型
1	1,5,20,25,26,32,38,41,56,58,60,64,69
2	3,28
3	4,5,6,7,25,29,30,31,33,37,43,45,48,54,56,57,58,59,72,75
4	4,8,9,10,11,12,13,34,42,49,53,55,63,67,68,73
5	15,17,30,47,60,61,68
6	18,46
7	19
8	20,21,22,39,41,70,74
9	23,44
10	24,71
11	19,36,40,46,50,51,61
12	19,52,61,66
13	65

7. 神奈川试验（可选择项）

神奈川试验是在我妻氏血琼脂上测试是否存在特定溶血素。神奈川试验阳性结果与副溶血性弧菌分离株的致病性显著相关。

用接种环将测试菌株的 3％氯化钠胰蛋白胨大豆琼脂培养物点种表面干燥的我妻氏血琼脂平板，每个平板上可以环状点种几个菌。在（36±1）℃环境下培养不超过 24 h，并立即观察，阳性结果为菌落周围呈半透明环的 β 溶血。

六、报告

当检出的可疑菌落生化性状符合要求时，报告 25 g(mL)样品中检出副溶血性弧菌。当有其中一项或多项不符合时，报告 25 g(mL)样品中未检出副溶血性弧菌。如果进行定量检测，根据证实为副溶血性弧菌阳性的试管管数，查副溶血性弧菌最可能数（MPN）检索表（见表 6-19），报告每克（或每毫升）副溶血性弧菌的 MPN 值。

表 6-19 副溶血性弧菌最可能数（MPN）检索表

阳性管数			MPN	95％可信限		阳性管数			MPN	95％可信限	
0.10	0.01	0.001		下限	上限	0.10	0.01	0.001		下限	上限
0	0	0	<3.0	—	9.5	2	2	0	21	4.5	42
0	0	1	3.0	0.15	9.6	2	2	1	28	8.7	94
0	1	0	3.0	0.15	11	2	2	2	35	8.7	94
0	1	1	6.1	1.2	18	2	3	0	29	8.7	94
0	2	0	6.2	1.2	18	2	3	1	36	8.7	94

续表

阳性管数			MPN	95%可信限		阳性管数			MPN	95%可信限	
0.10	0.01	0.001		下限	上限	0.10	0.01	0.001		下限	上限
0	3	0	9.4	3.6	38	3	0	0	23	4.6	94
1	0	0	3.6	0.17	18	3	0	1	38	8.7	110
1	0	1	7.2	1.3	18	3	0	2	64	17	180
1	0	2	11	3.6	38	3	1	0	43	9	180
1	1	0	7.4	1.3	20	3	1	1	75	17	200
1	1	1	11	3.6	38	3	1	2	120	37	420
1	2	0	11	3.6	42	3	1	3	160	40	420
1	2	1	15	4.5	42	3	2	0	93	18	420
1	3	0	16	4.5	42	3	2	1	150	37	420
2	0	0	9.2	1.4	38	3	2	2	210	40	430
2	0	1	14	3.6	42	3	2	3	290	90	1 000
2	0	2	20	4.5	42	3	3	0	240	42	1 000
2	1	0	15	3.7	42	3	3	1	460	90	2 000
2	1	1	20	4.5	42	3	3	2	1 100	180	4 100
2	1	2	27	8.7	94	3	3	3	>1 100	420	—

注:①本表采用3个稀释度[0.1 g(mL)、0.01 g(mL)和0.001 g(mL)],每个稀释度接种3管。

②表内所列检样量如改用1 g(mL)、0.1 g(mL)和0.01 g(mL)时,表内数字应相应除以10;如果改用0.01 g(mL)、0.001 g(mL)、0.000 1 g(mL)时,则表内数字应相应乘以10,其余依此类推。

七、试验中的难点和注意事项

（1）不宜低温保存样品,在较短的时间内对其进行检测,因为副溶血性弧菌不适宜在低温下存活。

（2）针对不同的样品选择不同的前处理方法。

（3）弧菌属目前有36个种,许多种在 TCBS 平板上的菌落形态极其相似,很多生化反应也类似,在鉴定时应注意可疑菌落的选取及生化反应的操作和判定。

八、思考题

（1）副溶血性弧菌的形态与染色有何特点?

（2）副溶血性弧菌的生化特性中最有特点的是哪个项目? 如何利用这个项目,判断某细菌是否是副溶血性弧菌?

（3）副溶血性弧菌在 TCBS、TSI 的培养下的特征如何? 弧菌属中其他种在这两种培养基上的特性如何? 例如,霍乱弧菌、创伤弧菌、拟态弧菌等。

项目八　食品中溶血性链球菌的检验

一、试验目的

（1）了解食品中溶血性链球菌的生长特性。

（2）掌握乙型溶血性链球菌的检验步骤、方法。

（3）了解溶血性链球菌在食品卫生标准或产品标准中的限量。

二、基本原理

溶血性链球菌在自然界中分布较广，存在于水、空气、尘埃、粪便及健康人和动物的口腔、鼻腔、咽喉中，可通过直接接触、空气飞沫传播或通过皮肤、黏膜伤口感染，被污染的食品如奶、肉、蛋及其制品也会对人类进行感染。按其在血平板上的溶血情况可分为甲类溶血性链球菌、乙类溶血性链球菌、丙类溶血性链球菌，与人类疾病有关的大多属于乙类溶血性链球菌。

1. 培养特性

需氧或兼性厌氧菌，营养要求较高，普通培养基上生长不良，在加有血液、血清的培养基中生长较好。最适宜生长温度为 37 ℃，在 20～42 ℃环境下能生长，最适宜 pH 值为 7.4～7.6。血平板上菌落呈灰白色，半透明或不透明，表面光滑，有乳光，直径 0.5～0.75 mm，为圆形突起的细小菌落，乙型溶血性链球菌周围有 2～4 mm 的界限分明、无色透明的 β 溶血圈（见彩图 9）。

2. 形态与染色

本菌呈球形或卵圆形，直径为 0.5～1.0 μm，呈链状排列，长短不一，有的由 4～8 个菌细胞组成，有的由 20～30 个菌细胞组成，数量不等，链的长短与细菌的种类及生长环境有关。在液体培养基中易呈长链，在固体培养基中常呈短链。多数菌株在血清肉汤中培养 2～4 h 后易形成透明质酸的荚膜，继续培养后消失。该菌不形成芽孢，无鞭毛，易被普通的碱性染料着色，革兰氏阳性，老龄培养或被中性粒细胞吞噬后，转为革兰氏阴性（见彩图 10）。

3. 生化特性

1）链激酶试验

致病性溶血性链球菌能产生链激酶（即溶纤维蛋白酶），此酶能激活正常人体血液中的血浆蛋白酶原，使之形成血浆蛋白酶，而后溶解纤维蛋白。

2）杆菌肽敏感试验

乙型溶血性链球菌对杆菌肽非常敏感，在杆菌肽纸片周围能形成抑菌圈（见彩图 11），此试验用来鉴定是否为 A 群链球菌。

3）触酶试验

乙型溶血性链球菌不能产生过氧化氢酶，分解过氧化氢而产生气泡，触酶试验为阴性。

4）其他特性

分解葡萄糖，产酸不产气，对乳糖、甘露醇、水杨苷、山梨醇、棉籽糖、蕈糖、七叶苷的分解能力因菌株的不同而异。一般不分解菊糖，不被胆汁溶解，触酶阴性。

5）鉴定要点

（1）革兰氏阳性球菌，呈链状排列，血平板上有 β 型透明溶血环。

（2）链激酶试验阳性，杆菌肽敏感试验阳性，分解葡萄糖，产酸不产气，一般不分解菊糖，不被胆汁溶解，触酶阴性。

4. 溶血性链球菌检测标准

溶血性链球菌常可引起皮肤、皮下组织的化脓性炎症、呼吸道感染、流行性咽炎的爆发性流行，并可以新生儿败血症等疾病。1984 年我国就制定了国家标准，采用传统培养及链激酶试验和杆菌肽敏感试验来鉴定的方法。随着生物技术的发展，建立了溶血性链球菌的 LAMP 检测方法，并于 2011 年写入进出口行业标准。目前在使用的标准有以下两种。

（1）GB/T 4789.11—2014　食品安全国家标准　食品微生物学检验　β 型溶血性链球菌检验。

（2）SN/T 2754.9—2011　出口食品中致病菌环介导恒温扩增（LAMP）检测方法　第 9 部分：溶血性链球菌。

5. 相关产品或卫生限量标准

目前，我国有一部分食品卫生标准仍规定了溶血性链球菌限量为不得检出，包括食糖、调味品、熟肉制品、月饼等产品，而糕点、面包、饮料、乳制品、冷冻食品等产品没有规定溶血性链球菌为要监控的致病菌。

三、试验设备及材料

1. 试验设备

除微生物实验室常规设备外，其他设备有冰箱（2～5 ℃）、恒温培养箱（36±1）℃、均质器（8 000～10 000 r/min）、乳钵或拍打式均质器、天平（感量 0.1 g）、无菌棉签、镊子。

2. 试验材料

试管（15 mm×150 mm、18 mm×180 mm）、吸管（1 mL、10 mL）、培养皿（90 mm）、锥形瓶（100 mL）。

四、培养基及试剂

葡萄糖肉浸液肉汤、匹克肉汤、血琼脂平板、人血浆、0.25％氯化钙、0.85％灭菌生理盐水、杆菌肽敏感纸片（0.04 单位）。培养基参见附录 G：专用培养基。

五、试验方法及步骤

溶血性链球菌检验程序图见图 6-13。

1. 样品前处理

采用无菌操作取 25 g 固体检样加入 225 mL 灭菌生理盐水中，用均质杯或拍打式均质机制成混悬液。液体检样可直接吸取 25 mL 加入 225 mL 灭菌生理盐水中，振摇成液体检样。

2. 增菌培养

取上述混悬液或液体检样 5 mL 接种于 50 mL 葡萄糖肉浸液肉汤内，或者直接画线接种血平板，如检样污染较严重，可同时按上述量接种匹克氏肉汤，在（36±1）℃环境下培养 24 h。

3. 分离培养

在显示生长的增菌液中用接种环取 1 环画线接种于血平板，在（36±1）℃环境下培养 24 h。乙型溶血性链球菌在血平板上为灰白色圆形突起细小菌落，有 β 溶血环，挑取可疑菌落在血平板上分纯，观察在液体和固体中的培养特征、溶血情况。

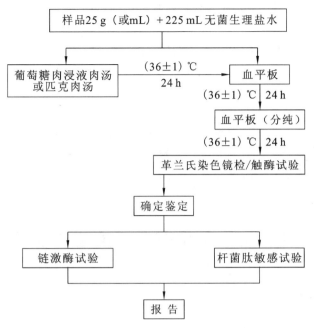

图 6-13 溶血性链球菌检验程序图

4. 鉴定

挑取可疑菌落进行革兰氏染色,观察其形态。乙型溶血性链球菌为革兰氏阳性球菌,呈链状排列,其链状长短与生长环境有关,无芽孢,无鞭毛。

触酶试验 挑取可疑菌落于洁净的载玻片上,滴加适量 3% 过氧化氢溶液,立即产生气泡者为阳性。乙型溶血性链球菌触酶试验为阴性。

链激酶试验 吸取草酸钾血浆 0.2 mL,加 0.8 mL 灭菌生理盐水,混匀,再加入链球菌在 36 ℃ 环境下 18～24 h 肉浸液肉汤培养物 0.5 mL 及 0.25% 氯化钙 0.25 mL,混匀,置于 36 ℃ 环境下水浴 10 min,血浆混合物自行凝固,观察凝块重新完全溶解的时间,完全溶解为阳性,如 24 h 后不溶解即为阴性。同时用肉浸液肉汤做阴性对照,用已知的链激酶阳性的菌株做阳性对照。乙型溶血性链球为阳性。

杆菌肽敏感试验 取典型菌落的菌液涂布于血平板上,用灭菌镊子夹取每片含有 0.04 单位的杆菌肽纸片置于上述平板上,在 36 ℃ 环境下培养 18～24 h,如有抑菌圈出现即为阳性。用已知的阳性菌株做对照。乙型溶血性链球为杆菌肽敏感菌。

六、报告

当检出可疑菌落为革兰氏阳性,呈球形或卵圆形,呈链状排列,血平板上生长为灰白色,半透明或不透明,表面光滑,圆形突起的细小菌落,并且有无色透明的溶血圈,经链激酶试验和杆菌肽敏感试验验证为阳性时,可报告检出溶血性链球菌,否则为未检出。

七、试验中难点和注意事项

(1) 注意观察血平板上溶血现象。注意辨别链球菌的溶血类型。

(2) 在链激酶试验和杆菌肽敏感试验时,应使用标准菌株做阳性对照,避免假阴性和假阳性的出现。

（3）有些菌株可能受生长环境的影响，其溶血状态不是很容易分辨，需要进一步复壮和分离提纯。

（4）链激酶试验时应使用的血浆为人血浆，用其他动物血浆会影响结果判断。

（5）当上述试验有可疑现象时，应重复试验或用生化鉴定试剂进行验证。

八、思考题

（1）如何根据溶血性链球菌在血平板上溶血现象进行分类？

（2）溶血性链球菌试验为什么采用链激酶试验和杆菌肽敏感试验？

（3）如何来控制食品中的溶血性链球菌的污染？

项目九　食品中志贺氏菌的检验

一、试验目的

（1）了解志贺氏菌的生长特性。

（2）掌握食品中志贺氏菌的检验步骤与方法。

（3）了解志贺氏菌在食品卫生标准或产品标准中的限量。

二、基本原理

志贺氏菌是人类重要的肠道致病菌之一，食物源性的痢疾爆发（即志贺氏菌食物中毒）的主要原因是食用了被污染了该菌的食品和水所致。志贺氏菌属的细菌通称为痢疾杆菌，一般指Ⅰ型痢疾志贺氏菌，志贺氏杆菌是日本志贺洁在 1898 年首次分离得到的，因此而得名。根据志贺氏菌抗原构造的不同，可将其分为以下 4 个群 48 个血清型（包括亚型）。

（1）A 群：又称痢疾志贺氏菌。

（2）B 群：又称福氏志贺氏菌。

（3）C 群：又称鲍氏志贺氏菌。

（4）D 群：又称宋内氏志贺氏菌。

根据流行病学调查，我国主要以福氏志贺氏菌为主。但近年来，志贺氏菌Ⅰ型的细菌性痢疾已发展为世界性流行的趋势，在我国至少有 10 个省、区发生了不同规模的疫情。

1. 培养特性

需氧或兼性厌氧，但厌氧时生长不是很旺盛；对营养要求不高，在普通琼脂培养基上易于生长；在 10～40 ℃环境下可生长，最适温度为 37 ℃左右；最适 pH 值为 7.2。在 MAC、XLD 固体培养基上，培养 20～24 h 后，形成无色至浅粉色或粉红色，圆形、半透明、光滑、湿润、边缘整齐或不齐的菌落；在显色培养基上，一般形成中间白色，边缘红色，周围培养基变成紫色的圆形光滑菌落，见彩图 12、彩图 13。

2. 形态与染色

革兰氏阴性，为两侧平行、末端钝圆的短杆菌，与其他肠道杆菌相似，无荚膜，无鞭毛，不形成芽孢。

3. 生化特性

氧化酶试验阴性,一般不发酵乳糖、蔗糖和棉籽糖,发酵葡萄糖产酸不产气,无动力。发酵甘露醇,TSI 反应为 K/A 型,甲基红和硝酸盐还原反应为阳性,V-P、柠檬酸盐、硫化氢、尿酶反应均为阴性。

4. 鉴定要点

(1) 在鉴定平板上为无色至粉色透明或半透明菌落,TSI 反应为 K/A 型,无动力,不产硫化氢,V-P、柠檬酸盐、硫化氢、尿酶反应均为阴性。

(2) 符合(1)中所述特征者,用 4 种多价血清进行鉴定,若血清凝集,则采用单价血清进行诊断。

(3) 注意 4 个群生化反应的区别。

志贺氏菌属 4 个群的生化特征见表 6-20。

表 6-20　志贺氏菌属 4 个群的生化特征

生化反应	A 群 痢疾志贺氏菌	B 群 福氏志贺氏菌	C 群 鲍氏志贺氏菌	D 群 宋内志贺氏菌
β-半乳糖苷酶	−②	−	−②	+
尿素	−	−	−	−
赖氨酸脱羧酶	−	−	−	−
鸟氨酸脱羧酶	−	−	−③	+
水杨苷	−	−	−	−
七叶苷	−	−	−	−
靛基质	−/+	(+)	−/+	−
甘露醇	−	+④	+	+
棉籽糖	−	+	−	+
甘油	(+)	−	(+)	d

注:①"+"表示阳性;"−"表示阴性;"−/+"表示多数阴性;"+/−"表示多数阳性;"(+)"表示迟缓阳性;"d"表示有不同生化型。

②痢疾志贺氏 1 型和鲍氏志贺氏 13 型为阳性。

③鲍氏志贺氏 13 型为鸟氨酸阳性。

④福氏志贺氏 4 型和 6 型常见甘露醇阴性变种。

5. 志贺氏菌检测标准

志贺氏菌引起的细菌性痢疾是最常见的肠道传染病,夏秋两季患者最多。传染源主要为病人和带菌者,常通过污染了痢疾杆菌的食物、饮水等经口感染。1984 年我国就制定了相应的国家标准,采用传统培养及生化反应和血清来鉴定的方法。随着生物技术的发展,建立了志贺氏菌的 MPCR-DHPLC 法及 LAMP 检测方法,并分别于 2005 年和 2011 年写入进出口标准。目前在用的标准有以下几个。

(1) GB 4789.5—2012　食品安全国家标准　食品微生物学检验　志贺氏菌检验。

(2) GB/T 8381.2—2005　饲料中志贺氏菌的检测方法。

（3）SN/T 2565—2010 食品中志贺氏菌分群检测 MPCR-DHPLC 法。

（4）SN/T 2754.3—2011 出口食品中致病菌环介导恒温扩增（LAMP）检测方法 第 3 部分：志贺氏菌。

6. 相关产品或卫生限量标准

目前，我国大部分食品卫生及产品标准中都规定了志贺氏菌限量为不得检出，包括食糖、调味品、馒头、糕点、饮料、湿米粉、熟肉制品、发酵酒类、水、水产品、干货蜜饯类、油炸小食品等产品。而乳制品食品安全国家标准、速冻面米制品食品安全国家标准中未对志贺氏菌进行限量。

三、试验设备及材料

1. 试验设备

除微生物实验室常规设备外，其他设备有冰箱（2～5 ℃）、恒温培养箱（36±1）℃、厌氧培养装置（41.5±1）℃、均质器（8 000～10 000 r/min）、乳钵或拍打式均质器、天平（感量 0.1 g）。

2. 试验材料

试管（15 mm×150 mm、18 mm×180 mm）、吸管（1 mL、10 mL）、培养皿（90 mm）、锥形瓶（500 mL、250 mL）。

四、培养基及试剂

志贺氏菌增菌肉汤-新生霉素、麦康凯（MAC）琼脂、木糖赖氨酸脱氧胆酸盐（XLD）琼脂、志贺氏菌显色培养基、三糖铁琼脂（TSI）、生化鉴定试剂、志贺氏菌诊断血清（见附录 E 和附录 G）。

五、试验方法及步骤

志贺氏菌的检验程序图见图 6-14。

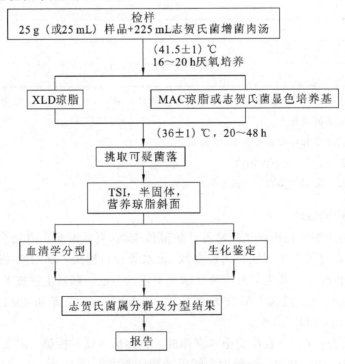

图 6-14 志贺氏菌检验程序图

1. 取样及增菌

采用无菌操作取 25 g 固体或半固体检样加入 225 mL 志贺氏菌增菌肉汤中,用均质杯或拍打式均质机制成 1:10 的样品匀液;可直接吸取 25 mL 液体检样加入 225 mL 志贺氏菌增菌肉汤中,振摇成 1:10 的样品匀液。在(41.5±1)℃温度下厌氧培养 16~20 h。

2. 分离

取增菌液 1 环,分别画线接种于 XLD 琼脂平板和 MAC 琼脂或志贺氏菌显色培养基平板上,于(36±1)℃温度下培养 20~24 h。观察各个平板上生长的菌落形态,若出现的菌落不典型或菌落较小不易观察的情况,则继续培养至 48 h 后继续观察。志贺氏菌在这些选择性培养基上呈现菌落特征见表 6-21。

表 6-21　志贺氏菌在不同选择性琼脂平板上的菌落特征

选择性培养基	志贺氏菌的菌落特征
XLD	粉红色至无色,半透明,光滑湿润,圆形边缘,整齐或不齐
MAC	粉红色至无色,半透明,光滑湿润,圆形边缘,整齐或不齐
志贺氏菌显色培养基	一般为白色/清晰菌落,周围培养基为紫红色(志贺氏菌在显色培养基平板上的特征,见彩图 14)

3. 初步生化试验

挑取选择性平板中 2 个以上的典型或可疑菌落,分别接种于三糖铁琼脂、半固体琼脂各一管,一般应多挑几个菌落以防遗漏,同时接种营养琼脂平板或斜面,在(36±1)℃温度下培养 20~24 h。志贺氏菌属在三糖铁琼脂内的反应结果为底层产酸、不产气(福氏志贺菌 6 型可微产气),斜面产碱,不产生硫化氢,无动力,在半固体管内沿穿刺线生长,无动力,能利用葡萄糖。具有以上特性的菌株,疑为志贺氏菌,应进行进一步的生化试验及血清学试验。

4. 生化试验及附加生化试验

1)生化试验

使用初步生化试验中的营养琼脂平板或斜面培养的菌株,进行生化试验,即 β-半乳糖苷酶、尿素、赖氨酸脱羧酶、鸟氨酸脱羧酶,以及水杨苷和七叶苷的分解试验。除宋内氏志贺氏菌和鲍氏志贺氏菌 13 型为鸟氨酸阳性、宋内氏菌和痢疾志贺氏菌 1 型、鲍氏志贺氏菌 13 型 β-半乳糖苷酶为阳性以外,其余的生化试验中志贺氏菌属的培养物均为阴性结果。另外,由于福氏志贺氏菌 6 型的生化特征和痢疾志贺氏菌或鲍氏志贺氏菌相似,故需要进一步做靛基质、甘露醇、棉籽糖、甘油试验。必要时还应做革兰氏染色检查和氧化酶试验,福氏志贺氏菌应为氧化酶阴性的革兰氏阴性杆菌。生化反应不符合的菌株,即使能与某种志贺氏菌分型血清发生凝集,仍不应判定为志贺氏菌属。

2)附加生化试验

由于某些不活泼的大肠埃希氏菌、A-D 菌的部分生化特征与志贺氏菌相似,并能与某种志贺氏菌分型血清发生凝集,因此前面生化实验符合志贺氏菌生化特性的培养物还需要另加葡萄糖胺、西蒙氏柠檬酸盐(在 36 ℃环境下培养 24~48 h)。志贺氏菌属和不活泼大肠埃希氏菌、A-D 菌的生化特性区别见表 6-22。

表 6-22　志贺氏菌属和不活泼大肠埃希氏菌、A-D 菌的生化特性区别

生化反应	A 群 痢疾志贺氏菌	B 群 福氏志贺氏菌	C 群 鲍氏志贺氏菌	D 群 宋内氏志贺氏菌	大肠埃 希氏菌	A-D 菌
葡萄糖胺	－	－	－	－	＋	＋
西蒙氏柠檬酸盐	－	－	－	－	d	d
黏液酸盐	－	－	－	d	＋	d

注：①"＋"表示阳性；"－"表示阴性；"d"表示有不同生化型。

②在葡萄糖胺、西蒙氏柠檬酸盐、黏液酸盐试验的三项反应中志贺氏菌一般为阴性，而不活泼大肠埃希氏菌、A-D 菌至少有一项反应为阳性。

5. 血清学鉴定

1）抗原的准备

志贺氏菌属主要有菌体(O)抗原，无鞭毛抗原。一般采用 1.2％～1.5％的琼脂培养物作为玻片凝集试验用的抗原。在试验时应注意以下情况。

(1) 一些志贺氏菌如果不出现凝集反应时，应考虑是否因为 K 抗原的存在，应挑取菌苔于 1mL 生理盐水中做成浓菌液，在 100 ℃温度下煮沸 15～60 min 去除 K 抗原后再检查。

(2) D 群志贺氏菌既可能是光滑型菌株又可能是粗糙型菌株，与其他志贺氏菌群抗原不存在交叉反应。与肠杆菌科不同，宋内氏志贺氏菌粗糙型菌株不一定会自凝。宋内氏志贺氏菌中无 K 抗原。

2）凝集反应

在玻片上划出 2 个约 1 cm×2 cm 的区域，挑取 1 环待测菌，各放 1/2 环于玻片上的每一区域的上部，在其中一个区域的下部加一滴抗血清，在另一区域的下部加入一滴生理盐水，作为对照。再用无菌的接种环或接种针分别将两个区域内的菌落研成乳状液，将玻片倾斜摇动混合 1 min，然后对着黑色背景进行观察。如果抗血清中出现凝结成块的颗粒，而且生理盐水中没有发生自凝现象，那么凝集反应为阳性；如果生理盐水中出现凝集，则视为自凝，应挑取同一培养基上的其他菌落继续进行试验。

如果待测菌的生化特征符合志贺氏菌的生化特征，而其血清学实验为阴性的话，则应考虑 K 抗原的存在，采用抗原的准备环节中情况(1)中的方法进行试验。

3）血清学分型

若试验目的只是检测到志贺氏菌属，不要求分型，则可不进行血清分型。

先用四种志贺氏菌多价血清检查，如果呈现凝集，则再用相应的各群多价血清分别进行试验。先用 B 群福氏志贺氏菌多价血清进行试验，如呈现凝集，再用其群和型因子血清分别检查。如果 B 群多价血清不凝集，则用 D 群宋内氏志贺氏菌血清进行实验，如呈现凝集，则用其 Ⅰ相和Ⅱ相血清检查，如果 B、D 群多价血清都不凝集，则用 A 群痢疾志贺氏菌多价血清及 1～12 中各型因子血清检查，如果上述三种多价血清都不凝集，可用 C 群鲍氏志贺氏菌多价检查，并进一步用 1～18 中各型因子血清检查。福氏志贺氏菌各型和亚型的型抗原和群抗原鉴别见表 6-23。

表 6-23　福氏志贺氏菌各型和亚型的型抗原和群抗原鉴别

型和亚型	型抗原	群抗原	在群因子血清中的凝集		
			3,4	6	7,8
1a	Ⅰ	4	+	—	—
1b	Ⅰ	(4),6	(+)	+	—
2a	Ⅱ	3,4	+	—	—
2b	Ⅱ	7,8	—	—	+
3a	Ⅲ	(3,4),6,7,8	(+)	+	+
3b	Ⅲ	(3,4),6	(+)	+	—
4a	Ⅳ	(3,4)	(+)	—	—
4b	Ⅳ	6	—	+	—
4c	Ⅳ	7,8	—	—	+
5a	Ⅴ	(3,4)	(+)	—	—
5b	Ⅴ	7,8	—	—	+
6	Ⅵ	4	+	—	—
X	—	7,8	—	—	+
Y	—	3,4	+	—	—

注:"+"表示凝集;"—"表示不凝集;"()"表示有或无。

六、结果报告

综合以上生化和血清学的试验结果,若生化试验和血清鉴定均符合志贺氏菌的特性,可报告 25 g(或 mL)样品中检出志贺氏菌,否则报告 25 g(或 mL)样品中未检出志贺氏菌。

七、试验中的难点和注意事项

(1)志贺氏菌增菌液培养基灭菌后使用前需要加入新生霉素。

(2)注意观察志贺氏菌在选择性培养基上,尤其是在显色培养基上的生长特性,其区别于一般肠道菌的菌落形态。

(3)充分利用志贺氏菌的生化特性,利用生化试验中三糖铁和半固体的反应可排除志贺氏菌的可能性。

(4)注意志贺氏菌的生化特性和大肠埃希氏菌的区别。

(5)志贺氏菌血清学反应鉴定。

八、思考题

(1)在增菌培养时,加入新生霉素到增菌肉汤的目的是什么?采用厌氧培养的目的是什么?培养温度达到 41.5 ℃的目的是什么?

(2)志贺氏菌和一般肠道菌的生长及生化特性有何不同和相同点?

(3)在志贺氏菌的检验过程中,将三糖铁和半固体作为初步生化反应的原因是什么?

(4)四种志贺氏菌的生化反应特征的相同点和不同点有哪些?

项目十　食品中阪崎肠杆菌的检验

一、目的

（1）了解阪崎肠杆菌的生长特性。

（2）掌握阪崎肠杆菌的检验步骤、方法。

（3）熟悉阪崎肠杆菌的检测背景及相关产品对该致病菌的限量要求。

二、原理

阪崎肠杆菌，又称阪崎氏肠杆菌，是肠杆菌科的一种，肠杆菌属。它是一种有周生鞭毛、能运动、无芽孢、兼性厌氧的革兰氏阴性杆菌。1980 年由黄色阴沟肠杆菌更名为阪崎肠杆菌。阪崎肠杆菌会引起新生儿脑膜炎、败血症、严重的神经损伤、脑囊肿、脑脓肿、小肠结肠炎。死亡率高达 50% 以上。目前，微生物学家尚不清楚阪崎肠杆菌的污染来源，但许多病例报告表明婴儿配方奶粉是目前发现的主要感染渠道。由其引发的婴儿、早产儿脑膜炎，败血症及坏死性结肠炎而散发和爆发的病例已在全球相继出现。多份研究报告表明婴儿配方奶粉是当前发现导致婴儿、早产儿脑膜炎，败血症和坏死性结肠炎的主要感染渠道。在某些情况下，由阪崎肠杆菌引发疾病而导致的死亡率可达 40%～80%。

1. 培养特性

需氧或兼性厌氧，最适温度(36±1)℃，在 6～45 ℃环境下可以生长，最适宜 pH 值为 6.8～7.5，pH 值为 5～10 可以生长，pH 值低于 4.5 不生长，在 0%～7% NaCl 中可以生长，超过 10% NaCl 不生长。其在显色培养基上呈圆形、半透明、表面光滑的蓝绿色菌落（见彩图 15），在 TSA 上生长为黄色圆形突起菌落（见彩图 16）。

2. 形态与染色

革兰氏阴性无芽孢杆菌，有周鞭毛，有动力。呈球杆状或成对排列，有时也呈短链状，见彩图 17。

3. 生化特性

氧化酶阴性，赖氨酸脱羧酶阴性，鸟氨酸脱羧酶和精氨酸双水解酶大多为阳性，柠檬酸水解酶阳性，能够发酵苦杏仁苷、D-蜜二糖、D-蔗糖、L-鼠李糖，大多不能发酵 D-山梨醇，API20E 生化试剂条反应（见彩图 18）。

4. 鉴定要点

（1）革兰氏阴性杆菌，在显色培养基上呈圆形、半透明、表面光滑的蓝绿色菌落，在 TSA 上生长为黄色圆形突起菌落。氧化酶试验阴性，赖氨酸脱羧酶阴性，鸟氨酸脱羧酶和精氨酸双水解酶大多为阳性，大多不能发酵 D-山梨醇。

（2）与能产生黄色素的金黄杆菌属细菌区别为：两者均能产生黄色素，但阪崎肠杆菌氧化酶试验为阴性，金黄杆菌属氧化酶试验为阳性。

5. 阪崎肠杆菌检测标准

阪崎肠杆菌是乳制品中近几年新发现的一种致病菌。阪崎肠杆菌的生物学性状及其对人群的健康危害受到人们的关注并被报告。它是存在于自然环境中的一种"条件致病菌"，已被世界卫生组织和许多国家确定为引起婴幼儿死亡的重要条件致病菌，在世界上其他国家乃至我国都相继检出过阪崎肠杆菌，我国阪崎肠杆菌检测方法的制定经历了以下几个过程。

（1）在 2005 年 5 月 20 日，由中国检验检疫科学研究院和天津出入境检验检疫局牵头完成的《奶粉中阪崎肠杆菌检验方法》(SN/T 1632.1—2005，SN/T 1632.2—2005，SN/T 1632.3—2005)行业标准在北京通过了审定。这项标准的出台，解决了我国检测婴幼儿配方奶粉中阪崎肠杆菌无标准、无检测方法的问题，当年 10 月该标准即开始实施。该标准建立了阪崎肠杆菌的改进的传统检测方法、普通 PCR 方法和荧光 PCR 方法，为我国对奶粉中阪崎肠杆菌的检测提供了方法依据。

（2）2008 年，国家标准制定了阪崎肠杆菌的检测方法(GB/T 4789.40—2008)，该方法采用传统检测方法定性及定量检测。

（3）2010 年乳品国家安全标准，制定了阪崎肠杆菌的检测方法(GB 4789.40—2010)，在 2008 年标准的基础上进行补充，利用传统检测方法定性及定量检测。

国外主要在用的标准如下。

（1）ISO/TS 22964：2006 Milk and milk products—Detection of Enterobacter sakazakii。

（2）FDA Isolation and Enumeration of Enterobacter sakazakii from Dehydrated Powdered Infant Formula(July 2002)。

6. 相关产品限量标准

目前，我国食品标准中只有婴儿配方食品(GB 10765—2010)对阪崎肠杆菌做了限量，具体见表 6-24。

表 6-24　食品安全国家标准 婴儿配方食品(GB 10765—2010)阪崎肠杆菌限量

项　　目	采样方案及限量				检 测 方 法
	n	c	m	M	
阪崎肠杆菌	3	0	0/100 g	—	GB 4789.40 计数法

三、试验设备及材料

除微生物实验室常规设备外，其他设备有冰箱(2～5 ℃)，恒温培养箱(36±1)℃、(25±1)℃、(44±0.5)℃，均质器(8 000～10 000 r/min)，乳钵或拍打式均质器，振荡器，天平(感量 0.1 g)，无菌锥形瓶(100 mL、200 mL、2 000 mL)，无菌吸管(1 mL、10 mL)或微量移液器，微生物生化鉴定系统。

四、培养基及试剂

缓冲蛋白胨水(BPW)、改良月桂基硫酸盐胰蛋白胨肉汤-万古霉素(mLST-Vm)、显色培养基(DFI)、胰蛋白胨 TSA、生化试剂(API20E)、普通生化试剂(氨基酸、发酵试验管)。培养基参见附录 G：专用培养基。

五、试验方法及步骤

阪崎肠杆菌检验程序图见图 6-15。

1. 前增菌及增菌

1）定性检验

取检样 100 g(mL)加入已预热至 44 ℃、装有 900 mL 缓冲蛋白胨水的锥形瓶中，用手缓

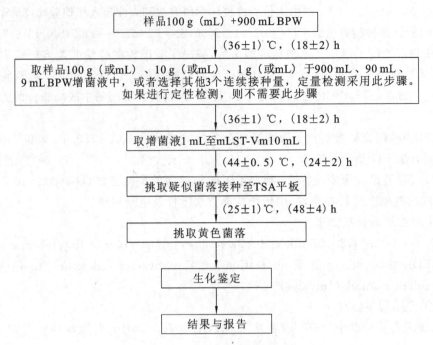

图 6-15　阪崎肠杆菌检验程序图

缓摇动至充分溶解,在(36±1)℃环境下培养(18±2)h。移取增菌液 1～10 mL mLST-Vm 肉汤,在(44±0.5)℃环境下培养(24±2)h。

2)定量检验

无菌称取或吸取 100 g(mL)、10 g(mL)、1 g(mL)于 900 mL、90 mL、9 mL BPW 增菌液中,用手缓缓摇动至充分溶解,在(36±1)℃环境下培养(18±2)h。分别移取增菌液 1 mL 转种至 10 mL mLST-Vm 肉汤中,在(44±0.5)℃环境下培养(24±2)h。

2. 分离

轻轻混匀 mLST-Vm 肉汤培养物,各取增菌培养物 1 环,分别画线接种于 2 个阪崎肠杆菌显色培养基平板,在(36±1)℃环境下培养(24±2)h。阪崎肠杆菌在显色培养基上一般呈圆形、半透明、表面光滑的蓝绿色菌落。

3. 分纯

从显色培养基平板上分别挑取 1～5 个阪崎肠杆菌可疑菌落,画线接种至 TSA 平板,在(25±1)℃环境下培养(48±4)h。阪崎肠杆菌在 TSA 平板上呈黄色圆形突起菌落。

4. 鉴定

自 TSA 平板上直接挑取黄色圆形突起菌落,进行革兰氏染色,结果为阴性杆菌,同时进行生化鉴定,其主要生化特征见表 6-25,可选择使用生化鉴定试剂盒或 API20E 生化鉴定系统。

表 6-25　阪崎肠杆菌主要生化特征

生化试验类型	特　征
黄色素产生	+
氧化酶	−
L-赖氨酸脱羧酶	−

续表

生化试验类型		特征
L-鸟氨酸脱羧酶		（＋）
L-精氨酸双水解酶		＋
柠檬酸水解酶		（＋）
发酵	D-山梨醇	（－）
	L-鼠李糖	＋
	D-蔗糖	＋
	D-蜜二糖	＋
	苦杏仁苷	＋

注：＋＞99％表示阳性；－＞99％表示阴性；（＋）90％～99％表示阳性；（－）90％～99％表示阴性。

六、结果与报告

（1）定性检验。综合菌落形态和生化特征，报告 100 g(mL)样品中检出或未检出阪崎肠杆菌。

（2）定量检验。综合菌落形态和生化特征，根据证实为阪崎肠杆菌的阳性管数，查 MPN 检索表，报告每 100 g(mL)样品中阪崎肠杆菌的 MPN 值。

每 100 g(mL)检样中阪崎肠杆菌最可能数（MPN）的检索见表 6-26。

表 6-26　阪崎肠杆菌最可能数（MPN）检索表

阳性管数			MPN	95％可信限		阳性管数			MPN	95％可信限	
100	10	1		下限	上限	100	10	1		下限	上限
0	0	0	＜0.3	—	0.95	2	2	0	2.1	0.45	4.2
0	0	1	0.3	0.015	0.96	2	2	1	2.8	0.87	9.4
0	1	0	0.3	0.015	1.1	2	2	2	3.5	0.87	9.4
0	1	1	0.61	0.12	1.8	2	3	0	2.9	0.87	9.4
0	2	0	0.62	0.12	1.8	2	3	1	3.6	0.87	9.4
0	3	0	0.94	0.36	3.8	3	0	0	2.3	0.46	9.4
1	0	0	0.36	0.017	1.8	3	0	1	3.8	0.87	11
1	0	1	0.72	0.13	1.8	3	0	2	6.4	1.7	18
1	0	2	1.1	0.36	3.8	3	1	0	4.3	0.9	18
1	1	0	0.74	0.13	2	3	1	1	7.5	1.7	20
1	1	1	1.1	0.36	3.8	3	1	2	12	3.7	42
1	2	0	1.1	0.36	4.2	3	1	3	16	4	42
1	2	1	1.5	0.45	4.2	3	2	0	9.3	1.8	42
1	3	0	1.6	0.45	4.2	3	2	1	15	3.7	42

阳性管数			MPN	95％可信限		阳性管数			MPN	95％可信限	
100	10	1		下限	上限	100	10	1		下限	上限
2	0	0	0.92	0.14	3.8	3	2	2	21	4	43
2	0	1	1.4	0.36	4.2	3	2	3	29	9	100
2	0	2	2	0.45	4.2	3	3	0	24	4.2	100
2	1	0	1.5	0.37	4.2	3	3	1	46	9	200
2	1	1	2	0.45	4.2	3	3	2	110	18	410
2	1	2	2.7	0.87	9.4	3	3	3	>110	42	—

注：①本表采用 3 个检验量 100 g(或 mL)、10 g(或 mL)、1 g(或 mL)，每个稀释度接种 3 管。

②表内所列检样量如改用 1 000 g(或 mL)、100 g(或 mL)、10 g(或 mL)时，表内数字应相应除以 10；如果改用10 g(或 mL)、1 g(或 mL)、0.1 g(或 mL)时，则表内数字应相应乘以 10，其余依此类推。

七、试验中难点和注意事项

(1) 该检验中取样品量为 100 g 或 100 mL。

(2) 注意阪崎肠杆菌在显色培养基上的菌落形态。

(3) 在生化鉴定中注意鉴别其他类似的肠杆菌，如阴沟肠杆菌、产气肠杆菌、金黄杆菌属等。

八、思考题

(1) 阪崎肠杆菌的检验过程中，检样量为何加大至 100 g(或 100 mL)？

(2) 阪崎肠杆菌检验过程中，选择 mLST-Vm 增菌的目的和意义是什么？

(3) 阪崎肠杆菌和其他类似肠杆菌的生长及生化特性有哪些不同点和相同点？

(4) 阪崎肠杆菌在血琼脂平板上和麦康凯琼脂上各有什么特征？

项目十一　食品中单核细胞增生李斯特氏菌的检验

一、目的

(1) 了解单核细胞增生李斯特氏菌的生长特性。

(2) 掌握国家食品安全标准中单核细胞增生李斯特氏菌的检验步骤、方法。

(3) 熟悉单核细胞增生李斯特氏菌的检测背景及相关产品对该致病菌的限量要求。

二、原理

单核细胞增生李斯特氏菌是一种常见的土壤细菌，在土壤中它是一种腐生菌，以死亡的和正在腐烂的有机物为食。近年来，在食物中也发现了它的存在，是某些食物如乳制品、冷藏食品、肉类食品、蔬菜、沙拉、海产品、冰淇淋等中的一种污染物，能引起严重的食物中毒。单核细胞增生李斯特氏菌是一种人畜共患病的病原菌,广泛存在于自然界中,对人类的安全具有危险性,该菌在 4 ℃的环境中仍可生长繁殖,是冷藏食品中威胁人类健康的主要病原菌之一。

1. 培养特性

生存环境可塑性大,能在 2～42 ℃环境下生存(也有报道 0 ℃能缓慢生长),能在冰箱冷藏室内较长时间生长繁殖,在酸性、碱性条件下都能适应;在血琼脂平板上有狭小的 β 溶血环,与金黄色葡萄球菌能形成协同溶血,增强其溶血现象,在半固体培养基上穿刺,于 30 ℃环境下培养24～48 h后,能向四周蔓延生长,形成倒伞状形态。在李斯特氏菌显色培养基上呈蓝绿色圆形突起菌落,菌落周围带不透明白色晕圈(见彩图 19),在 PALCAM 琼脂上呈圆形灰绿色菌落、菌落周围有棕黑色晕圈。

2. 形态与染色

该菌为革兰氏阳性短杆菌,大小为(0.4～0.5)μm×(0.5～2.0)μm,直或微弯,无芽孢,一般不形成荚膜,常呈"V"形排列,偶见球状、双球状。

3. 生化特性

触酶试验为阳性,能分解葡萄糖、鼠李糖、七叶苷,不能分解蔗糖、木糖、甘露醇,MR-VP反应阳性,吲哚、脲酶、硝酸盐还原试验阴性。

4. 鉴定要点

(1)该菌为革兰氏阳性短杆菌,有狭小的 β 溶血环,与金黄色葡萄球菌能形成协同溶血,并增强其溶血现象。30 ℃时有动力,37 ℃时无动力。在显色培养基上为蓝绿色圆形突起菌落,菌落周围带不透明白色晕圈。触酶试验、MR-VP 反应阳性,能分解葡萄糖、鼠李糖,不能分解蔗糖、木糖。

(2)注意与其他李斯特氏菌的区别。

单核细胞增生李斯特氏菌溶血及生化试验与其他李斯特氏菌属的区别见表 6-27。

表 6-27　单核细胞增生李斯特氏菌溶血及生化试验与其他李斯特氏菌属的区别

菌　种	cAMP		溶血(β)	葡萄糖	麦芽糖	MR-VP	甘露醇	鼠李糖	木糖	七叶苷
	金葡菌	马红球菌								
单核细胞增生李斯特氏菌	+	V	+	+	+	+/+	−	+	−	+
格氏李斯特氏菌	−	−	−	+	+	+/+	+	−	−	+
斯氏李斯特氏菌	+	−	+	+	+	+/+	−	−	−	+
威氏李斯特氏菌	−	−	−	+	+	+/+	−	V	−	+
伊氏李斯特氏菌	−	+	+	+	+	+/+	−	−	−	+
英诺克李斯特氏菌	−	−	−	+	+	+/+	−	V	−	+

5. 单核细胞增生李斯特氏菌检测标准

单核细胞增生李斯特氏菌和人的感染关系密切,是引起人类李斯特氏菌病的主要病原菌。作为一种食源性感染疾病,它已经在国内外引起广泛的关注。单核细胞增生李斯特氏菌的检测方法有常规培养法和采用分子生物学技术制定的酶联免疫法、PCR 法。国家标准在 1994 年制定了单核细胞增生李斯特氏菌检验方法,2003 年、2008 年和 2010 年进行了相关内容的修订;从 1993 年国家进出口行业制定了行业标准以来,共修订了 4 次,并增加了生物技术的方法及制订了计数的方法。目前在用的标准有以下几种。

(1) GB/T 22429—2008 食品中沙门氏菌、肠出血性大肠埃希氏菌 O157 及单核细胞增生李斯特氏菌的快速筛选检验 酶联免疫法。

(2) GB 4789.30—2016 食品安全国家标准 食品微生物学检验 单核细胞增生李斯特氏菌检验。

(3) SN/T 0184.3—2008 进出口食品中单核细胞增生李斯特氏菌检测方法 免疫磁珠法。

(4) SN/T 2552.12—2010 乳及乳制品卫生微生物学检验方法 第 12 部分:单核细胞增生李斯特氏菌检测与计数。

6. 相关产品限量标准

目前,我国国家标准对乳制品中的干酪和再制干酪做了单核细胞增生李斯特氏菌的限量规定,SN/T 0223—2011《出口冷冻水产品检验规程》规定了检验单核细胞增生李斯特氏菌,具体结果判定根据各国协议来定。具体指标见表 6-28 和表 6-29。

表 6-28　食品安全国家标准中干酪、再制干酪对单核细胞增生李斯特氏菌限量

项　　目	采样方案及限量				检测方法
	n	c	m	M	
单核细胞增生李斯特氏菌	5	0	0/25g	—	GB 4789.30

表 6-29　中国香港地区及欧洲国家生食肉制品、即食果蔬等产品对单核细胞增生李斯特氏菌限量

项目 (CFU/g)	中国香港地区		澳大利亚/新西兰		英国	
	满意	可接受	满意	可接受	满意	可接受
单核细胞增生李斯特氏菌	<20	>20~100	未检出/25	检出,<100	<20	>20~100

三、试验设备及材料

除微生物实验室常规设备外,其他设备有冰箱(2~5 ℃),恒温培养箱(36±1)℃、(25±1)℃、(30±1)℃,均质器(8 000~10 000 r/min),乳钵或拍打式均质器,振荡器,天平(感量 0.1 g),无菌锥形瓶(100 mL、200 mL、2 000 mL),无菌吸管(1 mL、10 mL)或微量移液器,单核细胞增生李斯特氏菌、马红球菌、金黄色葡萄球菌等标准菌株,微生物生化鉴定系统。

四、培养基及试剂

李氏增菌肉汤(LB₁、LB₂)、李斯特氏菌显色培养基、PALCAM 琼脂、含 0.6% 酵母浸膏的胰酪陈大豆琼脂(TSA-YE)、木糖、鼠李糖、血平板、SIM 动力培养基、生化试剂盒。培养基参见附录 G:专用培养基。

五、试验方法及步骤

(一) 方法一　单核细胞增生李斯特氏菌定性检验

单核细胞增生李斯特氏菌定性检验程序图见图6-16。

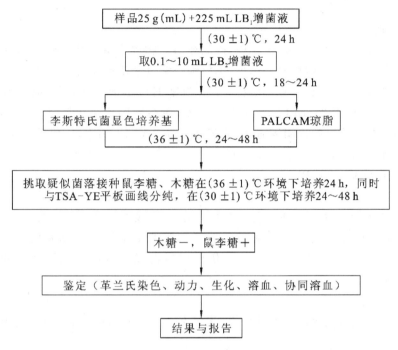

图 6-16　单核细胞增生李斯特氏菌定性检验程序图

1. 增菌

采用无菌操作取样品 25 g(或 mL)加入 225 mL LB$_1$ 增菌液中,在拍打式均质器上均质 1～2 min,或者采用均质杯 8 000～10 000 r/min 均质 1～2 min,在(30±1)℃环境下培养 24 h,移取增菌液 0.1 mL 转种至 10 mL LB$_2$ 增菌液内,在(30±1)℃环境下培养 18～24 h。

2. 分离

取 LB$_2$ 二次增菌液画线接种于李斯特氏菌显色培养基上和 PALCAM 琼脂平板上,在 (36±1)℃环境下培养 24～48 h,观察各个平板上生长的菌落,典型菌落在李斯特氏菌显色培养基上呈蓝绿色圆形突起菌落,菌落周围带不透明白色晕圈,在 PALCAM 琼脂上呈圆形灰绿色菌落,菌落周围有棕黑色晕圈(见彩图 20)。

3. 初筛

在选择性琼脂平板上分别挑取 5 个以上典型或可疑菌落,分别接种在木糖、鼠李糖发酵管,在(36±1)℃环境下培养 24 h,同时在 TSA-YE 平板上画线分纯,在(30±1)℃环境下培养 24～48 h,选择木糖阴性,鼠李糖阳性的纯培养物进行鉴定。

4. 鉴定

1) 染色镜检

革兰氏阳性杆菌,大小为(0.4～0.5)μm×(0.5～2.0)μm,无芽孢,用生理盐水制成菌悬液,在油镜或相差显微镜下观察,出现轻微旋转或翻滚样的运动。

2）动力试验

挑取纯培养物穿刺于 SIM 动力培养基上,在(30±1)℃环境下培养 24～48 h,能向四周蔓延生长,形成倒伞状形态(见彩图 21)。

3）生化鉴定

挑取纯培养物单个可疑菌落,进行过氧化氢酶试验,过氧化氢酶阳性反应的菌落继续进行糖发酵试验和 MR-VP 试验。

4）溶血试验

将血琼脂平板划分为 20～25 个小格,挑取纯培养物单个可疑菌落刺种到血琼脂平板上,每格刺种一个菌落,并刺种阳性对照菌种(单核细胞增生李斯特氏菌、伊氏李斯特氏菌、斯氏李斯特氏菌)、阴性对照菌种(英诺克李斯特氏菌),穿刺时应尽量接近底部,但又不要触到地面,在(36±1)℃环境下培养 24～48 h,于明亮处观察,单核细胞增生李斯特氏菌、斯氏李斯特氏菌在刺种点周围产生狭小的透明溶血环,英诺克李斯特氏菌无溶血环,伊氏李斯特氏菌产生较大的透明溶血环(见彩图 22)。

5）协同溶血试验(cAMP)

在血琼脂平板上平行画线接种金黄色葡萄球菌和马红球菌,挑取纯培养物单个可疑菌落垂直画线接种于平行线之间,垂直线两端不要碰及平行线,大概留有 1～2 mm 的距离,在(30±1)℃环境下培养 24～48 h。单核细胞增生李斯特氏菌和斯氏李斯特氏菌在靠近金黄色葡萄球菌的一端溶血增强,而伊氏李斯特氏菌在靠近马红球菌的一端溶血增强(见彩图 23)。

5. 结果与报告

综合以上生化试验和溶血试验的结果,报告 25 g(或 mL)样品中检出或未检出单核细胞增生李斯特氏菌。

(二)方法二　单核细胞增生李斯特氏菌平板计数法

1. 检验程序

单核细胞增生李斯特氏菌平板计数程序见图 6-17。

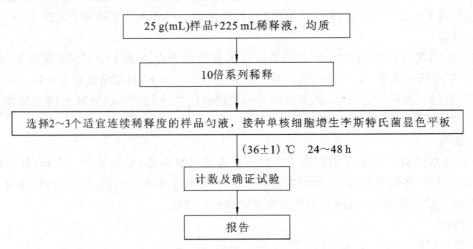

图 6-17　单核细胞增生李斯特氏菌平板计数程序

2. 操作步骤

1) 样品的稀释

(1) 以无菌操作称取样品 25 g(mL),放入盛有 225 mL 缓冲蛋白胨水或无添加剂的 LB 肉汤的无菌均质袋(或均质杯)内,在拍击式均质器上连续均质 1～2 min 或以 8 000～10 000 r/min 均质 1～2 min。液体样品,振荡混匀,制成 1∶10 的样品匀液。

(2) 用 1 mL 无菌吸管或微量移液器吸取 1∶10 样品匀液 1 mL,沿管壁缓慢注于盛有 9 mL 缓冲蛋白胨水或无添加剂的 LB 肉汤的无菌试管中(注意吸管或吸头尖端不要触及稀释液面),振摇试管或换用 1 支 1 mL 无菌吸管反复吹打使其混合均匀,制成 1∶100 的样品匀液。

(3) 按以上操作程序,制备 10 倍系列稀释样品匀液。每递增稀释 1 次,换用 1 支 1 mL 无菌吸管或吸头。

2) 样品的接种

根据对样品污染状况的估计,选择 2～3 个适宜连续稀释度的样品匀液(液体样品可包括原液),每个稀释度的样品匀液分别吸取 1 mL 以 0.3 mL、0.3 mL、0.4 mL 的接种量分别加在 3 块单核细胞增生李斯特氏菌显色平板上,用无菌 L 棒涂布整个平板,注意不要触及平板边缘。使用前,如琼脂平板表面有水珠,可放在 25～50 ℃的培养箱里干燥,直到平板表面的水珠消失。

3) 培养

(1) 在通常情况下,涂布后,将平板静置 10 min,如样液不易吸收,可将平板放在(36±1)℃的培养箱中培养 1 h;等样品匀液吸收后翻转平皿,倒置于(36±1)℃培养箱中培养 24～48 h。

4) 典型菌落计数和确认

(1) 单核细胞增生李斯特氏菌在李斯特氏菌显色平板上的菌落特征以产品说明为准。

(2) 选择有典型单核细胞增生李斯特氏菌菌落的平板,且同一稀释度 3 个平板所有菌落数合计在 15～150 CFU 的平板上,计数典型菌落数。如果:

a.只有一个稀释度的平板菌落数在 15～150 CFU,且有典型菌落,计数该稀释度平板上的典型菌落;

b.所有稀释度的平板菌落数均小于 15 CFU,且有典型菌落,应计数最低稀释度平板上的典型菌落;

c.某一稀释度的平板菌落数大于 150 CFU,且有典型菌落,但下一稀释度平板上没有典型菌落,应计数该稀释度平板上的典型菌落;

d.所有稀释度的平板菌落数大于 150 CFU,且有典型菌落,应计数最高稀释度平板上的典型菌落;

e.所有稀释度的平板菌落数均不为 15～150 CFU,且有典型菌落,其中一部分小于 15 CFU 或大于 150 CFU 时,应计数最接近 15 CFU 或 150 CFU 的稀释度平板上的典型菌落。

以上按式(6-5)计算。

f.2 个连续稀释度的平板菌落数均为 15～150 CFU,按式(6-6)计算。

(3)从典型菌落中任选 5 个菌落(小于 5 个者全选),分别按方法一进行鉴定。

3. 结果计数

$$T = AB/Cd \qquad (6-5)$$

式中:

T——样品中单核细胞增生李斯特氏菌菌落数；

A——某一稀释度典型菌落的总数；

B——某一稀释度确证为单核细胞增生李斯特氏菌的菌落数；

C——某一稀释度用于单核细胞增生李斯特氏菌确证试验的菌落数；

d——稀释因子。

$$T = (A1B1/C1 + A2B2/C2)/1.1d \qquad (6-6)$$

式中：

T——样品中单核细胞增生李斯特氏菌菌落数；

A1——第一稀释度(低稀释倍数)典型菌落的总数；

B1——第一稀释度(低稀释倍数)确证为单核细胞增生李斯特氏菌的菌落数；

C1——第一稀释度(低稀释倍数)用于单核细胞增生李斯特氏菌确证试验的菌落数；

A2——第二稀释度(高稀释倍数)典型菌落的总数；

B2——第二稀释度(高稀释倍数)确证为单核细胞增生李斯特氏菌的菌落数；

C2——第二稀释度(高稀释倍数)用于单核细胞增生李斯特氏菌确证试验的菌落数；

1.1——计算系数；

d——稀释因子(第一稀释度)。

4. 结果报告

报告每克(每毫升)样品中单核细胞增生李斯特氏菌菌数,以 CFU/g(mL)表示;如 T 值为 0,则以小于 1 乘以最低稀释倍数报告。

(三) 方法三　单核细胞增生李斯特氏菌 MPN 计数法

1. 检验程序

单核细胞增生李斯特氏菌 MPN 计数法检验程序见图 6-18。

2. 操作步骤

1) 样品的稀释

按照第二法进行。

2) 接种和培养

(1) 根据对样品污染状况的估计,选取 3 个适宜连续稀释度的样品匀液(液体样品可包括原液),接种于 10 mL LB$_1$ 肉汤中,每一稀释度接种 3 管,每管接种 1 mL(如果接种量需要超过 1 mL,则用双料 LB$_1$ 增菌液)于(30±1)℃环境下培养(24±2)h。每管各移取 0.1 mL,转种于 10 mL LB$_2$ 增菌液内,于(30±1)℃环境下培养(24±2)h。

(2) 用接种环从各管中移取 1 环,接种单核细胞增生李斯特氏菌显色平板,于(36±1)℃环境下培养(24~48)h。

3) 确证试验

自每块平板上挑取 5 个典型菌落(5 个以下全选),按照方法一进行鉴定。

3. 结果与报告

根据证实为单核细胞增生李斯特氏菌阳性的试管管数,查 MPN 检索表(见表 6-30),报告每克(每毫升)样品中单核细胞增生李斯特氏菌的最可能数,以 MPN/g(mL)表示。

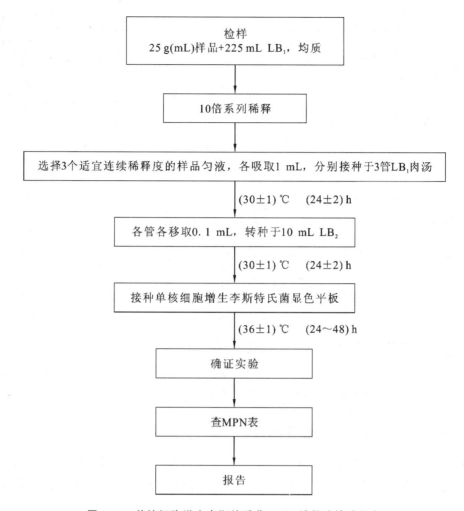

图 6-18　单核细胞增生李斯特氏菌 MPN 计数法检验程序

表 6-30　单核细胞增生李斯特氏菌最可能数（MPN）检索表

阳性管数			MPN	95％可信限		阳性管数			MPN	95％可信限	
0.10	0.01	0.001		下限	上限	0.10	0.01	0.001		下限	上限
0	0	0	＜0.3	—	9.5	2	2	0	21	4.5	42
0	0	1	3.0	0.15	9.6	2	2	1	28	8.7	94
0	1	0	3.0	0.15	11	2	2	2	35	8.7	94
0	1	1	6.1	1.2	18	2	3	0	29	8.7	94
0	2	0	6.2	1.2	18	2	3	1	36	8.7	94
0	3	0	9.4	3.6	38	3	0	0	23	4.6	94
1	0	0	3.6	0.17	18	3	0	1	38	8.7	110
1	0	1	7.2	1.3	18	3	0	2	64	17	180
1	0	2	11	3.6	38	3	1	0	43	9	180

续表

阳性管数			MPN	95%可信限		阳性管数			MPN	95%可信限	
0.10	0.01	0.001		下限	上限	0.10	0.01	0.001		下限	上限
1	1	0	7.4	1.3	20	3	1	1	75	17	200
1	1	1	11	3.6	38	3	1	2	120	37	420
1	2	0	11	3.6	42	3	1	3	160	40	420
1	2	1	15	4.5	42	3	2	0	93	18	420
1	3	0	16	4.5	42	3	2	1	150	37	420
2	0	0	9.2	1.4	38	3	2	2	210	40	430
2	0	1	14	3.6	42	3	2	3	290	90	1 000
2	0	2	20	4.5	42	3	3	0	240	42	1 000
2	1	0	15	3.7	42	3	3	1	460	90	2 000
2	1	1	20	4.5	42	3	3	2	1 100	180	4 010
2	1	2	27	8.7	94	3	3	3	>1 100	420	—

注 1:本表采用 3 个检验量[0.1 g(mL)、0.01 g(mL)和 0.001 g(mL)],每个稀释度接种 3 管。

注 2:表内所列检样量如改用 1 g(mL)、0.1 g(mL)和 0.01 g(mL)时,表内数字应相应除以 10;如果改用0.01 g(mL)、0.001 g(mL)、0.0001 g(mL)时,则表内数字应相应乘以 10,其余依此类推。

六、试验中难点和注意事项

(1) 单核细胞增生李斯特氏菌和其他李斯特氏菌的生化特性极其相似,注意区别。

(2) 在做溶血试验时,应保持菌种的新鲜和活力及接种量要足够,否则溶血现象不明显。

(3) 在做溶血试验及 cAMP 实验时,一定同时做阴阳性对照。

(4) 由于该菌幼龄培养呈革兰氏阳性,但 48 h 后转为革兰氏阴性,因此,当镜检发现为革兰氏阴性杆菌,但动力试验为阳性时,应考虑是李斯特氏菌的可能。

七、思考题

(1) 单核细胞增生李斯特氏菌检验过程中,选择 LB₁ 和 LB₂ 增菌的目的和意义是什么?

(2) 单核细胞增生李斯特氏菌检验过程中,为何首选木糖和鼠李糖进行筛选?

(3) 单核细胞增生李斯特氏菌检验过程中,溶血试验及 cAMP 实验的重要意义是什么?

附　　录

附录 A　微生物学实验室常用试剂及其使用方法

一、诊断用纸片

（1）杆菌肽纸片（0.04 微克/片）：抑菌圈＞10 mm 为敏感。质控菌株：D 群链球菌阴性、A 群链球菌阳性。

（2）SMZ 纸片（1.25 微克/片、23.75 微克/片）：出现抑菌圈即为敏感。质控菌株：D 群链球菌阳性，A 群链球菌阴性。

（3）新生霉素纸片（5.0 微克/片）：抑菌圈≥16 mm 为敏感。质控菌株：表皮葡萄球菌阳性，腐生葡萄球菌阴性。

（4）O129 纸片、奥普托欣（Optochin）纸片：参见附录 E。

二、诊断用血清

1. 沙门菌属诊断血清

（1）A-F 群 O 多价诊断血清。

（2）特异 O 群因子诊断血清：常用的有 O2、O4、O7、O9、O10 诊断血清。

（3）特异 H 因子诊断血清：常用的有 Ha、Hb、Hc、Hd、Hgm、Hi、Hf、Vi 因子诊断血清。

2. 志贺菌属诊断血清

志贺菌属 4 种多价血清：痢疾志贺菌Ⅰ、Ⅱ血清，福氏志贺菌多价血清及分型血清（1～6型），宋内志贺菌诊断血清，鲍氏志贺菌多价血清及分型血清。

3. 致病性大肠埃希菌诊断血清

（1）肠致病性大肠埃希菌（EPEC）诊断血清。

（2）产肠毒素大肠埃希菌（ETEC）诊断血清。

（3）肠侵袭性大肠埃希菌（EIEC）诊断血清。

（4）肠出血性大肠埃希菌（EHEC）诊断血清 O157：H7。

（5）霍乱弧菌 O1、O139 混合多价诊断血清及稻叶、小川、彦岛 O139 分型血清。

（6）脑膜炎奈瑟菌多价血清及分群血清。

（7）链球菌分类诊断血清。

（8）肺炎链球菌诊断血清。

（9）耶尔森菌诊断血清。

三、常用染色液

1. 革兰氏染色液

(1) 结晶紫溶液 A 液:结晶紫 2 g,95%酒精 20 mL;B 液:草酸铵 0.8 g,蒸馏水 80 mL。染色前 24 h 将 A 液、B 液混合,过滤后装入试剂瓶内备用。

(2) 碘液:碘 1 g,碘化钾 2 g,蒸馏水 300 mL。

将碘与碘化钾混合并研磨,加入几毫升蒸馏水,使其逐渐溶解,然后研磨,继续加入少量蒸馏水,至碘、碘化钾完全溶解。最后补足水量。也可用少量蒸馏水将碘化钾完全溶解,再加入碘片,待完全溶解后,加水至 300 mL。

(3) 脱色液:95%酒精。

(4) 复染液:沙黄 2.5 g,95%酒精 100 mL 为储存液,取储存液 10 mL,加蒸馏水 90 mL 为应用液。

2. 抗酸染色液

1) 碱性复红染色液

(1) 姜纳苯酚复红溶液:碱性复红酒精饱和溶液 10 mL,5%苯酚溶液 90 mL。

(2) 脱色液:浓盐酸 3 mL,95%酒精 97 mL。

(3) 复染液(吕弗勒亚甲蓝液):亚甲蓝乙醇饱和溶液 30 mL,100 g/L 氢氧化钾溶液 0.1 mL,蒸馏水 100 mL。

2) 金胺 O-罗丹明 B 染色液

(1) 罗丹明 B 液:罗丹明 B 0.1 g 加蒸馏水 100 mL。

(2) 1 g/L 金胺 O 液:金胺 O 液 0.1 g 加蒸馏水 95 mL,再加入纯苯酚 5 mL,混匀。

(3) 3%盐酸酒精。

(4) 稀释亚甲蓝液:吕弗勒亚甲蓝液 100 mL,加蒸馏水 90 mL,混匀。

3. 鞭毛染色液(改良 Ryu 法)

A 液:5%苯酚 10 mL,鞣酸 2 g,饱和硫酸铝钾溶液 10 mL。

B 液:结晶紫酒精饱和液。应用液 A 液 10 份,B 液 1 份,混合,室温存放备用。

4. 异染颗粒染色液

甲液:甲苯胺蓝 0.15 g,孔雀绿 2 g/L,95%酒精 2.0 mL,蒸馏水 100 mL。

乙液:碘 2 g,碘化钾 3 g,蒸馏水 300 mL。

先在碘化钾中加入少许蒸馏水(约 2 mL),充分振摇,待其完全溶解,再加入碘,使碘完全溶解后,加蒸馏水至 300 mL。

5. 荚膜染色液

(1) 印度墨汁或 50 g/L 黑色素水溶液。

(2) 5 g/L 苯胺蓝水溶液。

6. 芽孢染色液

(1) 孔雀绿染液:孔雀绿 5 g,蒸馏水 100 mL。

(2) 番红水溶液:番红 0.5 g,蒸馏水 100 mL。

附录 B　微生物学实验室基础培养基

一、液体基础培养基

1. 蛋白胨水

［用途］　用于细菌靛基质试验，用于一般细菌的培养和传代。

［配法］　色氨酸含量丰富的蛋白胨（或胰蛋白胨）20 g，氯化钠 5 g，蒸馏水 1 L。

将上述成分溶于水中，校正 pH 值至 7.2，分装试管，每管 2～3 mL，置于 121 ℃环境下灭菌 15 min 备用。

［质量控制］　大肠埃希菌生长良好，靛基质阳性；伤寒沙门菌生长良好，靛基质阴性。

2. 营养肉汤

［用途］　一般细菌的增菌培养，加入 15～20 g/L 的琼脂粉亦可作营养琼脂。

［配法］　蛋白胨 10 g，牛肉膏粉 3 g，氯化钠 5 g，蒸馏水 1 L。

将上述成分称量混合溶解于水中，校正 pH 值至 7.4，按用途不同分装于烧瓶或试管内。经 121 ℃灭菌 15 min，采用无菌试验后冷藏备用。

［质量控制］　金黄色葡萄球菌、伤寒沙门菌、化脓性链球菌生长良好。

［保存］　置于冰箱中 3 周内用完。

3. 肉浸液肉汤

［用途］　细菌培养最基础的培养基，除用于一般细菌的培养外，又可以作营养琼脂及其他培养基的基础。

［配法］　将绞碎去筋膜无油脂牛肉 500 g，加蒸馏水 1 000 mL，混合后放入冰箱中过夜，除去液面之浮油，隔水煮沸 30 min，使肉渣完全凝结成块，用绒布过滤，并挤压收集全部滤液，加水补足原量。加入蛋白胨、氯化钠和磷酸盐，溶解后校正 pH 值至 7.4～7.6，煮沸并过滤，分装烧瓶，在 121 ℃环境下高压灭菌 30 min。

［用法］　根据用途不同可以制成营养肉汤，以此为基础制成其他培养基。如制作固体培养基，加入琼脂 15～20 g/L 即可。

［质量控制］　金黄色葡萄球菌、大肠埃希菌、伤寒沙门菌、痢疾志贺菌等均生长良好。

［保存］　置于 2～8 ℃冰箱内可以使用较长时间。

注：商品牛肉膏粉，一般使用量为 3～5 g/L。

二、固体基础培养基

1. 营养琼脂（牛肉膏粉蛋白胨）

［用途］　一般细菌和菌株的纯化及传种。

［配法］　蛋白胨 10 g，牛肉膏粉 3 g，氯化钠 5 g，琼脂粉 15～18 g，蒸馏水 1 L。

将上述成分（除琼脂外）溶于水中，校正 pH 值至 7.2～7.4 后加入琼脂，煮沸溶解，根据用途不同进行分装，经 121 ℃灭菌 15 min，倾注平板或制成斜面，冷藏备用。

［质量控制］　金黄色葡萄球菌菌落呈浅黄色；痢疾志贺菌菌落无色；铜绿假单胞菌菌落无色或浅绿色。

［保存］　置于 2～8 ℃冰箱中保存，2 周内用完。

［说明］ 此培养基可供一般细菌培养之用,可倾注平板或制成斜面。如果用于菌落计数,琼脂量为 1.5%;如果做成平板或斜面,则琼脂量应为 2%。

2. 巧克力琼脂培养基

［用途］ 主要用于嗜血杆菌的分离培养,亦可用于奈瑟菌的增殖培养。

［配法］ 鲜牛肉浸出液 1 L,蛋白胨 10 g,氯化钠 5 g,琼脂粉 15～18 g,无菌脱纤维羊血或兔血 100 mL。

将上述成分(除血外)加热溶解,调 pH 值至 7.2,置于 121 ℃环境下高压灭菌 15 min,待冷至约 85 ℃后,采用无菌方式加入羊血或兔血,摇匀后置于 85 ℃中水浴,维持该温度 10 min,使之成巧克力色。取出置室温冷却至约 50 ℃,倾注平板或制成斜面备用。

［质量控制］ 流感嗜血杆菌、肺炎链球菌生长良好,菌落典型。

［保存］ 置于 2～8 ℃冰箱中,1 周内用完。

3. 胱氨酸胰化酪蛋白琼脂

［用途］ 常用于测定脑膜炎奈瑟菌和淋病奈瑟菌,以及营养要求较高细菌的糖发酵试验。

［配法］ 胱氨酸 0.5 g,胰化酪蛋白 20 g,氯化钠 5 g,亚硫酸钠 0.3 g,琼脂 3.5 g,酚红 0.017 5 g,蒸馏水 1 L。

将上述成分(酚红除外)混合溶解,调 pH 值至 7.2,加入酚红指示剂。分装试管,在 115 ℃环境下灭菌 15 min。

［用法］ 用于测定糖发酵时,按需要加入各种糖溶液,将待检标本直接接种于培养基管内,置于 35 ℃孵箱中 18～24 h,观察结果。培养基由红色变为黄色为阳性,不变色为阴性。

4. 血琼脂培养基

［用途］ 一般病原菌的分离培养和溶血性鉴别及保存菌种。

［配法］ 血琼脂基础 100 mL,脱纤维羊血(或兔血)5～10 mL。

将血琼脂基础经 121 ℃灭菌 15 min,待冷却至 50 ℃左右后采用无菌操作加入羊血,摇匀后立即倾注灭菌平皿内,待凝固后,经无菌实验冷藏备用。

［质量控制］ 化脓性链球菌 ATCC 19615 生长良好,β-溶血;肺炎链球菌 ATCC 6303 生长良好,α-溶血;表皮葡萄球菌 ATCC 12228 生长良好,不溶血。

［保存］ 置于 2～8 ℃冰箱中,1 周内用完。

附录 C 保存和增菌培养基

一、菌种保存培养基

［配法］ 蛋白胨 10 g,牛肉膏粉 5 g,氯化钠 3 g,磷酸氢二钠 2 g,琼脂粉 4.5 g,蒸馏水 1 L。

将上述成分混合于水中,加热溶解,调 pH 值至 7.4～7.6,分装试管 2/3 左右高度,在 121 ℃环境下高压灭菌 15 min,使其成为半固体培养基,留存备用。

［质量控制］ 培养基呈淡黄色半固体状。大肠埃希菌(ATCC 25922)生长良好,动力阳性;福氏志贺菌(ATCC 12022)生长良好,动力阴性;金黄色葡萄球菌(ATCC 25923)生长良好,动力阴性。

二、增菌培养基

1. 葡萄糖肉汤

〔用途〕　用于血液增菌。

〔配法〕　蛋白胨(或月示 胨)10 g,氯化钠 5 g,肉浸液(或心浸液)1 L,葡萄糖 3 g,枸橼酸钠 3 g,5 g/L 对氨基苯甲酸水溶液 10 mL,1 mol/L 硫酸镁溶液 20 mL,青霉素酶 1 000 U。

将蛋白胨、氯化钠混合于肉浸液中加热溶解,再加入葡萄糖、枸橼酸钠、对氨苯甲酸及硫酸镁,继续煮沸 5 min,并补足失水,调整 pH 值至 7.8。

过滤分装,每瓶 50 mL,在 115 ℃环境下高压灭菌 20 min 后,每瓶加入过滤除菌的青霉素酶 50 U,经无菌试验合格后,冷却备用。

〔用法〕　将采取的血液标本,采用无菌操作注入培养瓶中(血液 1 mL,培养液 10 mL),置于 35 ℃培养箱内,每天 1 次取出观察结果。如有细菌生长,可出现数种不同的表现,应随时作分离培养,可选用血琼脂、伊红亚甲蓝琼脂及巧克力琼脂平板等。无细菌生长表现的培养瓶,需连续观察 7 d,仍无细菌生长方可弃去。在观察的过程中,至少应作两次分离培养。

注:

(1) 枸橼酸钠为抗凝剂,可使血液加入培养基中不凝固。

(2) 对氨基苯甲酸主要中和血液中磺胺类药物的抑菌作用。

(3) 硫酸镁主要抑制血液中存在的四环素、金霉素、新霉素、多黏菌素及链霉素的抑菌作用。

(4) 本培养基近年来有许多改良配方,如加入 0.3%～0.5%酵母浸膏以增加营养;加入 0.2%核酸以刺激细菌生长;加入 0.1%黏液素能被覆于细菌的表面,保护细菌免受抗体破坏;加入聚茴香脑磺酸钠(SPS)能中和补体的抗药作用,从而提高检出率。

2. 血液增菌培养基

〔用途〕　血液和骨髓液病原菌的增菌培养。

〔配法〕　蛋白胨 10 g,氯化钠 5 g,牛肉膏粉 3 g,葡萄糖 1 g,酵母膏粉 3 g,枸橼酸钠 3 g,磷酸氢二钾,5 g/L 对氨基苯甲酸溶液 5 mL,1 mol/L 硫酸镁溶液 20 mL,4 g/L 酚红溶液 6 mL,青霉素酶 50 U,聚茴香脑磺酸钠(SPS)0.3 g,蒸馏水 1 L。

将上述成分(除酚红指示剂、青霉素酶外)混合加热溶解,校正 pH 值至 7.4,再加酚红,过滤分装每瓶 30～50 mL,经 121 ℃灭菌 15 min 和经 35 ℃灭菌 24 h,作为无菌试验备用。临用时每瓶加入 1.5～2.5 U 过滤除菌的青霉素酶。

〔质量控制〕　伤寒沙门菌 ATCC 50096、白色念珠菌 ATCC 10231、化脓性链球菌 ATCC 19615、肺炎链球菌 ATCC 6305、金黄色葡萄球菌 ATCC 25923、铜绿假单胞菌 ATCC 27853 均生长良好。

3. 亚硒酸盐增菌培养基

〔用途〕　沙门菌选择性增菌培养。

〔配法〕　蛋白胨 5 g,乳糖 4 g,磷酸氢二钠 4.5 g,磷酸二氢钠 5.5 g,亚硒酸氢钠 4 g,蒸馏水 1 L。

先将亚硒酸盐加到 200 mL 的蒸馏水中,充分摇匀溶解。其他成分称量混合,加入蒸馏水 800 mL,加热溶解,待冷却后将两液混合,充分摇匀,校正 pH 值至 7.0～7.1(通过调整磷酸盐缓冲对的比例来校正 pH 值)。最后分装于 15 mm×150 mm 的试管内,每管 10 mL。置水浴隔水煮沸 10～15 min,立即冷却,置于 2～8 ℃冰箱中保存备用。

〔用法〕　取新鲜标本 1 g 或棉拭子采样直接接种于该培养管内。摇动后置于 35 ℃环境下培养过夜。如发现均匀混浊，管底有红色沉淀物，则表示细菌生长。然后取培养物分离在选择性培养基上，如 SS 琼脂、XLD 琼脂平板等，进行培养。

［质量控制］　培养基应呈淡黄色或无色，透明无沉淀物。增菌灵敏度：伤寒沙门菌 1×10^{-5}，鼠伤寒及副伤寒沙门菌 1×10^{-7}。

［保存］　在 2～8 ℃环境下保存，1 周内用完。

注：

（1）亚硒酸盐，包括亚硒酸钠、亚硒酸氢钠均可使用，但亚硒酸氢钠的效果较好。

（2）磷酸盐缓冲对中，两者的用量比例与亚硒酸盐及蛋白胨的品种有关。制备前应进行调试，其总量为 10 g/L。

（3）在制备过程中，亚硒酸盐不能直接加热。隔水煮沸时间亦不能超过规定时间，否则亚硒酸盐会变质，生成红色沉淀物。

（4）培养基应呈淡黄色，有红色沉淀物出现时不可再用。

4. SS 增菌液

［用途］　用于沙门、志贺菌的增菌。

［配法］　月示胨 2 g，蛋白胨 8 g，牛肉膏粉 3.5 g，酵母膏 2 g，葡萄糖 2 g，枸橼酸铁 10 g，硫代硫酸钠 10 g，亚硫酸钠 0.7 g，胆盐 5.5 g，磷酸氢二钠 4 g，磷酸二氢钾 0.1 g，去氧胆酸钠（进口）1.5 g，煌绿 0.005 g，蒸馏水 1 L。

将上述成分加热溶于水中，调 pH 值至 7.1，分装试管（15 mm×150 mm），每管 5～7 mL，隔水煮沸 5 min 备用。

［用法］　取粪便标本 1 g 直接接种于增菌液内，在 35 ℃环境下培养 16～18 h，取出转种于分离培养基即可。

［质量控制］　培养基应呈淡黄色或略呈淡绿色。伤寒沙门菌 ATCC 50096、福氏志贺菌 ATCC 12022 生长良好；大肠埃希菌 ATCC 25922 生长抑制。

注：

（1）切勿高压，隔水煮沸时间不超过 5 min。

（2）煌绿用量应根据不同产品批号酌情增减。

5. 碱性蛋白胨水

［用途］　霍乱弧菌增菌培养。

［配法］　蛋白胨 20 g，氯化钠 5 g，蒸馏水 100 mL。

将上述成分溶解于水中，校正 pH 值至 8.6±0.2，分装于试管 8～10 mL，经 121 ℃灭菌 15 min 备用。

［用法］　将待检标本接种到碱性胨水中，置于 35 ℃环境下培养 6～8 h，霍乱弧菌呈均匀混浊生长，表面有菌膜出现。取一白金环表面菌液移种到碱性琼脂、庆大琼脂或 TCBS 琼脂平板上。必要时做第二次增菌。

［质量控制］　有条件的实验室可用标准菌株，一般临床实验室可用非 01 群弧菌，培养后生长良好者方可使用。霍乱弧菌 E1-Tor 生物型和副溶血弧菌生长良好（6 h）；大肠埃希菌 ATCC 25922 不生长（6 h）。

［保存］　置于 2～8 ℃冰箱中，2 周内用完。

注：若在每升碱性胨水中加入 1%亚碲酸钾溶液 0.5～1.0 mL，则成为亚碲酸钾碱性胨水，其增菌效果更为理想。

附录 D　分离培养基

一、革兰氏阳性杆菌分离培养基

1. 罗-琴改良培养基

[用途]　用于结核分枝杆菌培养。

[配法]　磷酸二氢钾 2.4 g,硫酸镁 0.24 g,枸橼酸镁(或枸橼酸钠) 0.6 g,天门冬素 3.6 g,甘油 12 mL,蒸馏水 600 mL,马铃薯淀粉 30 g,新鲜鸡卵液 1 L,2%孔雀绿水溶液 20 mL。

先将磷酸盐、硫酸镁、枸橼酸镁、天门冬素及甘油,加热溶解于 600 mL 蒸馏水中。再添加马铃薯粉,边放边搅,并继续置于沸水中加热 30 min,待冷却至 60 ℃左右时,加入鸡卵液 1 L 及孔雀绿溶液 20 mL,充分混匀后,采用无菌操作分装于灭菌试管,每支 5~6 mL,塞紧橡皮塞(最好是翻口塞),置于血清凝固器内制成斜面,经 85 ℃在 1 h 间间歇灭菌 2 次(或经 115 ℃高压灭菌 20 min),待凝固后经无菌试验,于 4 ℃环境下冷藏备用。

[用法]　取晨咳痰或其他体液标本,经消化处理和离心沉淀的浓缩液 0.1 mL(约 2 滴)滴种于培养基的斜面上,尽量摇晃,置于 35 ℃的 5%~10%二氧化碳温箱内培养 1~4 周,观察结果。凡在 1 周内发现生长的菌落,一般不可能是结核分枝杆菌;在 2 周后生长的菌落,奶油状,略呈黄色,粗糙突起,不透明,即取菌进行涂片染色镜检及鉴定。

[质量控制]　用结核分枝杆菌菌株作阳性培养试验。

[保存]　置于 2~8 ℃冰箱内 2~4 周有效。

注:

(1) 本培养基在 Lowenstein-Jenden 设计的基础上改良。

(2) 本培养基 pH 值约为 6.0,一般无须校正。

(3) 间歇灭菌的温度不宜超过 90 ℃。

2. 血清斜面培养基(吕氏血清斜面)

[用途]　用于白喉棒状杆菌培养。

[配法]　1%葡萄糖肉汤(pH 值为 7.6)100 mL,无菌动物血清(牛、羊、猪、兔) 300 mL。

将上述成分混合后,分装于试管内,每管 4~5 mL。斜插在血清凝固器内(或蒸笼)加热到 80~85 ℃持续 30 min,使血清凝固成斜面,冷却后放入 4 ℃冰箱内。取出后采用间歇灭菌法,经 85 ℃灭菌 30 min,连续 3 d,经无菌试验证明无杂菌生长即可应用。

[用法]　将喉拭子直接接种于上述斜面上,置于 35 ℃环境下培养 16~24 h。白喉杆菌在上述培养基上,菌落呈圆形,表面光滑、完整,9 g/L 氯化钠溶液中易乳化,用阿尔培脱染色,两极异染颗粒明显。

注:

(1) 所用血清不能含有防腐剂。

(2) 该培养基不能高热灭菌,以防破坏其中营养成分。

(3) 配制时所有器皿、棉塞等均应高压灭菌。

3. 亚碲酸钾血琼脂

[用途]　用于分离白喉杆菌。

[配法]　蛋白胨 10 g,氯化钠 5 g,牛肉膏粉 3 g,葡萄糖 2 g,胱氨酸 0.05 g,1%亚碲酸钾

45 mL,脱纤维羊血 100 mL,琼脂粉 15～18 g,蒸馏水 900 mL。

先将蛋白胨、氯化钠、牛肉膏粉、葡萄糖和胱氨酸加水加热溶解,调 pH 值至 7.6,加入琼脂,经 115 ℃高压灭菌 15 min 备用。待冷至 50 ℃左右,采用无菌操作加入已除菌的亚碲酸钾溶液及羊血,混匀倾注平板。

[用法]　将标本直接接种于亚碲酸钾平板上。置于 35 ℃孵箱中,经 24～48 h 培养,观察结果。白喉杆菌能使亚碲酸钾还原成金属碲而形成黑色和灰黑色的菌落。

二、革兰氏阴性杆菌分离培养基

(一)弧菌分离培养基

1. 碱性琼脂

[用途]　用于霍乱弧菌的分离培养。

[配法]　蛋白胨 10 g,氯化钠 5 g,牛肉膏粉 3 g,琼脂粉 15～18 g,蒸馏水 1 L。

将前 4 种成分混合于水中,加热溶解,校正 pH 值至 8.4,分装后经 121 ℃灭菌 15 min,倾注平板。

[用法]　在做痢疾排泄的水样便标本增菌培养时,应直接取标本接种到碱性琼脂平板或亚碲酸钾琼脂平板上。置于 35 ℃环境下培养 12～16 h,观察结果。霍乱弧菌生长较快,菌落大而扁平,呈青灰色,半透明,光滑湿润。在亚碲酸钾琼脂上菌落呈灰黑色。

[质量控制]　各实验室使用自配培养基或商品培养基时,在使用前可用标准菌株生长对照,临床实验室可送防疫部门所设立的专门检验机构进行目的菌监测,质量可靠者方可使用。

EL-Tor 弧菌生长良好;大肠埃希菌 ATCC 25922 生长抑制。

[保存]　置于 2～8 ℃冰箱中,1 周内用完。

2. 碱性胆盐琼脂

[用途]　用于霍乱弧菌分离培养。

[配法]　蛋白胨 10 g,牛肉膏粉 5 g,氯化钠 5～10 g,琼脂粉 15～18 g,胆盐(牛、猪)2.5 g,蒸馏水 1 L。

将上述成分称量混合于水中加热溶解,校正 pH 值至 8.4,经 121 ℃灭菌 15 min 后分装,倾注平板。

[用法]　取粪便标本或增菌培养物 1 接种环接种平板,置于 35 ℃温箱中培养 16～18 h。霍乱弧菌迅速生长,其他细菌生长较缓慢。在 16～18 h 后,霍乱弧菌菌落的直径可达 2 mm 左右,呈扁平,青灰色,半透明,光滑湿润,易挑起。其他细菌菌落小而凸起,不透明或有色素。

[质量控制]　同碱性琼脂。

[保存]　置于 2～8 ℃冰箱中,1 周内用完。

3. 庆大霉素琼脂

[用途]　用于霍乱弧菌分离培养。

[配法]　蛋白胨 10 g,牛肉膏粉 3 g,氯化钠 5 g,枸橼酸钠 10 g,无水亚硫酸钠 3 g,蔗糖(或白糖)10 g,琼脂 15～20 g,庆大霉素、多黏菌素 B"双抗液"2 mL,蒸馏水 1 L。

将上述成分(除"双抗液"外)称量混合于水中,加热溶解,校正 pH 值至 8.4,在 121 ℃环境下分装灭菌 15 min,待冷却至 50 ℃后,每 100 mL 内加过滤除菌的"双抗液"0.2 mL,另加 5 g/L 过滤除菌的亚碲酸钾溶液 0.1 mL,再倾注平板。最后每毫升培养基内含有庆大霉素 0.5 U,多黏菌素 B6 U。

[**用法**]　将粪便标本或增菌培养物画线接种到该平板上,置于 35 ℃环境下培养 16～18 h。

由于该培养基抑制性强,其他非弧菌科细菌被抑制,而霍乱弧菌生长迅速,16 h 菌落可达 2 mm,菌落青灰色,半透明,扁平,光滑湿润。若培养时间长,菌落略黄色、隆起,中心厚而不透明。

[**质量控制**]　霍乱弧菌(小川、稻叶)生长良好,培养 18～24 h 菌落直径达 2.5～3.0 mm;大肠埃希菌和变形杆菌生长抑制。

[**保存**]　置于 2～8 ℃冰箱内,1 周内用完。

注:

(1) 该培养基国内有商品出售,多数产品已加入庆大霉素,使用时,应详阅说明书。

(2) "双抗液"配制:98 mL 灭菌蒸馏水中加庆大霉素(25 000 U/mL)1 mL,多黏菌 B 或抗敌 E(300 000 U/mL)1 mL。置于 4 ℃冰箱中保存,1 月内用完。

4. 四号琼脂

[**用途**]　用于霍乱弧菌的分离培养。

[**配法**]　蛋白胨 10 g,氯化钠 5 g,牛肉膏粉 3 g,亚硫酸钠(无水)3 g,枸橼酸钠 10 g,猪胆汁粉 5 g,十二烷基硫酸钠 0.5 g,依沙吖啶 3 g,琼脂粉 15 g,庆大霉素亚碲酸钾混合液 1 mL,蒸馏水 1 L。

将前 8 种成分放入玻璃或搪瓷容器内(严禁用铝制容器等金属容器),加入 1 L 蒸馏水,加热溶解混合后,调整 pH 值为 8.0,然后按 1.5% 加入琼脂,煮沸至琼脂溶化后,冷至 60 ℃左右,按每 100 mL 培养基加入过滤除菌的庆大霉素亚碲酸钾混合液(1 mL 40 000 U 庆大霉素加 79 mL 蒸馏水混合后,加入 0.8 g 亚碲酸钾溶解混合即成,每毫升含 500 U 庆大霉素和 10 g/L 亚碲酸钾)0.1 mL,摇匀,倾注平板。

[**用法**]　取待检标本画线接种平板,置于 35 ℃环境下培养过夜。

8 h 后即可初步观察结果。培养 24 h 后,霍乱弧菌呈中心黑色、较大而扁平的菌落。

[**质量控制**]　配成的培养基呈亮黄色透明;EL-Tor 弧菌稻叶型生长良好;EL-Tor 弧菌小川型生长良好;大肠埃希菌 ATCC 25922 抑制生长。

注:

(1) 庆大和亚碲酸钾混合液应新鲜配制并置冰箱保存。

(2) 依沙吖啶应避光保存,而且每批均应预试后方可使用。成品培养基应避光保存。

(二)肠杆菌分离培养基

1. 中国蓝琼脂

[**用途**]　分离肠道菌的弱选择性培养基。

[**配法**]　肉膏汤琼脂(pH 值为 7.4)1 L,10 g/L 中国蓝溶液(灭菌)10 mL,乳糖 10 g,10 g/L 玫红酸酒精溶液 10 mL。取乳糖 10 g 置于已灭菌的肉膏汤琼脂瓶内,加热溶解琼脂并混匀。待冷却至 50 ℃左右,加入中国蓝、玫红酸酒精溶液混匀,立即倾注平板,凝固后备用。

[**用法**]　将标本接种平板,置于 35 ℃环境下 18～24 h。分解乳糖产酸的细菌,其菌落呈蓝色;不分解乳糖的细菌,菌落为淡红色的透明菌落。

[**质量控制**]　大肠埃希菌 ATCC 25922 菌落呈蓝色;痢疾志贺菌 I 型 ATCC 13313 和鼠伤寒沙门菌 ATCC 13311 菌落呈淡红色。

［保存］ 置于 2～8 ℃冰箱中保存,1 周内用完。

注:

(1) 中国蓝溶液需煮沸或经 115 ℃灭菌 15 min 后应用。玫红酸酒精溶液无须灭菌,但加热时应避开火焰。

(2) 玫红酸能抑制革兰阳性细菌生长,但对大肠埃希菌没有抑制作用,标本接种量不宜太多。

(3) 此培养基 pH 值为 7.4,应呈淡红色。若过碱呈鲜红色,过酸则呈蓝色,均不适用。

2. 市糖、赖氨酸、去氧胆酸盐(XLD)培养基

［用途］ 为肠道菌选择性培养基。

［配法］ 酵母浸粉 3 g,L-赖氨酸 5 g,氯化钠 5 g,D-木糖 3.75 g,乳糖 7.5 g,蔗糖 7.5 g,去氧胆酸钠 2.5 g,硫代硫酸钠 6.8 g,枸橼酸铁铵 0.8 g,琼脂 15 g,1%酚红溶液 8 mL,蒸馏水 1 L。

将上述成分(酚红除外)混合,加热溶解,校正 pH 值至 7.2,再加入酚红溶液混匀。经 121 ℃高压灭菌 15 min,倾注平板备用。

［用法］ 将标本画线接种平板,置于 35 ℃环境下培养 18～24 h。大肠埃希菌、肠杆菌属、克雷伯菌属、枸橼酸杆菌属细菌可形成黄色、不透明菌落;大多数沙门菌属细菌因不利用糖类,为半透明红色或无色菌落。

［质量控制］ 大肠埃希菌呈黄色菌落;宋内志贺菌呈无色菌落;伤寒沙门菌呈红色菌落有黑心;金黄色葡萄球菌抑制生长。

［保存］ 储存于 2～8 ℃环境中,1 周内用完。

3. SS 琼脂

［用途］ 沙门菌属和志贺菌属的分离培养。

［配法］ 月示胨 5 g,牛肉膏粉 5 g,乳糖 10 g,琼脂 15～18 g,胆盐 3.5 g,枸橼酸钠 8.5 g,硫代硫酸钠 8.5 g,枸橼酸铁 1 g,1% 中性红溶液 2.5 mL,0.1% 煌绿溶液 0.33 mL,蒸馏水 1 L。

将上述成分(除中性红、煌绿外)混合于水中,加热煮沸溶解,校正 pH 值为 7.0～7.1,然后加入中性红和煌绿溶液,充分混匀冷却至 50 ℃时倾注平板。

［用法］ 将标本接种平板,置于 35 ℃环境下培养 18～24 h。沙门菌属菌落呈无色半透明,产生硫化氢者菌落中心呈黑色;志贺菌属的菌落呈无色半透明;大肠菌属呈红色浑浊;宋内志贺菌能延缓发酵乳糖,培养 24 h 后可以出现红色菌落。肠道致病菌的菌落直径均可达 1.5 mm 以上。

［质量控制］ 大肠埃希菌菌落呈红色;痢疾志贺Ⅰ型、福氏志贺菌和伤寒沙门菌生长良好,菌落无色;肠炎或猪霍乱沙门菌菌落呈黑色;粪肠球菌、金黄色葡萄球菌不生长。

［保存］ 于 2～8 ℃环境下储存,3 d 内用完。

注:煌绿要新配,中性红要优质。

4. 麦康凯琼脂

［用途］ 麦康凯琼脂用于肠道致病菌的分离培养和非发酵细菌的鉴别。

［配法］ 蛋白胨 20 g,氯化钠 5 g,胆盐(猪、牛、羊)5 g,乳糖 10 g,琼脂 15～18 g,1%中性红溶液 5 mL,蒸馏水 1 L。

将上述成分(除中性红外)称量加入水中,加热溶解,校正 pH 值至 7.2,加入中性红溶液,在 115 ℃环境下分装灭菌 20 min,冷却至 50 ℃左右时倾注平板。

［用法］ 取标本或增菌培养物接种平板,置于 35 ℃环境下培养 18～24 h。不发酵乳糖的

肠道细菌呈无色菌落,直径约 2.0 mm,光滑半透明。

［质量控制］ 大肠埃希菌菌落呈桃红色;痢疾志贺菌菌落呈无色;伤寒沙门菌菌落无色;金黄色葡萄球菌不生长。

［保存］ 置于 2~8 ℃冰箱中,1 周内用完。

注:非发酵细菌在该平板上是否生长,是临床鉴定某些非发酵细菌的指标之一。

5. 伊红亚甲蓝琼脂

［用途］ 用于肠道致病菌及大肠菌群分离培养。

［配法］ 蛋白胨 10 g,乳糖 10 g,磷酸氢二钾 2 g,20 g/L 伊红 Y 溶液 20 mL,6.5 g/L 亚甲蓝溶液 10 mL,琼脂 17 g,蒸馏水 1 L。

将蛋白胨、磷酸盐、琼脂称量混合于水中,并加热煮沸溶解,校正 pH 值至 7.1,分装在 121 ℃环境下灭菌 15 min 备用。临用时加入乳糖加热溶化琼脂,冷却至 50~55 ℃时加入伊红和亚甲蓝溶液,摇匀倾注平板。

［用法］ 取粪便标本或增菌培养物接种平板,置于 35 ℃环境下培养 18~24 h。根据检验目的的不同,挑取无色菌落或挑选紫红色及有金属光泽的菌落转种克氏双糖或三糖铁琼脂进行鉴定。

［质量控制］ 大肠埃希菌菌落呈紫红色,有时有金属光泽,直径大于 2.3 mm;伤寒沙门菌菌落呈灰白色,直径大于 1.8 mm;金黄色葡萄球菌不生长。

［保存］ 置于 2~8 ℃冰箱中,1 周内用完。

6. 克氏双糖铁琼脂

［用途］ 克氏双糖铁琼脂用于肠杆菌科细菌的初步鉴定。

［配法］ 蛋白胨 20 g,牛肉膏粉 3 g,酵母膏粉 3 g,乳糖 10 g,葡萄糖 1 g,氯化钠 5 g,枸橼酸铁铵 0.5 g,硫代硫酸钠 0.5 g,0.2% 酚红溶液 5 mL,琼脂 12 g,蒸馏水 1 L。

将前 8 种成分称量混合于水中,加热溶解,校正 pH 值至 7.5,再加入琼脂和酚红溶液,煮沸溶解分装试管,每管 6 mL,经 115 ℃灭菌 20 min,立即制成高层斜面,待凝固后经无菌试验备用。

［用法］ 取待检菌纯培养物,用接种针作底层穿刺和斜面画线接种,置于 35 ℃环境下培养 18~24 h,观察结果。斜面变黄,底层变黄,产气者或不产气者多属大肠埃希菌群及发酵乳糖的菌株。斜面变红,底层变黄,为不发酵乳糖菌株。产硫化氢菌株可使底层或全管产生黑色反应。

［质量控制］ 奇异变形杆菌为 K/A 硫化氢阳性;大肠埃希菌为 A/A;志贺痢疾杆菌为 K/A;伤寒沙门菌为 K/A 硫化氢阳性;铜绿假单胞菌为 K/K。

［保存］ 置于 2~8 ℃冰箱中,2 周内用完。

注:该培养基的 pH 值尤为重要,pH 值为 7.5 时使用效果最佳。

7. 三糖铁琼脂

［用途］ 用于肠杆菌科细菌初步生化鉴定。

［配法］ 蛋白胨 15 g,月示胨 5 g,牛肉膏粉 3 g,酵母膏 3 g,乳糖 10 g,蔗糖 10 g,葡萄糖 1 g,氯化钠 5 g,硫酸亚铁 2 g,硫代硫酸钠 0.3 g,0.2% 酚红溶液 5 mL,琼脂 12 g,蒸馏水 1 L。

将前 10 种成分称量混合于水中,加热溶解后校正 pH 值至 7.4,再加入琼脂及酚红溶液,加热煮沸溶解。分装试管,每管 6 mL,经 115 ℃灭菌 20 min,立即置高层斜面,待凝固后,经无菌试验备用。

〔用法〕 取待检菌纯培养物,用接种针作底层穿刺和斜面画线接种,置于 35 ℃环境下培养18～24 h观察结果。发酵乳糖或蔗糖的菌可使斜面及底层均变黄色。不发酵乳糖和蔗糖的细菌仅发酵葡萄糖时使底层变黄,斜面变红。产生硫化氢的菌株可使底层或整个培养基呈黑色。分解乳糖或蔗糖后产气时有些菌株还能使培养基断裂。

〔质量控制〕 伤寒沙门菌 K/A,硫化氢阳性;乙副伤寒沙门菌 K/A,硫化氢阳性;痢疾志贺菌 K/A;大肠埃希菌 A/A;普通变形杆菌 A/A,硫化氢阳性;铜绿假单胞菌 K/K。

〔保存〕 置于2～8 ℃冰箱中,2周内用完。

注:该培养基在 pH 值为 7.5 时使用效果最佳。

8. 山梨醇麦康凯琼脂

〔用途〕 用于致病性、侵袭性和产毒性大肠埃希菌的分离培养。

〔配法〕 蛋白胨 5 g,月示胨 3 g,氯化钠 5 g,胆盐(猪、牛)5 g,山梨醇 10 g,琼脂 15 g,0.1 g/L 结晶紫溶液 1 mL,5 g/L 中性红溶液 5 mL,蒸馏水 1 L。

将前 4 种成分混合于水中,加热溶解,校正 pH 值至7.2,再加入琼脂加热煮沸溶解。分装三角烧瓶 100 mL。经 121 ℃灭菌 15 min备用。临用时,加热溶解,再加山梨醇、结晶紫及中性红溶液,摇匀倾注平板。

〔用法〕 将标本或增菌液接种平板,置于 35 ℃环境下培养18～24 h。与麦康凯琼脂的不同之处是挑取致病性大肠埃希菌菌落时,以无色菌落为主,同时兼取红色菌落,如 EPEC 迟缓分解山梨醇,菌落呈红色。EHEC 为 O157:H7时菌落无色。

〔质量控制〕 参照麦康凯琼脂。

〔保存〕 置于2～8 ℃冰箱中,1周内用完。

（三）非发酵细菌用培养基

1. 金氏培养基(甲)

〔用途〕 金氏培养基用于检测假单胞菌产生的色素。

〔配法〕 蛋白胨20 g,无水氯化镁 1.4 g,无水硫酸钾 10 g,琼脂 15 g,甘油 10 mL,蒸馏水 1 L。

将上述成分加热、溶解,调 pH 值至7.2,分装试管,在 118～121 ℃环境下灭菌 15 min,制成斜面和高层备用。

〔用法〕 取待检菌划种于上述斜面上,在 35 ℃环境下培养过夜。观察斜面上产色素情况。

2. 氧化-发酵试验培养基

〔用途〕 用于检测细菌代谢类型。

〔配法〕

(1) Hugh-Leifson 培养基(革兰阴性杆菌用),蛋白胨 2 g,葡萄糖 10 g,磷酸氢二钾 0.3 g,氯化钠 5 g,溴麝香草酚蓝(BTB)0.03 g,琼脂 2.5 g,蒸馏水 1 L。

(2)葡萄球菌 O/F(葡萄球菌和微球菌鉴别用),胰蛋白胨 10 g,酵母浸膏 10 g,琼脂 20 g,溴甲酚紫 0.001 g,蒸馏水 1 L,葡萄糖 10 g。

将上述成分混合加热溶解,调 pH 值至7.1,分装于试管中,每支试管 5 mL,在 121 ℃环境下高压灭菌 15 min,使之成琼脂高层,备用。

〔用法〕 从斜面上挑取少许培养物,同时穿刺接种两支培养基,其中一支接种后,滴加液状石蜡于培养基表面,高度约 1 cm。置于 35 ℃ 孵箱中培养 24～48 h。培养基变黄表示细菌分解葡萄糖而产酸,颜色不变为不分解葡萄糖。

[质量控制]　金黄色葡萄球菌 ATCC 25923、大肠埃希菌 ATCC 25922 发酵型;铜绿假单胞菌 ATCC 27853 氧化型;易变微球菌、粪产碱杆菌不利用。

注:

(1) 有些细菌不能在上述培养基上生长,需要在该培养基中加入 2% 血清或 10 g/L 酵母浸膏,重做试验。

(2) 指示剂不能用酒精配制,因有些细菌可使酒精产酸,导致发酵或氧化反应影响结果判断。

(四) 其他革兰氏阴性杆菌用培养基

1. 军团菌培养基

缓冲活性炭酵母琼脂培养基(BCYE)

[用途]　用于嗜肺军团菌的分离培养。

[配法]　酵母浸粉 10 g,活性炭 2 g,L-半胱氨酸盐酸盐 0.4 g,可溶性焦磷酸铁盐 0.25 g,琼脂 17 g,N-2-乙酰氨基-乙氨基酒精磺酸(ACES)10 g,蒸馏水 980 mL。

上述成分除半胱氨酸及焦磷酸铁外,其余成分混合加热溶解,经 121 ℃ 灭菌 15 min,水浴冷却至 50 ℃。另外分别配制新鲜 L-半胱氨酸溶液(10 mL 蒸馏水中含 0.4 g)及焦磷酸铁溶液(10 mL 中含 0.25 g),分别过滤除菌,再加入已灭菌琼脂中,加入 1 mol/L 氢氧化钾溶液 4～5 mL 使培养基的最终 pH 值为 6.9～7.0,可用 1 mol/L 盐酸溶液校正,倾注平板,冷却后置于 2～8 ℃ 冰箱中备用,亦可制成斜面,用于保存菌种。该培养基为黑色。

[用法]　液体标本可直接接种培养基,肺、肝、脾等固体标本需要制成 100 g/L 悬液后再接种培养基,接种后的培养基置于 35 ℃ 需氧环境中培养,培养箱需保持一定的湿度。每天用解剖镜检查平板培养物,用略大于 100° 的斜射光源照明。在 BCYE 平板上,培养 4～5 d,菌落直径 1～2 mm,并出现亮蓝和切削玻璃样的构造;继续培养后菌落增大呈黄绿色,较光滑。

[保存]　在室温、暗室中可保存 1 周。

2. 弯曲菌选择性培养基

1) Skirrow 培养基

[用途]　用于空弯及幽门螺杆菌的分离培养。

[配法]　蛋白胨 5 g,胰蛋白胨 5 g,酵母膏 5 g,氯化钠 5 g,琼脂粉 12 g,多抗液 5 mL(头孢哌酮 0.032 g,两性霉素 B0.01 g,利福平 0.01 g),脱纤维羊血 50 mL,FBP 溶液 5 mL(丙酮酸钠 0.25 g,焦亚硫酸钠 0.25 g,硫酸亚铁 0.25 g),蒸馏水 930 mL。

除血和抗生素外,其余成分混合于水中,加热溶解,调 pH 值至 7.2,经 121 ℃ 灭菌 15 min。待冷却至 50 ℃ 时加入羊血 50 mL 和多抗液 5 mL,摇匀,倾注无菌平板。

[用法]　将标本接种平板,置于 25 ℃ 或 43 ℃ 微需氧环境中培养 48 h,菌落直径达 1～2 mm,为不溶血的菌落。

[质量控制]　大肠埃希菌 ATCC 25922 和粪肠球菌 ATCC 33186 不生长;空肠弯曲菌胎儿亚种 ATCC 29424 生长良好。

注:

(1) 多抗液的配制,将 3 种抗生素添加于 5 mL 酒精水(酒精:水＝1:1)中,摇匀溶解后过滤除菌即可。

(2) FBP 溶液的配制,将三种成分添加于 5 mL 蒸馏水中,摇匀溶解后过滤除菌即可。

(3) 弯曲菌属系微需氧菌,培养时可提供 5% 氧气及 10% 二氧化碳。高浓度氧不利于细菌生长,尤其是幽门螺杆菌。因此标本采集后,应尽快接种培养,或者置于运送培养基中运送。

(4) 弯曲菌运送可用布氏菌汤培养基。

2) Campy-BAP 培养基

[用途]　用于分离培养弯曲菌。

[配法]　蛋白胨 10 g,胰胨 10 g,葡萄糖 10 g,酵母浸膏 3 g,氯化钠 5 g,重亚硫酸钠 0.1 g,蒸馏水 900 mL,脱纤维羊血 100 mL,万古霉素 10 mg,多黏菌素 B 2 500 U,TMP 5 mg,两性霉素 B 2 mg。

将上述成分(除羊血和抗菌补充剂外),加入 900 mL 蒸馏水,加热溶解,调 pH 值至 7.2 后分装,经 121 ℃灭菌 15 min,待冷却至 50 ℃加入羊血和抗菌药物添加剂,充分混匀后倾注于无菌平皿内。

[用法]　取标本接种于平板,置于 25 ℃或 43 ℃微需氧环境中培养 48 h,菌落直径达 1~2 mm,不溶血。

[质量控制]　大肠埃希菌 ATCC 25922 不生长;粪肠球菌 ATCC 33186 不生长;空肠弯曲菌胎儿亚种 ATCC 29424 生长良好。

三、真菌分离、鉴定培养基

1. 沙保罗琼脂培养基

[用途]　供真菌及酵母样真菌的分离培养用。

[配法]　麦芽糖 40 g,蛋白胨 10 g,琼脂 20 g,蒸馏水 1 L。

将上述成分溶于水,加热溶解,调 pH 值至 6.0±0.2,分装三角瓶或试管中,经 118 ℃灭菌 15 min,倾注平板或置斜面,无菌试验后备用。

[用法]　将标本接种培养基,如为血液标本,则采取 1~2 mL,与冷却至 45 ℃左右沙保琼脂混合,倾注接种平板。分别置于 35 ℃和 25 ℃恒温箱内同时培养。在 35 ℃恒温箱中培养 48 h,而在 25 ℃恒温箱中需连续培养 5 d,逐日观察结果。发现真菌及酵母样可疑菌落,转种沙保菌斜面,获得纯培养后进行鉴定。

[质量控制]　白色念珠菌和新型隐球菌生长良好。

注:

(1) 本培养基如不加入琼脂,即为沙保罗液体培养基,供真菌及念珠菌的增菌培养用。

(2) 增加氯霉素 0.05~0.125 mg/mL 或放线菌酮 0.5 mg/mL,可抑制细菌和污染的霉菌及隐球菌生长。这两种药均耐热,可直接加入培养基内高压灭菌。

(3) 添加酵母浸膏 5 mg/mL,可促进皮肤癣菌生长。增加维生素 B 0.1 mg/mL,可促进紫色癣菌和断发癣菌生长。

(4) 将麦芽糖减少到 20 g/L,为沙保罗 20 g/L 麦芽糖琼脂培养基,可供诱导真菌产生孢子用。

(5) 该培养基呈酸性,应提高 20% 的琼脂用量。

2. 玉米粉琼脂培养基

[用途]　鉴定酵母样真菌用。白色念珠菌在该培养基上在 25 ℃恒温箱中培养 24 h 可长出假菌丝,顶端有典型的厚壁孢子,可与其他念珠菌鉴别。

［配法］　玉米粉 4 g,琼脂 8 g,蒸馏水 1 L(pH 值为 6.0±0.2)。

将细米粉加水浸泡数分钟,扎紧瓶口,浸入 60 ℃的水中水浴 4 h,取出后用纱布过滤,除去粗渣,补足水分。无须调整 pH 值。加入琼脂,煮沸溶解,有沉淀物再过滤 1 次,分装试管,经 121 ℃灭菌 15 min 备用。

用玻璃片法点种后,置于平皿内,保持一定湿度,并置于 23～26 ℃环境下培养 24～48 h。取出玻片培养物,用高倍镜观察真假菌丝和有无厚壁孢子。

［质量控制］

白色念珠菌(ATCC 26790)厚膜孢子阳性;新型隐球菌(ATCC 9763)厚膜孢子阴性。

注:

(1) 玉米粉可用糯米粉或可溶性淀粉代替,效果相同。

(2) 该培养基加入 10 mL/L Tween-80,制成玉米粉 Tween-80 琼脂,用途相同,效果更好。

四、厌氧培养基

1. 液体培养基—石蕊牛乳培养基

［用途］　观察细菌对牛乳的凝固及发酵作用。

［配法］　新鲜脱脂牛乳 1 L,20 g/L 石蕊水溶液 10 mL(16 g/L 溴甲酚紫酒精溶液 1 mL)(pH 值为 6.8)。

将新鲜牛乳隔水煮沸 30 min,冷却后置于 2～8 ℃冰箱内过夜。用吸管吸出下层乳汁,注入另一烧瓶内,弃去上层乳脂。加入石蕊溶液,分装试管,经 113 ℃灭菌 15 min(或间歇灭菌)。置于 35 ℃环境下培养 24～48 h,若无细菌生长,即可在 4 ℃下冷藏备用。

［用法］　将被检菌接种于上述培养基中,若为芽孢梭菌,要在培养基内加入微量铁末,于 35 ℃环境下培养 8～24 h,必要时可延长至 14 d。

［观察结果］

产酸　因发酵乳糖而产酸,使指示剂变为粉红色。

产气　发酵乳糖同时产气,可冲开上面的凡士林。

凝固　因产酸太多而使牛乳中的酪蛋白凝固。

胨化　将凝固的酪蛋白继续水解为胨,培养基上层液体变清,底部可留有未被完全胨化的酪蛋白。

产碱　乳糖不发酵,因分解含氮物质,生成胺和氨,培养基变碱,指示剂变为蓝色。

不变　乳糖不发酵,指示剂无变化,与未接种管相同。

白色　石蕊被还原成白色。

急骤发酵　酸凝块被产生的大量气体所破坏。

［质量控制］　粪产碱杆菌,碱性反应,培养基呈蓝色;变形杆菌,没有变化,培养基仍呈紫色;产气荚膜梭菌,急骤发酵,酸凝块被气体破坏。

注:培养基在灭菌前加入凡士林,可观察厌氧菌对牛乳中乳糖分解的情况。若全脂牛奶需行脱脂处理,该培养基 pH 值为 6.8,呈紫色。

2. 疱肉培养基

［用途］　主要用于梭菌属的培养,商业无菌的检验。

［配方］　牛肉渣 0.5 g,牛肉浸液 7 mL(pH 值为 7.6)。

将干燥的肉渣 0.5 g 装入 15×150 mm 试管内,再加入 pH 值为 7.6 的牛肉浸液 7 mL,两者高度比例为 1:2。在试管液面上加一层 3～4 mm 厚度的融化凡士林或液状石蜡。用橡皮塞塞紧,经 121 ℃ 灭菌 15 min 后,置于 2～8 ℃ 冰箱中备用。

[用法] 将各种采集的标本,在 2 h 内取 0.5 mL 种入培养基底层,立即置于 35～37 ℃ 厌氧恒温箱内进行培养,2～7 d 观察结果。若发现培养基有混浊、沉淀、黏性菌膜生长现象,及培养物的臭味、肉渣的消化、变色、产气等情况,用以判断结果,并进行涂片染色镜检及分离培养。一般在培养 48 h 以后开始观察,直至 3 周,无细菌生长,即可报告阴性。

[质量控制] 破伤风杆菌或坏死梭杆菌 48 h 的培养物稀释 1 000 倍,接种 0.01 mL,生长良好。

[保存] 置于 2～8 ℃ 冰箱内,数月有效。

注:培养基的管口要密封,使用时将培养基置于水浴中煮沸 10 min,以除去管内残存的氧。为提高培养效果,在底层可放少许铁粉作为还原剂。

附录 E　生化试验培养基

一、糖发酵试验培养基

1. 糖发酵试验培养基

[用途] 检查细菌对不同糖类的发酵能力,达到鉴定细菌的目的。

[配法] 牛肉膏粉 5 g,蛋白胨 10 g,氯化钠 3 g,磷酸氢二钠 2 g,0.2% 溴麝香草酚蓝溶液 12 mL,蒸馏水 1 L。

葡萄糖发酵管按上述成分配好后,按 0.5%,加入葡萄糖,分装于有一个倒置小管的小试管内,经 115 ℃ 灭菌 15 min 备用。

其他各种糖发酵管可按上述成分配好后,分装每瓶 100 mL,经 115 ℃ 高压灭菌 15 min。另将各种糖类分别配好 10% 溶液,同时高压灭菌,有些需过滤除菌。将 5 mL 糖溶液加入 100 mL 培养基内,以无菌操作分装小试管备用。

将分离的纯菌接种到糖发酵管中,置于 36 ℃ 环境下培养 18～24 h。接种菌若能分解培养基中的糖类而生成酸,使指示剂呈酸性反应,若产生气体,则可使液体培养基中的导管内出现气泡;若接种菌不分解糖则无反应。

2. 血清菊糖试验培养基

[用途] 用于肺炎链球菌与其他链球菌的鉴别。

[配法] 血清(兔血清或牛血清)25 mL,1 g/L 酚红溶液 2 mL,菊糖 1 g,蒸馏水 75 mL。

先取血清 25 mL、蒸馏水 75 mL 混合,置于阿诺灭菌器内加热 15 min,以破坏血清内的淀粉酶。调 pH 值至 7.4,然后加入菊糖 1 g、1 g/L 酚红溶液 2 mL 摇匀。分装于 13×100 mm 的试管,每管 2 mL。用间歇灭菌法灭菌,每天 1 次,连续 3 d,每次 20 min。

[用法] 将被检菌接种培养基,置于 35 ℃ 环境下培养 18～24 h。分解菊糖的菌株使培养基变黄;不分解菊糖的菌株,培养基不变色。

[质量控制] 肺炎链球菌 ATCC 10015 阳性;化脓性链球菌 ATCC 19615 阴性。

3. 胆汁七叶苷试验培养基

[配法] 蛋白胨 5 g,牛肉膏粉 3 g,牛胆汁 40 g,七叶苷 1 g,枸橼酸铁 0.5 g,琼脂 15 g,蒸

馏水 1 L。

将上述成分混合加热溶解,调 pH 值至 7.2,分装试管,经 115 ℃灭菌 15 min。

将待测菌种接种到七叶苷培养基的斜面上,置于 35 ℃环境下孵育 18～24 h,观察结果。培养基变为黑色或棕色者为阳性;不变色者为阴性。

[质量控制]　粪肠球菌 ATCC 29212 阳性;化脓性链球菌 ATCC 19615 阴性。

[保存]　置于 2～8 ℃冰箱中,2 周内用完。

二、酶类测定培养基和试剂

1. 氨基酸脱羧酶试验培养基

[用途]　检查细菌使氨基酸脱羧基形成胺,从而使培养基变碱的能力。常用的氨基酸有赖氨酸、鸟氨酸和精氨酸。

[配法]　蛋白胨 5 g,牛肉膏粉 5 g,溴甲酚紫 0.1 g,甲酚红 0.005 g,吡多醛(VB6)0.005 g,葡萄糖 0.5 g,蒸馏水 1 L。

加热慢慢溶解,按 10 g/L 浓度加入所需要的氨基酸,调 pH 值至 6.0,呈深亮紫色。分装每支 2 mL,同时配对照管(不加氨基酸),经 121 ℃高压灭菌 15 min,冷却后于 4 ℃环境下冷藏备用。

[用法]　将试验菌接种培养基,同时接种对照管 1 支。并用灭菌的液状石蜡覆盖,置于 35 ℃环境下培养 18～24 h。阳性菌初期由于细菌发酵葡萄糖产酸呈黄色,若继续孵育,氨基酸经脱羧产生胺类使培养基变碱,指示剂改变颜色,呈紫色或紫红色。阴性呈黄色或不变色。

[质量控制]　赖氨酸脱羧酶:迟缓爱德华菌阳性,弗劳地枸橼酸菌阴性。鸟氨酸脱羧酶:产气肠杆菌阳性,弗劳地枸橼酸菌阴性。精氨酸脱羧酶:鼠伤寒沙门菌阳性,普通变形杆菌阴性。

2. 耐热 DNA 酶培养基

[用途]　用于检测细菌所产生的耐热脱氧核糖核酸酶。

[配法]　胰蛋白胨 1.5 g,植物蛋白胨 0.5 g,氯化钠 0.5 g,DNA 2 g/L,琼脂 1.5 g,蒸馏水 100 mL,2 g/L 甲苯胺蓝溶液 0.25 mL。

将前 6 种成分徐徐加热溶解后,调 pH 值至 7.4,加入甲苯胺蓝溶液,分装试管,经 121 ℃灭菌 15 min 后备用。

[用法]　上述琼脂倾注于载玻片上,凝固后,打孔,孔径 2 cm,孔内加入经 100 ℃隔水加热处理 15 min 后的肉汤培养物。将载玻片孵育于 35 ℃湿盒内 4 h,取出观察结果。阳性反应在孔周围出现不小于 4 mm 直径粉红色圈,阴性反应培养基的颜色无改变。

[质量控制]　金黄色葡萄球 ATCC 25923 阳性;表皮葡萄球菌 ATCC 12990 阴性。

3. DNA 酶试验培养基

[用途]　供细菌 DNA 酶测定用。

[配法]　DNA 2 g,胰酪胨 15 g,大豆胨 5 g,氯化钠 5 g,琼脂 20 g,蒸馏水 1 L。

将 5 种成分混合于蒸馏水中,加热溶解,校正 pH 值为 7.2～7.4,分装三角烧瓶,经 115 ℃灭菌 15 min,倾注灭菌平皿,于 4 ℃环境下冷藏备用。

[用法]　将待检菌作点状穿种在平板上,置于 35 ℃环境下培养 24 h。待细菌生长成集落菌苔后,在其菌苔上及周围滴加 0.1 mol/L 盐酸溶液数毫升,待片刻后,如待检菌 DNA 酶阳性,可在菌苔的周围出现明显的透明圈;而阴性者则无透明圈出现。

　　[质量控制]　金黄色葡萄球菌 ATCC 25923 和黏质沙雷菌 ATCC 274 阳性;表皮葡萄球菌 ATCC 14990 和大肠埃希菌 ATCC 25922 阴性。

　　[保存]　置于 2～8 ℃冰箱中,1 周内用完。

4. 氧化酶试验

　　[用途]　区别假单胞菌与氧化酶阴性的肠杆菌科细菌。

　　[配法]　盐酸二甲基对苯二胺(或四甲基对苯二胺)0.1 g 加蒸馏水 10 mL。

　　[用法]　取白色洁净滤纸一角,蘸取试验菌落少许,加试剂一滴。阳性者立即显粉红色,并于 5～10 s 内呈现深紫色反应。若用四甲基对苯二胺则阳性为蓝色。

　　[质量控制]　铜绿假单胞菌 ATCC 27853 阳性;大肠埃希菌 ATCC25922 阴性。

　　[保存]　置于棕色瓶内可用 1 周,于 4 ℃冰箱中保存,或者分装于棕色瓶内密封。

5. 尿素酶试验培养基

　　[用途]　用于细菌尿素酶测定。

　　[配法]　蛋白胨 1 g,葡萄糖 1 g,氯化钠 5 g,磷酸二氢钾 2 g,4 g/L 酚红溶液 3 mL,琼脂 18～20 g,200 mL/L 尿素溶液 100 mL,蒸馏水 1 L。

　　将前 4 种成分混合于蒸馏水中,加热溶解,校正 pH 值至 7.0,然后加入酚红溶液,分装每瓶 100 mL,经 121 ℃灭菌 15 min 备用。临用时,加热溶解,冷却至 55 ℃左右,加入无菌的尿素溶液 10 mL,摇匀立即无菌分装于灭菌试管,每支 2 mL,并置成斜面。经无菌试验后备用。

　　[用法]　取培养物接种斜面,在 35 ℃环境下孵育 24 h。尿素酶阳性者斜面变红色,阴性者颜色无变化。

　　[质量控制]　普通变形杆菌 ATCC 13315(8 h)整个培养基变红、肺炎克雷伯菌 ATCC 27236 仅斜面变红(24 h);大肠埃希菌 ATCC 25922 为阴性(24 h)。

　　[保存]　置于 2～8 ℃冰箱中,2 周内用完。

6. 磷酸酶试验培养基

　　[用途]　测定细菌产生磷酸酶的能力。用于区别葡萄球菌有无致病性,致病性葡萄球菌呈阳性。还有助于克雷伯菌属与肠杆菌属的鉴定。

　　[配法]　含磷酸酚酞的营养琼脂培养基。

　　将上述琼脂加热溶化,待冷却至 45 ℃时,加入滤过除菌的 10 g/L 磷酸酚酞溶液 1 mL,摇匀后倾注平板。

　　[用法]　接种待测菌株,在 35 ℃环境下培养 18～24 h。在平皿盖上滴加浓氨水 1 滴,熏蒸片刻。如有酚酞释出,菌落即变为粉红色为阳性;不变色为阴性。

　　注:

　　(1)亦可用液体法进行试验:经培养后在培养基内滴加氢氧化钠溶液,观察结果,显红色为阳性。

　　(2)以上为酸性磷酸酶的试验方法。如果做碱性磷酸酶试验,可将磷酸对硝基酚加入 pH 值为 10.5、0.04 mol/L 的甘氨酸氢氧化钠缓冲液内,观察结果时不必另行加碱。

　　(3)酚酞指示剂产生的颜色随其 pH 值的变化而变化,试剂的量要准确,太少或太多的碱均可引起假阳性或假阴性结果。

7. 马尿酸盐试验培养基

　　[用途]　测定细菌水解马尿酸钠的能力。该培养基常用方法有两种。

1）三氯化铁法

［配法］

马尿酸钠 1 g,肉汤 100 mL。

三氯化铁试剂:三氯化铁 12 g 溶于 2 ％盐酸 100 mL 中。

将马尿酸钠和肉汤(pH 值为 7.8)加热溶解后分装于试管中,每管 4 mL,经 121 ℃灭菌 15 min。冷却后用玻璃蜡笔记录培养基液面,置冰箱中备用。

［用法］　取纯菌接种培养基,在 35 ℃环境下培养 48 h,观察培养基液面。如液面下降时以蒸馏水补充之。离心沉淀,取上清液 0.8 mL 加入三氯化铁试剂 0.2 mL,立即混匀。经 10～30 min 观察结果,出现稳定沉淀物为阳性,反之为阴性。

2）茚三酮法

甘氨酸在茚三酮的作用下,经氧化脱氨基反应,生成氨、二氧化碳和相应的醛。而茚三酮则生成还原型茚三酮。反应过程中形成的氨和还原型茚三酮,与残留的茚三酮起反应,形成紫色化合物。

8. 触酶试验培养基

［用途］　用于链球菌及革兰阳性球菌初步分群。

［用法］

(1) 玻片法:取 18～24 h 培养物,置于清洁玻片上,加 1 滴 3％过氧化氢溶液,如产生大量气泡为阳性。

(2) 试管法:取琼脂斜面(不含血液的)18～24 h 培养物,接种于试管内,加入 3％过氧化氢溶液 1 mL,如产生大量气泡为阳性。

［质量控制］　金黄色葡萄球菌 ATCC 25923 阳性;无乳链球菌 ATCC 13813 阴性。

9. β-半乳糖苷(ONPG)试验培养基

［用途］　用于乳糖迟缓发酵菌和不发酵菌的鉴别。

［配法］　试剂甲为 0.01 mol/L pH 值为 7.0 磷酸氢二钠缓冲液 100 mL;试剂乙为蛋白胨 3 g,氯化钠 1.5 g,蒸馏水 300 mL,pH 值为 7.0。

将试剂甲、乙分别置于 121 ℃环境下灭菌 15 min,冷却至 40～50 ℃,再将试剂乙加入 ONPG 0.6 g,置于 56 ℃水浴中加热溶解,无菌过滤,将过滤液与试剂甲液合并分装试管,每管 2 mL,做无菌试验后备用。

［用法］　将标本接种培养基,在 35 ℃环境下培养 4～18 h。培养基呈黄色者为阳性,不变黄色为阴性。

［质量控制］　大肠埃希菌 ATCC 25922 阳性;普通变形杆菌 ATCC 13315 阴性。

注:ONPG 溶液不稳定,若培养基呈黄色即不可使用。

10. 苯丙氨酸试验培养基

［用途］　苯丙氨酸脱氨酶是变形杆菌属、普罗威登斯菌属和摩根菌属所特有,可与肠杆菌科及其他细菌区别。也有助于种的鉴别,如苯丙酮酸莫拉菌呈阳性,其他莫拉菌属的菌种呈阴性。

［配法］　DL-苯丙氨酸 2 g,氯化钠 5 g,酵母浸膏 3 g,磷酸氢二钠 1 g,琼脂 12 g,蒸馏水 1 L。

除琼脂外其他的成分加热溶解,调 pH 值至 7.3,再加入琼脂溶解后,分装,每管约 4 mL,经 121 ℃高压灭菌 15 min,置成斜面,凝固后于 4 ℃冰箱中保存,备用。

［用法］　取 18～24 h 培养物,大量接种于培养基,在 35 ℃环境下孵育 18～24 h 后在培养试

管中加入 100 g/L 三氯化铁试剂 4～5 滴,转动使试剂布满斜面,阳性者呈绿色,阴性者呈黄色。

[质量控制] 普通变形杆菌 ATCC 13315 阳性;大肠埃希菌 ATCC 25922 阴性。

[保存] 置于 2～8 ℃冰箱中保存,2 周内用完。试剂可保存 3 月。

注:

(1) 苯丙氨酸试验需在加入三氯化铁试剂后立即观察,因绿色容易很快褪去,无论阳性或阴性结果都必须在 5 min 内作出判断。

(2) 将斜面试管转动,让三氯化铁试剂流动,可使反应较快颜色亦较明显。

11. 淀粉培养基

[用途] 用于链球菌和白喉棒状杆菌的分型鉴定。

[配法] 蛋白胨 5 g,牛肉膏粉 3 g,琼脂(肉场培养基中不加)20 g,氯化钠 5 g,蒸馏水 1 L,可溶性淀粉 20 g,小牛血清 50 mL。

准确称量前 4 种成分加入 500 mL 蒸馏水,缓慢加热溶解制成基础培养基。再将 20 g 淀粉溶于 250 mL 蒸馏水中。天然淀粉微溶于水,并不耐热,切勿煮沸过度,防止淀粉水解。将上述两种溶液合并混匀,补足水至 1 L,调 pH 值至 7.2,经 121 ℃灭菌 15 min,倾注平板备用。

附:Lugol 碘液配制

(1) 储存液:将碘化钾 10 g 溶于 100 mL 蒸馏水中,缓慢加入 5 g 结晶碘不断研磨振荡直至溶解,装入棕色瓶中。

(2) 应用液:用蒸馏水将储存液 1:5 稀释,分装于棕色瓶中,每隔 1 个月需要新配制 1 次,溶液呈深黄色。

[用法] 取 18～24 h 纯培养物接种琼脂平板,一般可接种几个培养物。置于 35 ℃环境下孵育 18～24 h 或直至出现足够的生长物。将 Lugol 碘液直接加到孵育过的平板上,培养基呈深蓝色,菌落周围有透明圈为阳性,菌落周围无透明圈为阴性。

[质量控制] 无乳链球菌阳性;产气肠杆菌阴性。

[保存] 置于 2～8 ℃冰箱中保存,2 周内用完。碘液易于褪色,使用前应进行质量控制。

注:

(1) 倾注好的淀粉琼脂平板不宜放入冰箱中保存,培养基会变为不透明,可影响结果判断。建议将培养基放入螺旋帽的试管中保存,临用时加热溶解倾注平板,冷却后使用。

(2) 淀粉酶在 pH 值低于 4.5 时不稳定。

(3) 配制时,避免过热,否则淀粉颗粒自动分解导致假阳性结果。

(4) 培养时间应不少于 36 h。

三、碳源和氮源利用试验培养基

1. 黏液酸利用试验培养基

[用途] 用于无动力、不产气、不发酵乳糖的大肠埃希菌与志贺菌属的鉴别。前者多数为阳性,后者均为阴性。

[配法] 蛋白胨 10 g,黏液酸 10 g,蒸馏水 1 L,2 g/L 溴麝香草酚蓝溶液 12 mL。

将上述成分混合溶解,校正 pH 值为 7.4。分装试管,每管 3～4 mL,经 121 ℃灭菌 15 min,于 4 ℃冷藏备用。

[用法] 取试验菌株 18～24 h 肉汤培养物 1 环接种培养基。在 35 ℃环境下孵育 1～2 周,每天观察结果。培养基呈黄色为阳性,表明细菌能利用黏液酸;若培养基不变色则为阴性。

［质量控制］　大肠埃希菌 ATCC 25922 阳性;痢疾志贺 I 型 ATCC l3313 阴性。

2. 丙二酸盐试验培养基

［用途］　主要用于下述菌属的鉴定:阳性菌有粪产碱杆菌、亚利桑那菌、克雷伯菌;阴性菌有不动杆菌属、沙门菌属、放线菌属;特别是枸橼酸杆菌,用于属内种的鉴定如弗劳地、异型枸橼酸杆菌呈阳性,而丙二酸盐阴性,枸橼酸杆菌呈阴性。

［配法］　酵母浸膏 1 g,硫酸铵 2 g,磷酸氢二钾 0.6 g,磷酸二氢钾 0.4 g,氯化钠 2 g,丙二酸钠 3 g,葡萄糖 0.25 g,溴麝香草酚蓝 0.025 g,蒸馏水 1 L。

将上述成分溶解后调 pH 值至 6.7,分装小试管,每管 3 mL,经 121 ℃灭菌 15 min,冷却后置冰箱中保存。

取纯培养物接种培养基中,在 35 ℃环境下孵育 24～48 h。培养基由绿色变蓝色为阳性,培养基为绿色或黄色(仅葡萄糖发酵产酸)为阴性。应观察 48 h 方可报告。

［质量控制］　肺炎克雷伯菌 ATCC 27236 阳性;丙二酸盐阴性杆菌阴性。

［保存］　置于 2～8 ℃冰箱中,1 周内用完。

3. 醋酸盐试验培养基

［用途］　用于肠杆菌科的鉴定。

［配法］　醋酸盐 2 g,氯化钠 5 g,硫酸镁 2 g/L,磷酸氢铵 1 g,磷酸氢二钾 1 g,琼脂 20 g,蒸馏水 1 L。

将上述成分加热溶解,校正 pH 值至 6.8,然后加 2 g/L 溴麝香草酚蓝溶液 12 mL,经 121 ℃灭菌 15 min,制成斜面备用。

［用法］　将试验菌接种到斜面上,在 35 ℃环境下培养 7 d,每天观察 1 次。培养基由绿色变为蓝色为阳性。

［质量控制］　大肠埃希菌(ATCC 25922)阳性;宋内氏志贺菌(ATCC 11060)阴性。

［保存］　置于 2～8 ℃冰箱中,2 周内用完。

注:

(1)试验菌株要新鲜。

(2)阴性菌要观察至第 7 d,方可报告。

4. 葡萄糖酸盐试验培养基

［用途］　帮助属间鉴别、种间鉴别和沙雷菌属菌种的鉴定。

［配法］　蛋白胨 1.5 g,磷酸氢二钾 1 g,酵母浸膏 1 g,葡萄糖酸钾 40 g,或者葡萄糖酸钠 37.25 g,蒸馏水 1 L。

将上述成分加热溶解,调 pH 值至 7.0,然后分装试管,每管 2 mL,经 115 ℃灭菌 15 min,冷却备用。取待检菌大量接种培养基,在 35 ℃环境下培养 24～48 h,加班氏试剂 1 mL,充分混匀,隔水加热煮沸 10 min,观察结果。产生黄橙色沉淀为阳性,产生蓝色沉淀为阴性。

［质量控制］　肺炎克雷伯菌 ATCC 27236 阳性;大肠埃希菌 ATCC 25922 阴性。

5. 枸橼酸盐试验培养基

［用途］　鉴定细菌对枸橼酸盐及无机铵的利用能力。

配法 1(Simmons)　硫酸镁 0.2 g,磷酸二氢铵 1 g,磷酸氢二钾 1 g,枸橼酸钠 5 g,琼脂 20 g,氯化钠 5 g,2 g/L 溴麝香草酚蓝溶液 40 mL,蒸馏水 1 L(pH 值 6.8)。

配法 2(Christensen)　枸橼酸钠 3 g,葡萄糖 0.2 g,酵母浸膏 0.5 g,盐酸半胱氨酸 0.1 g,枸橼酸铁铵 0.4 g,磷酸氢二钾 1 g,硫代硫酸钠 0.08 g,氯化钠 5 g,酚红 0.012 g,琼脂 5 g,蒸

馏水 1 L(pH 值为 6.9)。

先将盐类溶解于水内,调整 pH 值,再加入琼脂,加热溶化后,加入指示剂,混合均匀后分装试管,经 121 ℃ 高压灭菌 15 min,放成斜面。将待检菌浓密地画线接种在上述斜面上,于 35 ℃ 环境下培养 1～4 d,逐日观察结果。

Simmons(西蒙)枸橼酸盐培养基斜面上有细菌生长,培养基由绿变成蓝色为阳性,无细菌生长,颜色不变蓝色为阴性;Christinsen(柯氏)枸橼酸盐培养基斜面呈红色为阳性,颜色不变为阴性。

[保存]　置于 2～8 ℃ 冰箱中,2 周内用完。

[质量控制]　肺炎克雷伯菌阳性;大肠埃希菌 ATCC 25922 阴性。

注:

(1) 当挑取同一培养物接种一组生化试验管时,在接种枸橼酸盐培养基前,接种针或环要用火焰灭菌,或者先接种枸橼酸盐培养基。因培养基上若存在葡萄糖或其他营养物质可导致假阳性。

(2) 接种时菌量应适宜,过少可导致假阴性结果,接种物过量可导致假阳性结果。

(3) 通常培养 24 h 观察结果,但有些枸橼酸盐阳性的细菌则需孵育 48 h 以上,才能使培养基 pH 值发生变化。

6. 碳源利用试验培养基

[用途]　测定细菌利用碳源的能力。

[配法]　磷酸氢二铵 0.5 g,磷酸二氢钾 1.3 g,磷酸氢二钠 3.2 g,硫酸钠 0.8 g,硝酸钠 1 g,待测物质 2～10 g,蒸馏水 1 L。

将各成分溶于水中,校正 pH 值至 7.2,分装,在 116 ℃ 下灭菌 15 min。

[用法]　将待试菌制成低浓度的 9 g/L 氯化钠溶液菌悬液,接种培养基,于适当的温度下培养 24～48 h。若有细菌生长即为阳性,反之为阴性。

[质量控制]　菌液不可太浓,否则结果不易观察。应设已知菌阴性、阳性对照。可用多种细菌试验同一含碳化合物,亦可用多种含碳化合物试验同一种细菌。

注:

(1) 使用的含碳化合物主要为各种糖类和有机酸类。

(2) 不能用 1 支培养管做多项试验。

四、其他生化试验培养基

1. 硝酸盐还原试验培养基

[用途]　肠杆菌科细菌均能还原硝酸盐为亚硝酸盐,如铜绿假单胞菌能还原硝酸盐并可产生氮气等,而有些细菌则无此特性,故可以此鉴别。

[配法]　蛋白胨 10 g,硝酸钾(分析纯)2 g,蒸馏水 1 L。

上述成分混合后,加热溶解,校正 pH 值至 7.4。分装试管每管约 4 mL,经 121 ℃ 灭菌 15 min 后备用。

附:试剂配制。

甲液:对氨基苯磺酸 0.8 g,5 mol/L 冰醋酸 100 mL。

乙液:α-萘胺 0.5 g,5 mol/L 冰醋酸溶液 100 mL。

[用法]　将试验菌接种培养基,在 35 ℃ 环境下培养 1～4 d,每天吸取培养液 1 mL,加入

液甲、乙试剂各 2 滴,阳性者立刻或数秒钟内显红棕色,阴性则不变色。

〔质量控制〕　大肠埃希菌 ATCC25922 阳性;硝酸盐阴性不动杆菌 ATCC15038 阴性。

注:

(1) 因亚硝酸盐在自然界中分布很广,制备此培养基时所用器皿均要清洗干净。

(2) 硝酸盐试验很敏感,未接种的硝酸盐培养基应以试剂进行检查,确定培养基中是否存在亚硝酸盐,从而排除假阳性结果。

(3) 本试验在判定结果时,必须在加试剂后立即观察,否则可因培养液迅速褪色而影响判定。

(4) 沙门菌属、假单胞菌属的某些菌株,不但能还原硝酸盐为亚硝酸盐,而且还能使亚硝酸盐继续分解,生成氨和氮导致假阴性结果。

(5) 若加入硝酸盐试剂不出现红色,需检查硝酸盐是否被还原。可于原试管内再加入少许锌粉,如出现红色证明产生芳基胲,表示硝酸盐仍然存在;如仍不产生红色,表示硝酸盐已被还原为氨和氮。亦可在培养基内加 1 只小导管,若有气泡产生,表示有氮气生成。可以排除假阴性。

2. 亚硝酸盐还原试验培养基

〔用途〕　测定细菌还原亚硝酸盐的能力。

〔配方〕　蛋白胨 10 g,亚硝酸钾 2 g,酵母浸膏 3 g,蒸馏水 1 L。

将上述成分混合后,加热溶解,调 pH 值至 7.0。分装试管每管约 4 mL,加入小导管 1 只,经 121 ℃灭菌 15 min 后备用。

〔用法〕　将试验菌接种于亚硝酸盐培养基中,在 35 ℃环境下培养 24～48 h。24 h 观察导管中有无气泡出现,若有气泡则为阳性,无气泡为阴性。48 h 培养物检测亚硝酸盐存在与否。方法是在培养物内加入硝酸盐还原试剂甲、乙液各 0.5 mL,如无红色出现为阳性,说明亚硝酸盐已被还原;反之为阴性,说明培养基中尚有亚硝酸盐的存在。

〔质量控制〕　铜绿假单胞菌 ATCC 27853 阳性;硝酸盐阴性不动杆菌 ATCC 15038 阴性。

〔注意事项〕

(1) 因亚硝酸盐在自然界中分布很广,故在制备此培养基时所用器皿均要清洗干净。

(2) 未接种的亚硝酸盐培养基应以硝酸盐试剂进行检查,出现红色反应方可使用。

3. 40%胆汁肉汤培养基

〔用途〕　用于链球菌属的鉴别。

〔配法〕　蛋白胨 10 g,氯化钠 5 g,牛肉膏粉 5 g,新鲜胆汁(猪、牛)400 mL,蒸馏水 600 mL。

先将蛋白胨、牛肉膏粉、氯化钠加热溶于蒸馏水中,调 pH 值至 7.6,加入胆汁混匀后,分装试管,每管 3 mL,经 115 ℃灭菌 20 min,冷藏备用。取新鲜猪(牛)胆若干只,取胆汁用纱布过滤,装于瓶中经 115 ℃灭菌 20 min,冷却后置于 2～8 ℃冰箱内,次日取出吸取上清液备用。

〔用法〕　取待检标本接种肉汤,置于 35 ℃环境下培养 24～48 h,观察有无细菌生长。阳性菌呈颗粒状生长,上液澄清,管底有沉淀;阴性菌则不生长。

〔质量控制〕　粪肠球菌 ATCC 29212 阳性;化脓链球菌 ATCC 19615 阴性。

注:若为初次观察或培养基本身不易观察,可转种血琼脂平板。

4. CAMP 试验培养基

〔用途〕　检查细菌产生和合成 CAMP 因子的能力。

〔配法〕　同血琼脂平板。

　　[用法]　在血琼脂平板上,先以金黄色葡萄球菌画一横线接种,再将被检的 β 群链球菌与上述画线作垂直画线接种,两者不能相交,相距 0.5～1.0 cm,于 35 ℃环境下培养 18～24 h。在两种细菌画线之交接处出现箭头形透明溶血区为阳性;无箭头状溶血区为阴性。

　　[质量控制]　无乳链球菌 ATCC 13813 阳性;粪肠球菌 ATCC 29212 阴性。

　　注:

　　(1) CAMP 为 Christie,Atkins,Munch-Petersen 四人名。

　　(2) 每批要用 A、D 群链球菌作阴性对照,用 B 群链球菌作阳性对照。

　　(3) 用无菌 9 g/L 氯化钠溶液洗涤 3 次的羊红细胞,制成 5％含量的羊血琼脂平板效果较好。

　　(4) 用葡萄球菌 β-溶血素滤液做成纸条进行试验效果亦较佳。

5. 硫化氢试验培养基

　　[用途]　观察细菌产生硫化氢的作用。

　　检测硫化氢产物有很多方法:以醋酸铅法最为敏感,其适用于肠杆菌科以外的细菌所产生的少量硫化氢的检测;而硫酸亚铁法,为检查硫化氢的常规培养基。现将这两种培养基分述如下。

　　1) 醋酸铅培养基

　　[配法]　蛋白胨 10 g,胱氨酸 0.1 g,硫酸钠 0.1 g,蒸馏水 1 L。

　　将上述成分加热溶解,调整 pH 值为 7.0～7.4,分装试管,每管液体高度为 4～5 cm,经 115 ℃灭菌 20 min。将滤纸剪成 0.1～1.0 cm 宽的纸条,用 50～100 g/L 醋酸铅溶液浸透、烘干,置于皿内备用。

　　[用法]　将培养物接种上述培养基中,挂上纸条经 35 ℃孵育 24 h。纸条变黑为阳性,无变化为阴性。

　　2) 硫酸亚铁琼脂

　　[配法]　牛肉膏粉 3 g,酵母浸膏 3 g,蛋白胨 10 g,硫酸亚铁 0.2 g,氯化钠 5 g,硫代硫酸钠 0.3 g,琼脂 12 g,蒸馏水 1 L。

　　将上述成分加热溶解,分装试管,每管 3 mL,经 115 ℃灭菌 20 min,备用。

　　[用法]　将试验菌株穿刺接种到培养基中,在 35 ℃环境下培养 24 h 后,观察结果。培养基呈黑色为阳性,不变黑色为阴性。

　　[质量控制]　鼠伤寒沙门菌 ATCC 13311 阳性;宋内志贺菌 ATCC 11060 阴性。

　　[保存]　置于 2～8 ℃冰箱中,2 周内用完。

6. 奥普托欣敏感试验纸片

　　[用途]　测定细菌对化学药品奥普托欣敏感性。

　　[配法]　奥普托欣(Optochin)10 mg 溶于 10 mL 蒸馏水中,取 1 mL,加入 200 片直径 6 mm 的灭菌纸片中,使其充分吸收,于 37 ℃温箱中烘干备用。每片含 Optochin 5 μg 或将宽 8 mm 的滤纸条浸于 1:4 000 的 Optochin 水溶液中,取出烘干备用。

　　[用法]　将被检菌的肉汤培养物用无菌棉棒均匀涂布于血琼脂平板上,取奥普托欣纸片贴于平板上,在 35～37 ℃环境下培养 18～24 h。抑菌圈在 18 mm 以上为敏感,无抑菌圈或抑菌圈小于 10 mm 为耐药。

　　[质量控制]　肺炎链球菌(ATCC 10015)阳性;化脓性链球菌(ATCC 19615)阴性。

　　注:如果分离物生长稀少,则很难正确判定结果。其判定敏感的最低标准为抑菌环,直径

为 15～16 mm 或更大;若小于 15 mm,应加做胆汁溶解试验来确定。

7. O/129 试验纸片

[用途]　用于弧菌属的鉴定。

[配法]　O/129 50 mg 溶于 50 mL 无水酒精中,取 1 mL 加入 100 片直径为 6 mm 的无菌滤纸片中,吸收后于 37 ℃ 温箱中烘干备用。每片滤纸含 O/129 10 μg。

[用法]　将待检菌的肉汤涂布于碱性琼脂平板,取 O/129 纸片贴于平板上,在 35 ℃ 环境下培养 18～24 h。平板出现抑菌圈为阳性,无抑菌圈为阴性。

[质量控制]　创伤弧菌阳性;亲水气单孢菌阴性。

8. pH 值 9.6 肉汤培养基

[用途]　用于鉴定链球菌。

[配法]　pH 值为 9.6 的肉汤 100 mL,葡萄糖 2 g/L。

将普通肉汤调整 pH 值为 9.6,加入葡萄糖溶解后,分装试管,每管 2～3 mL,在 121 ℃ 环境下灭菌 15 min,备用。

[用法]　将待检菌接种培养基,置于 35 ℃ 环境下培养 18～24 h。培养基有混浊物为阳性。

[质量控制]　粪肠球菌 ATCC 29212 阳性;化脓性链球菌 ATCC 10389 阴性。

[保存]　在 4 ℃ 冰箱中保存,2 周内用完。

9. 氰化钾试验培养基

[用途]　主要用于属间的鉴别,生长的种类有弗氏枸橼酸杆菌、克雷伯菌-肠杆菌菌群、铜绿假单孢菌;不生长的种类有沙门菌-亚利桑那菌群、大肠埃希菌、粪产碱杆菌。

[配法]　蛋白胨 10 g,氯化钠 5 g,磷酸二氢钾 0.225 g,磷酸氢二钠 4.5 g,蒸馏水 1 L。

将上述成分加热溶解在三角烧瓶中,经 121 ℃ 灭菌 15 min,临用时加入 50 g/L 氰化钾溶液 1.5 mL 混匀,分装于无菌试管中,一份不加氰化钾作对照。

[用法]　取纯培养物接种两管,1 支氰化钾实验管,1 支对照管,置于 35 ℃ 环境下培养 24～72 h。阳性结果为实验管混浊,对照管混浊;阴性结果(敏感)为实验管清晰(不生长),对照管混浊(生长)。

[质量控制]　铜绿假单胞菌 ATCC 27853 生长;福氏志贺菌不生长。

[保存]　置于冰箱中,1 周用完。

注:

(1)氰化钾抑菌能力与接种菌量及培养基成分有很大关系,所以在试验时接种菌量不宜过多。

(2)氰化钾剧毒,使用时注意安全。氰化钾培养基废弃前(无论是否用过),应作无害化处理:向每管加 400 g/L 氢氧化钾溶液 0.1 mL 和米粒大的硫酸亚铁结晶。

10. 葡萄糖蛋白胨水培养基

[用途]

(1)帮助肠杆菌属与大肠埃希菌属、葡萄球菌属与微球菌属的属种鉴别。

(2)帮助肺炎克雷伯菌、产酸克雷伯菌、臭鼻克雷伯菌、鼻硬结克雷伯菌间的菌种鉴别。

(3)帮助蜂房哈夫尼亚菌与小肠结肠炎耶尔森菌的菌种鉴别。

(4)用于 V-P 试验。

[配法]　蛋白胨 5 g,葡萄糖 5 g,磷酸氢二钾 2 g,蒸馏水 1 L。

将上述成分混合溶解后,调 pH 值至 7.0～7.2,分装小试管,经 121 ℃灭菌 15 min,置于 2～8 ℃冰箱中保存备用。

[用法]　取 18～24 h 培养物小量接种,在 35 ℃环境下孵育 24～48 h,有时可能延长数天。有些细菌,特别是哈夫尼亚菌,在 35 ℃下孵育时 V-P 试验结果不稳定,但在 25～30 ℃下则呈阳性。若怀疑为哈夫尼亚菌时,可重复 V-P 试验并在 25 ℃环境下孵育。

观察方法有以下两种。

1) 奥梅拉(O-Meara)法

试剂:氢氧化钾 40 g,肌酐 0.3 g、蒸馏水 100 mL。

首先将氢氧化钾溶解。然后加肌酐保存 3～4 周。观察时按培养基试剂 10:1 比例滴加试剂,混合,置于 37 ℃环境下 4 h 或在 48 ℃环境下 2 h,充分振摇,变红色为阳性。

2) 贝立脱 (Barritt)法

试剂甲液,60 g/L 甲-萘酚酒精溶液;试剂乙液,400 g/L 氢氧化钾溶液。

观察时按每 2 mL 培养物加甲液 1 mL,乙液 0.4 mL 混合,置于 35 ℃环境下 15～30 min 出现红色为阳性,若无红色,应置于 35 ℃环境下 4 h 后再判定,本法较奥梅拉法敏感。

[质量控制]　大肠埃希菌 ATCC 25922 阴性;阴沟肠杆菌阳性。

[保存]　培养基置于 2～8 ℃冰箱中,2 周内用完。试剂易失效,用前应进行质量控制。

注:

(1) 加入 O-Meara 试剂后要充分混合,促使乙酰甲基甲醇氧化,使反应易于进行。

(2) 试剂必须用已知阳性和阴性的标准菌株进行对照检查。

(3) 试剂中加入 400 g/L 氢氧化钾是为了吸收二氧化碳。加入量少于 0.2 mL,并且次序不能颠倒。

(4) 贝立脱方法是相当敏感的,它可检出以前认为 V-P 试验阴性的某些细菌。

(5) 许多实验室工作人员有一个错误的印象,即 V-P 试验阳性菌 MR 试验自然是阴性,或反之亦然。实际上,肠杆菌科的大多数细菌产生相反的反应(由于乙酰甲基甲醇形成碱性增加导致 MR 阴性和 V-P 阳性)。某些细菌如蜂房哈夫尼亚菌(哈夫尼肠杆菌在 37 ℃下孵育和奇异变形杆菌可产生 MR 和 V-P 同时阳性反应,后者常延迟出现。

(6) α-萘酚酒精溶液易失效,试剂放室温暗处可保存 1 月,氢氧化钾溶液可长期保存。国内多采用贝立脱法。

11. 甲基红试验培养基

[用途]　检查细菌发酵葡萄糖产酸的能力;用于鉴别某些细菌,如大肠埃希菌(阳性)、产气杆菌(阴性)、阴沟杆菌(阴性),克雷伯菌属(一般为阴性),耶尔森菌属(阳性),其他革兰阴性非肠道杆菌(阴性),单核李斯特菌(阳性)。

[配法]

(1) 葡萄糖蛋白胨水培养基(见前)。

(2) 试剂:甲基红 0.1 g,95%酒精 300 mL,蒸馏水 200 mL。

[质量控制]　大肠埃希菌 ATCC 25922 阳性;产气肠杆菌阴性。

注:

(1) 试剂和培养基在应用前要用已知阳性菌(如大肠埃希菌)和已知阴性菌(如克雷伯菌)做对照试验。

（2）MR 试验的正确性取决于足够的孵育时间,接种细菌后至少要孵育 24 h。通常每毫升培养物滴加 1 滴指示剂。

［保存］　置于 2~8 ℃冰箱中,培养基 2 周内用完。甲基红试剂置密闭的棕色瓶内,可使用 3 月。

12. 蛋白胨水培养基

［用途］　用于细菌靛基质试验。

［配法］　蛋白胨(或胰蛋白胨)20 g,氯化钠 5 g,蒸馏水 1 L。

将上述成分溶于水中,校正 pH 值至 7.2,分装试管,每管 2~3 mL,经 121 ℃灭菌15 min 备用。

附:试剂配制。

（1）靛基质柯氏试剂:将二甲氨基苯甲醛 5 g 溶于异戊醇 75 mL 中,待冷却后慢慢加入浓盐酸 25 mL。

（2）欧氏试剂:对二甲氨基苯甲醛 1 g 溶于 95％酒精 95 mL 中,溶解后慢慢加入浓盐酸 20 mL。

（3）色氨酸滴板法试剂:L-色氨酸 0.1 g 溶于 100 mL(pH 值为 6.8)0.01 mol/L 磷酸盐缓冲液中。

［用法］　将待检菌接种培养基,在 36 ℃环境下培养 18~24 h,在培养物液面,徐徐加入靛基质试剂数滴,阳性者立即出现玫瑰红色,阴性者呈黄色。

［质量控制］　大肠埃希菌 ATCC25922 阳性;肺炎克雷伯菌阴性。

［保存］　置于 2~8 ℃冰箱中,使用期 2 周。

注:

（1）靛基质试验方法还有试纸悬挂法,色氨酸滴板法及斑点法,请参阅有关资料。

（2）选用的蛋白胨一定要含有丰富的色氨酸,否则不能应用。

（3）国内多采用柯氏试剂。

13. 西蒙氏柠檬酸盐斜面培养基

［配法］　氯化钠 5 g,硫酸镁 0.2 g,磷酸二氢铵 1 g,磷酸氢二钾 1 g,枸橼酸钠 5 g,琼脂 20 g,蒸馏水 1 L,溴麝香草酚蓝溶液 40 mL。

先将盐类溶解于水内,校正 pH 值为 6.8,再加琼脂,加热溶化。然后加入指示剂,混合均匀后分装试管,经 121 ℃高压灭菌 15 min,放成斜面。

14. 醋酸铅培养基

［配法］　牛肉膏粉蛋白胨 100 mL,硫代硫酸钠 0.25 g,10％醋酸铅水溶液 1 mL。

培养基的配制:将牛肉膏粉蛋白胨琼脂 100 mL 加热溶解,待冷却至 60 ℃时加入硫代硫酸钠 0.25 g,调至 pH 值至 7.2,分装于三角瓶中,经 115 ℃灭菌 15 min。取出后待冷却至 55~60 ℃,加入 10％醋酸铅水溶液(无菌的)1 mL,混匀后倒入灭菌试管或平板中。

附录 F　抗菌药物敏感试验培养基

抗菌药物敏感试验用于测定抗菌药物或其他抗微生物制剂在体外抑制细菌生长的能力。有琼脂扩散法和稀释法两种。

WHO 推荐改良 Kirby-Bauer 法抗菌药物敏感试验,其技术简单,可重复性好,并且特别适合快速生长的致病菌。但其不适用于肺炎链球菌、流感嗜血杆菌和奈瑟菌的抗菌药物敏感试验,这些的细菌需在常规的抗菌药物敏感试验培养基内补充特殊的营养成分。

一、M-H 琼脂培养基

[用途] Kirby-Bauer 法抗菌药敏试验指定使用本培养基。M-H 琼脂(Muller-Hinton 水解酪蛋白琼脂)加 5 ％羊血制成血琼脂平板或制成巧克力琼脂平板用于检测肺炎链球菌和流感嗜血杆菌。

[配法] 牛肉浸出物 1 L,水解酪蛋白 17.5 g,可溶性淀粉 1.5 g,琼脂 17 g。

将上述各成分混合,静置 10 min,待可溶物完全溶解后,经 121 ℃高压灭菌 15 min。冷却至 50 ℃左右,吸取 25 mL 培养基注入直径 90 mm 的平皿内,制成厚度为 4 mm 的琼脂平板。

[质量控制] 用质控菌株测定药物的抑菌环与 NCCLS 的标准参比判断培养基的质量。

常用的标准菌株:金黄色葡萄球菌 ATCC 25923、大肠埃希菌 ATCC 25922、铜绿假单胞菌 ATCC 27853、粪肠球菌 ATCC 29212 或 33186、肺炎链球菌 ATCC 6305、流感嗜血杆菌 ATCC 10211。

[保存] 琼脂平板应新鲜使用,置于 4 ℃冰箱中保存,1 周内用完。

注:

(1) 质量控制标准参见 NCCLS 纸片法药敏试验操作标准。

(2) 在 M-H 琼脂培养基中添加 5 ％脱纤维羊血,即可用于肺炎链球菌的抗菌药物敏感试验。

(3) 在 M-H 琼脂培养基上,补充辅酶Ⅰ 15 mg/mL,牛血红蛋白 15 mg/mL,酵母浸膏 5 mg/mL,胸腺嘧啶脱氧核苷磷酸化酶 0.2 U/mL,可用于流感嗜血杆菌的抗菌药物敏感试验。

(4) NCCLS 推荐淋病奈瑟菌用 GC 琼脂平板,添加生长补充剂。生长补充剂由下列试剂组成:每 100 mL 水中含有 1.1 mg 胱氨酸,0.03 g 鸟嘌呤,3 mg 维生素 B_1,13 mg 对-氨基苯甲酸,0.01 g 维生素 B_{12},0.1 g 羧化辅酶,0.25 g 辅酶Ⅰ,1 mg 嘌呤腺,10 mg L-谷氨酰胺,100 mg 葡萄糖,0.02 g 硝酸铁。

二、M-H 肉汤培养基

[用途] 用于稀释法细菌药物敏感试验(MIC 和 MBC 测定)。

[配法] 牛肉浸汤 600 mL,水解酪蛋白 17.5 g,可溶性淀粉 1.5 g,蒸馏水 400 mL。

将上述成分混合加热溶解,校正 pH 值为 7.3±0.1,经 121 ℃灭菌 15 min 备用。如试验菌对营养要求较高,临用前按 0.5％比例加入羊血。

[质量控制] 质控菌株同 M-H 琼脂培养基,凡自配或购置商品培养基均需用质控菌株和药物标准品进行测试,结果符合方可使用。

[保存] 置于 2～8 ℃冰箱中,2 周内用完。

注:NCCLS 推荐使用含阳离子 M-H 培养基,即在 M-H 液体培养基中含有钙离子 10～25 mg/L,镁离子 10～25 mg/L。配制方法如下:氯化钙 3.68 g 溶于 100 mL 蒸馏水中,即为含钙离子 10 mg/mL 储存液。氯化镁 8.36 g,溶于 100 mL 蒸馏水中,即为含镁离子 10 mg/mL 储存液。

附录 G　专用培养基

1. 平板计数琼脂

[用途]　一般用于菌落总数的测定。

[配法]　胰蛋白胨 5.0 g,酵母浸膏 2.5 g,葡萄糖 1.0 g,琼脂 15.0 g,蒸馏水 1 000 mL。

将上述成分加于蒸馏水中,煮沸溶解,调节 pH 值至 7.0。分装试管或锥形瓶,经 121 ℃ 高压灭菌 15 min。

2. 月桂基硫酸盐胰蛋白胨(LST)肉汤

[配法]　胰蛋白胨或胰酪胨 20.0 g,氯化钠 5.0 g,乳糖 5.0 g,磷酸氢二钾 2.75 g,磷酸二氢钾 2.75 g,月桂基硫酸钠 0.1 g,蒸馏水 1 000 mL。

将上述成分溶解于蒸馏水中,调节 pH 值至 6.8,分装到有玻璃小导管的试管中,每管 10 mL。经 121 ℃ 高压灭菌 15 min。

3. 煌绿乳糖胆盐(BGLB)

[配法]　肉汤蛋白胨 10.0 g,乳糖 10.0 g,牛胆粉(ox gall 或 oxbile)溶液 200 mL,0.1% 煌绿水溶液 13.3 mL,蒸馏水 800 mL。

将肉汤蛋白胨、乳糖溶于约 500 mL 蒸馏水中,加入牛胆粉溶液 200 mL(将 20.0 g 脱水牛胆粉溶于 200 mL 蒸馏水中,调节 pH 值至 7.0～7.5),用蒸馏水稀释到 975 mL,调节 pH 值至 7.2,再加入 0.1% 煌绿水溶液 13.3 mL,用蒸馏水补足到 1 000 mL,用棉花过滤后,分装到有玻璃小导管的试管中,每管 10 mL。经 121 ℃ 高压灭菌 15 min。

4. 结晶紫中性红胆盐琼脂(VRBA)

[配法]　蛋白胨 7.0 g,酵母膏 3.0 g,乳糖 10.0 g,氯化钠 5.0 g,胆盐或 3 号胆盐 1.5 g,中性红 0.03 g,结晶紫 0.002 g,琼脂 15～18 g,蒸馏水 1 000 mL。

将上述成分溶于蒸馏水中,静置几分钟,充分搅拌,调节 pH 值至 7.4,煮沸 2 min,将培养基冷却至 45～50 ℃ 倾注平板,使用前临时制备,不得超过 3 h。

5. 马铃薯-葡萄糖-琼脂

[配法]　马铃薯(去皮切块) 300 g,葡萄糖 20.0 g,琼脂 20.0 g,氯霉素 0.1 g,蒸馏水 1 000 mL。

将马铃薯去皮切块,加 1 000 mL 蒸馏水,煮沸 10～20 min。用纱布过滤,补加蒸馏水至 1 000 mL。加入葡萄糖和琼脂,加热溶化,分装后,经 121 ℃ 灭菌 20 min。倾注平板前,用少量酒精溶解氯霉素加入培养基中。

6. 孟加拉红培养基

[配法]　蛋白胨 5.0 g,葡萄糖 10.0 g,磷酸二氢钾 1.0 g,硫酸镁(无水) 0.5 g,琼脂 20.0 g,孟加拉红 0.033 g,氯霉素 0.1 g,蒸馏水 1 000 mL。

将上述各成分加入蒸馏水中,加热溶化,补足蒸馏水至 1 000 mL,分装后,经 121 ℃ 灭菌 20 min。倾注平板前,用少量酒精溶解氯霉素加入培养基中。

7. 营养琼脂小斜面

[配法]　蛋白胨 10.0 g,牛肉膏 3.0 g,氯化钠 5.0 g,琼脂 15.0 g～20.0,蒸馏水 1 000 mL。

将除琼脂以外的各成分溶解于蒸馏水内,加入 15% 氢氧化钠溶液约 2 mL 调节 pH 至 7.3± 0.2。加入琼脂,加热煮沸,使琼脂溶化,分装 13 mm×130 mm 试管,经 121 ℃ 高压灭菌 15 min。

8. 7.5%氯化钠肉汤

[配法]　蛋白胨 10.0 g,牛肉膏粉 5.0 g,氯化钠 75 g,蒸馏水 1 000 mL。

将上述成分加热溶解,调节 pH 值至 7.4,分装,每瓶 225 mL,在 121 ℃下高压灭菌 15 min。

9. 血琼脂平板

[配法]　豆粉琼脂(pH 值为 7.4~7.6) 100 mL,脱纤维羊血(或兔血) 5~10 mL。

加热溶化琼脂,冷却至 50 ℃,以无菌操作加入脱纤维羊血,摇匀,倾注平板。

10. Baird-Parker 琼脂平板

[配法]　胰蛋白胨 10.0 g,牛肉膏粉 5.0 g,酵母膏 1.0 g,丙酮酸钠 10.0 g,甘氨酸 12.0 g,氯化锂(LiCl·$6H_2O$) 5.0 g,琼脂 20.0 g,蒸馏水 950 mL。

增菌剂的配法:30%卵黄盐水 50 mL 与经过除菌过滤的 1%亚碲酸钾溶液 10 mL 混合,保存于冰箱内。

将各成分加到蒸馏水中,加热煮沸至完全溶解,调节 pH 值至 7.2。分装每瓶 95 mL,经 121 ℃高压灭菌 15 min。临用时加热溶化琼脂,冷却至 50 ℃,每 95 mL 加入预热至 50 ℃的卵黄亚碲酸钾增菌剂 5 mL 摇匀后倾注平板。培养基应是致密不透明的。使用前在冰箱内储存不得超过 48 h。

11. 脑心浸出液肉汤(BHI)

[配法]　胰蛋白胨 10.0 g,氯化钠 5.0 g,磷酸氢二钠(含 12 个结晶水)2.5 g,葡萄糖 2.0 g,牛心浸出液 500 mL。

加热溶解,调节 pH 值至 7.4,分装 16 mm×160 mm 试管,每管 5 mL 置于 121 ℃环境下灭菌15 min 。

12. 兔血浆

[配法]　取枸橼酸钠 3.8 g,加蒸馏水 100 mL,溶解后过滤,装瓶,经 121 ℃高压灭菌 15 min。兔血浆制备:取 3.8%枸橼酸钠溶液一份,加兔全血四份,混好静置(或以 3 000 r/min 离心 30 min),使血液细胞下降,即可得血浆。

13. 缓冲蛋白胨水(BPW)

[配法]　蛋白胨 10.0 g,氯化钠 5.0 g,磷酸氢二钠(含 12 个结晶水) 9.0 g,磷酸二氢钾 1.5 g,蒸馏水 1 000 mL。

将各成分加入蒸馏水中,搅混均匀,静置约 10 min,煮沸溶解,调节 pH 值至 7.2,在121 ℃下高压灭菌 15 min。

14. 四硫酸钠煌绿(TTB)增菌液

[配法]

1) 基础液

蛋白胨 10.0 g,牛肉膏粉 5.0 g,氯化钠 3.0 g,碳酸钙 45.0 g,蒸馏水 1 000 mL。除碳酸钙外,将各成分加入蒸馏水中,煮沸溶解,再加入碳酸钙,调节 pH 值至 7.0,经 121 ℃高压灭菌 20 min。

2) 硫代硫酸钠溶液

取硫代硫酸钠(含 5 个结晶水)50.0 g,加蒸馏水至 100 mL,经 121 ℃高压灭菌 20 min。

3) 碘溶液

将碘化钾 25.0 g 充分溶解于少量的蒸馏水中,再投入 20.0 g 碘片,振摇玻瓶至碘片全部溶解为止,然后加蒸馏水至 100 mL 的总量,储存于棕色瓶内,塞紧瓶盖备用。

4）煌绿水溶液

煌绿 0.5 g、蒸馏水 100 mL，溶解后，存放暗处，不少于 1 d，使其自然灭菌。

5）牛胆盐溶液

牛胆盐 10.0 g、蒸馏水 100 mL，加热煮沸至完全溶解，在 121 ℃下高压灭菌 20 min。

［配法］　基础液 900 mL，硫代硫酸钠溶液 100 mL，碘溶液 20.0 mL，煌绿水溶液 2.0 mL，牛胆盐溶液 50.0 mL。临用前，按上述顺序，以无菌操作依次加入基础液中，每加入一种成分，均应摇匀后再加入另一种成分。

15. 亚硒酸盐胱氨酸(SC)增菌液

［配法］　蛋白胨 5.0 g，乳糖 4.0 g，磷酸氢二钠 10.0 g，亚硒酸氢钠 4.0 g，L-胱氨酸 0.01 g，蒸馏水 1 000 mL。

除亚硒酸氢钠和 L-胱氨酸外，将各成分加入蒸馏水中，煮沸溶解，冷却至 55 ℃以下，采用无菌操作加入亚硒酸氢钠和 1 g/L 的 L-胱氨酸溶液 10 mL（称取 0.1 g L-胱氨酸，加入 1 mol/L 氢氧化钠溶液 15 mL，使其溶解，再加入无菌蒸馏水至 100 mL 即成，如为 DL-胱氨酸，用量应加倍）。摇匀，调节 pH 值至 7.0。

16. 亚硫酸铋琼脂(BS)

［配法］　蛋白胨 10.0 g，牛肉膏粉 5.0 g，葡萄糖 5.0 g，硫酸亚铁 0.3 g，磷酸氢二钠 4.0 g，煌绿 0.025 g 或 5.0 g/L 水溶液 5.0 mL，柠檬酸铋铵 2.0 g，亚硫酸钠 6.0 g，琼脂 18.0～20.0 g，蒸馏水 1 000 mL。

将前 3 种成分加入 300 mL 蒸馏水（制作基础液），硫酸亚铁和磷酸氢二钠分别加入 20 mL 和 30 mL 蒸馏水中，柠檬酸铋铵和亚硫酸钠分别加入另外的 20 mL 和 30 mL 蒸馏水中，琼脂加入 600 mL 蒸馏水中。然后分别搅拌均匀，煮沸溶解。冷却至 80 ℃左右时，先将硫酸亚铁和磷酸氢二钠混匀，倒入基础液中，混匀。将柠檬酸铋铵和亚硫酸钠混匀，倒入基础液中，再混匀。调节 pH 值至 7.5，随即倾入琼脂液中，混合均匀，冷却 50～55 ℃。加入煌绿溶液，充分混匀后立即倾注平皿。建议现配现用。

17. HE 琼脂

［配法］　将蛋白胨 12.0 g、牛肉膏粉 3.0 g、乳糖 12.0 g、蔗糖 12.0 g、水杨素 2.0 g、胆盐 20.0 g、氯化钠 5.0 g 溶解于 400 mL 蒸馏水内作为基础液；将 18.0～20.0 g 琼脂加入 600 mL 蒸馏水内。然后分别搅拌均匀，煮沸溶解。加入甲液 20.0 mL 和乙液 20.0 mL 于基础液内，调节 pH 值至 7.5。再加入指示剂 0.4％溴麝香草酚蓝溶液 16.0 mL 和 Andrade 指示剂 20.0 mL，并与琼脂液合并，待冷 50～55 ℃倾注平皿。

注：

(1) 该培养基不需要高压灭菌，在制备过程中不宜过分加热，避免降低其选择性。

(2) 甲液的配制：硫代硫酸钠 34.0 g、枸橼酸铁铵 4.0 g、蒸馏水 100 mL。

(3) 乙液的配制：去氧胆酸钠 10.0 g、蒸馏水 100 mL。

(4) Andrade 指示剂：酸性复红 0.5 g、1 mol/L 氢氧化钠溶液 16.0 mL、蒸馏水 100 mL。将复红溶解于蒸馏水中，加入氢氧化钠溶液。数小时后如复红褪色不全，再加氢氧化钠溶液 1～2 mL。

18. 三糖铁琼脂(TSI)、蛋白胨水

［配法］　蛋白胨 20.0 g、牛肉膏粉 5.0 g、乳糖 10.0 g、蔗糖 10.0 g、葡萄糖 1.0 g、硫酸亚铁铵（含 6 个结晶水）0.2 g、酚红 0.25 g 或 5.0 g/L 溶液 5.0 mL、氯化钠 5.0 g、硫代硫酸钠

0.2 g、琼脂 12.0 g、蒸馏水 1 000 mL。

除酚红和琼脂外,将其他成分加入 400 mL 蒸馏水中,煮沸溶解,调节 pH 值至 7.4。另将琼脂加入 600 mL 蒸馏水中,煮沸溶解。将上述两溶液混合均匀后,再加入指示剂,混匀,分装试管,每管 2~4 mL,经 121 ℃高压灭菌 10 min 或经 115 ℃高压灭菌 15 min,灭菌后制成高层斜面,呈橘红色。

19. 尿素培养基

[配法] 蛋白胨 1.0 g,氯化钠 5.0 g,葡萄糖 1.0 g,磷酸二氢钾 2.0 g,0.4%酚红 3.0 mL,琼脂 20.0 g,蒸馏水 1 000 mL,20%尿素溶液 100 mL。

除尿素、琼脂和酚红外,将其他成分加入 400 mL 蒸馏水中,煮沸溶解,调节 pH 值至 7.2。另将琼脂加入 600 mL 蒸馏水中,煮沸溶解。将上述两溶液混合均匀后,再加入指示剂后分装,经 121 ℃高压灭菌 15 min。冷却 50~55 ℃,加入经除菌过滤的尿素溶液。尿素的最终浓度为 2%。分装于无菌试管内,放成斜面备用。

20. 赖氨酸脱羧酶试验培养基

[配法] 蛋白胨 5.0 g,酵母浸膏 3.0 g,葡萄糖 1.0 g,蒸馏水 1 000 mL,1.6%溴甲酚紫-酒精溶液 1.0 mL,L-赖氨酸或 DL-赖氨酸 0.5 g/100 mL(或 1.0 g/100 mL)。

除赖氨酸以外的成分加热溶解后,分装每瓶 100 mL,再每瓶分别加入赖氨酸。L-赖氨酸按 0.5%加入,DL-赖氨酸按 1%加入。调节 pH 值至 6.8。对照培养基不加赖氨酸。分装于无菌的小试管内,每管 0.5 mL,上面滴加一层液状石蜡,经 115 ℃高压灭菌 10 min。

21. 丙二酸钠培养基

[配法] 酵母浸膏 1.0 g,硫酸铵 2.0 g,磷酸氢二钾 0.6 g,磷酸二氢钾 0.4 g,氯化钠 2.0 g,丙二酸钠 3.0 g,0.2%溴麝香草酚蓝溶液 12.0 mL,蒸馏水 1 000 mL。

除指示剂以外的成分溶解于水,调节 pH 值至 6.8,再加入指示剂,分装试管,经 121 ℃高压灭菌 15 min。

22. 氰化钾(KCN)培养基

[配法] 蛋白胨 10.0 g,氯化钠 5.0 g、磷酸二氢钾 0.225 g、磷酸氢二钠 5.64 g、蒸馏水 1 000 mL、0.5%氰化钾 20.0 mL。

将除氰化钾以外的成分加入蒸馏水中,煮沸溶解,分装后经 121 ℃高压灭菌 15 min。放在冰箱内使其充分冷却。每 100 mL 培养基加入 0.5%氰化钾溶液 2.0 mL(最后浓度为 1∶10 000),分装于无菌试管内,每管约 4 mL,立刻用无菌橡皮塞塞紧,放在 4 ℃冰箱内,至少可保存两个月。同时,将不加氰化钾的培养基作为对照培养基,分装试管备用。

23. ONPG 培养基、缓冲葡萄糖蛋白胨水

[配法] 邻硝基酚 β-D 半乳糖苷(ONPG)60.0 mg、0.01 mol/L 磷酸钠缓冲液(pH 值为 7.5) 10.0 mL、1%蛋白胨水(pH 值为 7.5) 30.0 mL。

将 ONPG 溶于缓冲液内,加入蛋白胨水,以过滤法除菌,分装于无菌的小试管内,每管 0.5 mL,用橡皮塞塞紧。

24. 木糖赖氨酸脱氧胆盐(XLD)琼脂

[配法] 酵母膏 3.0 g,L-赖氨酸 5.0 g,木糖 3.75 g,乳糖 7.5 g,蔗糖 7.5,去氧胆酸钠 2.5 g,枸橼酸铁铵 0.8 g,硫代硫酸钠 6.8 g,氯化钠 5.0 g,琼脂 15.0 g,酚红 0.08 g,蒸馏水 1 000 mL。

除酚红和琼脂外,将其他成分加入 400 mL 蒸馏水中,煮沸溶解,调节 pH 值至 7.4。另将琼脂加入 600 mL 蒸馏水中,煮沸溶解。将上述两种溶液混合均匀后,再加入指示剂,待冷却 50～55 ℃,倾注平皿。

注:本培养基不需要高压灭菌,在制备过程中不宜过分加热,避免降低其选择性,储存于室温暗处。本培养基宜于当天制备,第二天使用。

25. MRS 培养基

[配法]　蛋白胨 10.0 g,牛肉粉 5.0 g,酵母粉 4.0 g,葡萄糖 20.0 g,吐温 80 1.0 mL,$K_2HPO_4 \cdot 7H_2O$ 2.0 g,$NaAc \cdot 3H_2O$ 5.0 g,柠檬酸三铵 2.0 g,$MgSO_4 \cdot 7H_2O$ 0.2 g,$MnSO_4 \cdot 4H_2O$ 0.05 g,琼脂 15.0 g。

将上述成分加入 1 000 mL 蒸馏水中,加热溶解,调节 pH 值至 6.2,分装后经 121 ℃高压灭菌 15～20 min。

26. 莫匹罗星锂盐和半胱氨酸盐酸盐改良 MRS 培养基

[配法]　莫匹罗星锂盐储备液制备:称取 50 mg 莫匹罗星锂盐加入 50 mL 蒸馏水中,用 0.22 μm 微孔滤膜过滤除菌。半胱氨酸盐酸盐储备液制备:称取 250 mg 半胱氨酸盐酸盐加入 50 mL 蒸馏水中,用 0.22 μm 微孔滤膜过滤除菌。

将 MRS 培养基成分加入 950 mL 蒸馏水中,加热溶解,调节 pH 值,分装后经 121 ℃高压灭菌 15～20 min。临用时加热熔化琼脂,在水浴中冷至 48 ℃,用带有 0.22 μm 微孔滤膜的注射器将莫匹罗星锂盐储备液及半胱氨酸盐酸盐储备液制备加入熔化琼脂中,使培养基中莫匹罗星锂盐的浓度为 50 μg/mL,半胱氨酸盐酸盐的浓度为 500 μg/mL。

27. MC 培养基

[配法]　大豆蛋白胨 5.0 g,牛肉粉 3.0 g,酵母粉 3.0 g,葡萄糖 20.0 g,乳糖 20.0 g,碳酸钙 10.0 g,琼脂 15.0 g,蒸馏水 1 000 mL,1%中性红溶液 5.0 mL。

将前面 7 种成分加入蒸馏水中,加热溶解,调节 pH 值至 6.0,加入中性红溶液。分装后经 121 ℃高压灭菌 15～20 min。

28. 3%NaCl 碱性蛋白胨水(APW)

[配法]　蛋白胨 10 g、氯化钠 30 g、蒸馏水 1 000 mL、pH 值为 8.5±0.2。

将上述成分混合,经 121 ℃高压灭菌 10 min。

29. 硫代硫酸盐-柠檬酸盐-胆盐-蔗糖(TCBS)琼脂

[配法]　多价蛋白胨 10.0 g,酵母浸膏 5.0 g,枸橼酸钠 10.0 g,硫代硫酸钠 10.0 g,氯化钠 10.0 g,牛胆汁粉 5.0 g,柠檬酸铁 1.0 g,胆酸钠 3.0 g,蔗糖 20 g,溴麝香草酚蓝 0.04 g,麝香草酚蓝 0.04 g,琼脂 15.0 g,蒸馏水 1 000 mL。

加热煮沸至完全溶解,最终的 pH 值应为 8.6±0.2。冷却至 50 ℃倾注平板备用。

30. 3%NaCl 胰蛋白胨大豆(TSA)琼脂

[配法]　胰蛋白胨 15.0 g,大豆蛋白胨 5.0 g,氯化钠 30.0 g,琼脂 15.0 g,蒸馏水 1 000 mL。

将上述成分混合,加热并轻轻搅拌至溶解,经 121 ℃高压灭菌 15 min,调节 pH 值至 7.3±0.2。

31. 3%NaCl 三糖铁(TSI)琼脂

[配法]　蛋白胨 15.0 g,月示蛋白胨 5.0 g,牛肉膏粉 3.0 g,酵母浸膏 3.0 g,氯化钠 30.0 g,乳糖 10.0 g,蔗糖 10.0 g,葡萄糖 1.0 g,硫酸亚铁 0.2 g,苯酚红 0.024 g,硫代硫酸钠 0.3 g,琼脂 12.0 g,水 1 000 mL。

调节 pH 值,使灭菌后 pH 值为 7.4±0.2。分装到适当容量的试管中。经 121 ℃高压灭菌 15 min,制成斜面,斜面长 4～5 cm。

32. 嗜盐性试验培养基

[配法] 胰蛋白胨 10.0 g、氯化钠按不同量加入,蒸馏水 1 000 mL,pH 值 7.2±0.2。

配制胰蛋白胨水,校正 pH 值,共配制四瓶,每瓶 1 000 mL,每瓶分别加入不同量的氯化钠:①不加;②3 g;③6 g;④10 g。经 121 ℃高压灭菌 20～30 min,在无菌条件下分装试管。

33. 我妻氏血琼脂

[配法] 酵母浸膏 3.0 g、蛋白胨 10 g、氯化钠 70.0 g、磷酸二氢钾 5.0 g、甘露醇 10.0 g、结晶紫 0.001 g、琼脂 15.0 g、蒸馏水 1 000 mL。

将上述成分混合,加热至 100 ℃保持 30 min,冷却 46～50 ℃,与 50 mL 预先洗涤的新鲜人或兔红细胞(含抗凝血剂)混合,倾注平板。彻底干燥平板,尽快使用。

34. GN 增菌液

[配法] 胰蛋白胨 20 g,葡萄糖 1 g,甘露醇 2 g,枸橼酸钠 5 g,去氧胆酸钠 0.5 g,磷酸氢二钾 4 g,磷酸二氢钾 1.5 g,氯化钠 5 g,蒸馏水 1 000 mL,pH 值为 7.0。

按上述成分配好,加热使其溶解,校正 pH 值。分装每瓶 225 mL,经 115 ℃高压灭菌 15 min。

附录 H　显色培养基

1. 大肠杆菌显色培养基

[用途] 为大肠埃希氏菌计数培养基。

[原料] 蛋白胨、酵母膏粉、氯化钠、抑菌剂、琼脂、显色底物、蒸馏水 1 000 mL。

[用法] 按使用说明书。

[质量控制] 大肠埃希菌呈绿-蓝绿色菌落;其他大肠菌群呈无色菌落;革兰氏阳性细菌生长被抑制。

[保存] 2～8 ℃,最多保存两周。

2. 大肠菌群显色培养基

[用途] 为大肠菌群计数培养基。

[原料] 蛋白胨、酵母膏粉、氯化钠、抑菌剂、琼脂、显色底物、蒸馏水 1 000 mL。

[用法] 按使用说明书。

[质量控制] 大肠菌群呈绿-蓝绿色菌落;其他肠道菌群呈无色菌落;革兰氏阳性细菌生长被抑制。

[保存] 2～8 ℃,最多保存两周。

3. 大肠杆菌大肠菌群显色培养基(ECC)

[用途] 为大肠杆菌和大肠菌群检测和计数培养基。

[原料] 蛋白胨、酵母膏粉、氯化钠、抑菌剂、琼脂、混合显色底物、蒸馏水 1 000 mL。

[用法] 按使用说明书。

[质量控制] 大肠埃希菌呈绿－蓝绿色菌落,其他大肠菌群呈紫(品)红色菌落;革兰氏阳性细菌生长被抑制。

[保存] 2～8 ℃,最多保存两周。

4. 大肠杆菌 O157 显色培养基

[用途] 为大肠杆菌 O157 的快速分离和初步鉴别培养基。

〔原料〕　蛋白胨、酵母膏粉、氯化钠、抑菌剂、选择性添加剂、琼脂、混合显色底物、蒸馏水1 000 mL。

〔用法〕　按使用说明书。

〔质量控制〕　大肠杆菌 O157 呈品(紫)红色菌落;其他大肠埃希菌和大肠菌群呈绿-蓝绿色菌落,生长受抑制;革兰氏阳性细菌生长被抑制。

〔保存〕　2～8 ℃,最多保存两周。

5. 阪崎肠杆菌显色培养基

〔用途〕　为婴儿奶粉及其他食品中阪崎肠杆菌的计数和初步鉴别培养基。

〔原料〕　蛋白胨、酵母膏粉、氯化钠、胆盐、枸橼酸铁铵、硫代硫酸钠、5-溴-4-氯-3-吲哚-α-D 葡萄糖苷、琼脂、蒸馏水 1 000 mL。

〔用法〕　按使用说明书。

〔质量控制〕　阪崎肠杆菌呈蓝绿色菌落;大肠埃希菌呈无色菌落;革兰氏阳性细菌生长被抑制。

〔保存〕　2～8 ℃,最多保存两周。

6. 沙门氏菌显色培养基

〔用途〕　为沙门氏菌的快速分离和初步鉴别培养基。

〔原料〕　蛋白胨、酵母膏粉、氯化钠、胆盐、混合色素、琼脂、蒸馏水 1 000 mL。

〔用法〕　按使用说明书。

〔质量控制〕　沙门氏菌呈紫(品)红色菌落;大肠菌群呈蓝绿色菌落;革兰氏阳性细菌生长被抑制。

〔保存〕　2～8 ℃,最多保存两周。

7. 弧菌显色培养基

〔用途〕　为水产品及食物中毒样品中弧菌,特别是副溶血性弧菌的分离和初步鉴别培养基。

〔原料〕　蛋白胨、酵母膏粉、氯化钠、抑菌剂、蔗糖、混合色素、琼脂、蒸馏水 1 000 mL。

〔用法〕　按使用说明书。

〔质量控制〕　副溶血性弧菌呈紫(品)红色菌落;霍乱弧菌和创伤弧菌呈蓝绿色菌落;革兰氏阳性细菌生长被抑制。

〔保存〕　2～8 ℃,最多保存两周。

8. 志贺氏菌显色培养基

〔用途〕　为志贺氏菌的选择性分离和初步鉴别培养基。

〔原料〕　蛋白胨、酵母膏粉、氯化钠、糖类、酚红、抑菌剂、蔗糖、混合色素、琼脂、添加剂、蒸馏水 1 000 mL。

〔用法〕　按使用说明书。

〔质量控制〕　志贺氏菌呈白色-粉红色/清晰的菌落;沙门氏菌呈黄色菌落;肠杆菌属呈绿色菌落;革兰氏阳性细菌生长被抑制。

〔保存〕　2～8 ℃,最多保存两周。

9. 李斯特氏菌显色培养基

〔用途〕　为李斯特氏菌特别是单核增生李斯特氏菌的选择性分离和初步鉴别培养基。

[原料] 蛋白胨、酵母膏粉、氯化钠、抑菌剂、混合色素、琼脂、添加剂、蒸馏水1 000 mL。

[用法] 按使用说明书。

[质量控制] 单增李斯特氏菌呈蓝绿色的菌落,菌落边缘有晕浊圈;伊氏李斯特菌/英诺克李斯特氏菌呈蓝绿色的菌落,菌落边缘无晕浊圈;其他细菌无色或被抑制。

[保存] 2～8 ℃,最多保存两周。

10. 金黄色葡萄球菌显色培养基

[用途] 为金黄色葡萄球菌的选择性分离和初步鉴别培养基。

[原料] 蛋白胨、酵母膏粉、氯化钠、甘露醇、抑菌剂、色素、琼脂、添加剂、蒸馏水1 000 mL。

[用法] 按使用说明书。

[质量控制] 金黄色葡萄球菌呈紫红色的菌落;表皮葡萄球菌被抑制;其他细菌无色或被抑制。

[保存] 2～8 ℃,最多保存两周。

11. 蜡样芽孢杆菌显色培养基

[用途] 为蜡样芽孢杆菌的选择性分离、计数和初步鉴别培养基。

[原料] 蛋白胨、酵母膏粉、氯化钠、抑菌剂、色素、琼脂、添加剂、蒸馏水1 000 mL。

[用法] 按使用说明书。

[质量控制] 蜡样芽孢杆菌呈蓝绿色的菌落,菌落边缘有混浊圈;枯草芽孢杆菌被抑制;其他细菌无色或被抑制。

[保存] 2～8 ℃,最多保存两周。

12. 念珠菌显色培养基

[用途] 为念珠菌特别是白色念珠菌的选择性分离和初步鉴别培养基。

[原料] 蛋白胨、酵母膏粉、氯化钠、抑菌剂、混合色素、琼脂、蒸馏水1 000 mL。

[用法] 按使用说明书。

[质量控制] 白色念珠菌呈绿-蓝绿色的菌落;热带假丝酵母呈铁蓝色的菌落;克鲁斯假丝酵母呈粉紫色的菌落;其他细菌无色或被抑制。

[保存] 2～8 ℃,最多保存两周。

附录I 微生物检验方法

一、微生物检验方法总则

General principles

1 范围

本部分规定了化妆品微生物学检验的基本要求。

本部分适用于化妆品样品的采集、保存及供检样品制备。

2 仪器和设备

2.1 天平,0～200 g,精确至0.1 g。

2.2 高压灭菌器。

2.3 振荡器。

2.4 三角瓶,250 mL、150 mL。

2.5　玻璃珠。

2.6　玻璃棒。

2.7　灭菌刻度吸管,10 mL、1 mL。

2.8　恒温水浴箱。

2.9　均质器或研钵。

2.10　灭菌均质袋。

3　培养基和试剂

3.1　生理盐水。

成分:氯化钠　　　　　　　　　　　8.5 g

　　　蒸馏水加至　　　　　　　　　1 000 mL

制法:溶解后,分装到加玻璃珠的三角瓶内,每瓶 90 mL,121 ℃高压灭菌 20 min。

3.2　SCDLP 液体培养基。

成分:酪蛋白胨　　　　　　　　　　17 g

　　　大豆蛋白胨　　　　　　　　　3 g

　　　氯化钠　　　　　　　　　　　5 g

　　　磷酸氢二钾　　　　　　　　　2.5 g

　　　葡萄糖　　　　　　　　　　　2.5 g

　　　卵磷脂　　　　　　　　　　　1 g

　　　吐温 80　　　　　　　　　　　7 g

　　　蒸馏水　　　　　　　　　　　1 000 mL

制法:先将卵磷脂在少量蒸馏水中加温溶解后,再与其他成分混合,加热溶解,调 pH 为 7.2~7.3 分装,每瓶 90 mL,121 ℃高压灭菌 20 min。注意振荡,使沉淀于底层的吐温 80 充分混合,冷却至 25 ℃左右使用。

注:如无酪蛋白胨和大豆蛋白胨,也可用多胨代替。

3.3　灭菌液状石蜡。

制法:取液状石蜡 50 mL,121 ℃高压灭菌 20 min。

3.4　灭菌吐温 80。

制法:取吐温 80 50 mL,121 ℃高压灭菌 20 min。

4　样品的采集及注意事项

4.1　所采集的样品,应具有代表性,一般视每批化妆品数量大小,随机抽取相应数量的包装单位。检验时,应从不少于 2 个包装单位的取样中共取 10 g 或 10 mL。包装量小于 20 g 的样品,采样时可适当增加样品包装数量。

4.2　供检样品,应严格保持原有的包装状态。容器不应有破裂,在检验前不得打开,防止样品被污染。

4.3　接到样品后,应立即登记,编写检验序号,并按检验要求尽快检验。如不能及时检验,样品应置于室温阴凉干燥处,不要冷藏或冷冻。

4.4　若只有一个样品而同时需做多种分析,如微生物、毒理、化学等,则宜先取出部分样品做微生物检验,再将剩余样品做其他分析。

4.5　在检验过程中,从打开包装到全部检验操作结束,均须防止微生物的再污染和扩散,所用器皿及材料均应事先灭菌,全部操作应在符合生物安全要求的实验室中进行。

5 供检样品的制备

5.1 液体样品。

5.1.1 水溶性的液体样品,用灭菌吸管吸取 10 mL 样品加到 90 mL 灭菌生理盐水中,混匀后,制成 1:10 检液。

5.1.2 油性液体样品,取样品 10 g,先加 5 mL 灭菌液状石蜡混匀,再加 10 mL。灭菌的吐温 80,在 40~44 ℃水浴中振荡混合 10 min,加入灭菌的生理盐水 75 mL(在 40~44 ℃水浴中预温),在 40~44 ℃水浴中乳化,制成 1:10 的悬液。

5.2 膏、霜、乳剂半固体状样品。

5.2.1 亲水性的样品:称取 10 g,加到装有玻璃珠及 90 mL 灭菌生理盐水的三角瓶中,充分振荡混匀,静置 15 min。用其上清液作为 1:10 的检液。

5.2.2 疏水性样品:称取 10 g,置于灭菌的研钵中,加 10 mL 灭菌液状石蜡,研磨成黏稠状,再加入 10 mL 灭菌吐温 80,研磨待溶解后,加 70 mL 灭菌生理盐水,在 40~44 ℃水浴中充分混合,制成 1:10 检液。

5.3 固体样品。

称取 10 g,加到 90 mL 灭菌生理盐水中,充分振荡混匀,使其分散混悬,静置后,取上清液作为 1:10 的检液。

使用均质器时,则采用灭菌均质袋,将上述水溶性膏、霜、粉剂等,称 10 g 样品加入 90 mL 灭菌生理盐水,均质 1~2 min;疏水性膏、霜及眉笔、口红等,称 10 g 样品,加 10 mL 灭菌液状石蜡,10 mL 吐温 80,70 mL 灭菌生理盐水,均质 3~5 min。

二、菌落总数检验方法

Aerobic Bacterial Count

1 范围

本规范规定了化妆品中菌落总数的检验方法。

本规范适用于化妆品菌落总数的测定。

2 定义

2.1 菌落总数 Aerobic bacterial count。

化妆品检样经过处理,在一定条件下培养后(如培养基成分、培养温度、培养时间、pH 值、需氧性质等),1 g(1 mL)检样中所含菌落的总数。所得结果只包括一群本方法规定的条件下生长的嗜中温的需氧性和兼性厌氧菌落总数。

测定菌落总数便于判明样品被细菌污染的程度,是对样品进行卫生学总评价的综合依据。

3 仪器和设备

3.1 三角瓶,250 mL。

3.2 量筒,200 mL。

3.3 pH 计或精密 pH 试纸。

3.4 高压灭菌器。

3.5 试管,18 mm×150 mm。

3.6 灭菌平皿,直径 90 mm。

3.7 灭菌刻度吸管,10 mL、1 mL。

3.8 酒精灯。

3.9　恒温培养箱,(36±1)℃。

3.10　放大镜。

3.11　恒温水浴箱,(55±1)℃。

4　培养基和试剂

4.1　生理盐水:见总则中3.1。

4.2　卵磷脂、吐温80——营养琼脂培养基

成分:蛋白胨　　　　　　　　　　　20 g

　　　牛肉膏　　　　　　　　　　　　3 g

　　　氯化钠　　　　　　　　　　　　5 g

　　　琼脂　　　　　　　　　　　　15 g

　　　卵磷脂　　　　　　　　　　　　1 g

　　　吐温80　　　　　　　　　　　　7 g

　　　蒸馏水　　　　　　　　　　1 000 mL

制法:先将卵磷脂加到少量蒸馏水中,加热溶解,加入吐温80,将其他成分(除琼脂外)加到其余的蒸馏水中,溶解。加入已溶解的卵磷脂、吐温80,混匀,调 pH 值为7.1～7.4,加入琼脂,121 ℃高压灭菌20 min,储存于冷暗处备用。

4.3　0.5%氯化三苯四氮唑(2,3,5-triphenyl terazolium chloride,TTC)

成分:TTC　　　　　　　　　　　　0.5 g

　　　蒸馏水　　　　　　　　　　100 mL

制法:溶解后过滤除菌,或115 ℃高压灭菌20 min,装于棕色试剂瓶,置4 ℃冰箱备用。

5　操作步骤

5.1　用灭菌吸管吸取1∶10稀释的检液2 mL,分别注入两个灭菌平皿内,每皿1 mL。另取1 mL注入9 mL灭菌生理盐水试管中(注意勿使吸管接触液面),更换一支吸管,并充分混匀,制成1∶100检液。吸取2 mL,分别注入两个灭菌平皿内,每皿1 mL。如样品含菌量高,还可再稀释成1∶1 000,1∶10 000等,每个稀释度应换1支吸管。

5.2　将融化并冷至45～50 ℃的卵磷脂吐温80营养琼脂培养基倾注到平皿内,每皿约15 mL,随即转动平皿,使样品与培养基充分混合均匀,待琼脂凝固后,翻转平皿,置(36±1)℃培养箱内培养(48±2)h。另取一个不加样品的灭菌空平皿,加入约15 mL卵磷脂吐温80营养琼脂培养基,待琼脂凝固后,翻转平皿,置(36±1)℃培养箱内培养(48±2)h,为空白对照。

5.3　为便于区别化妆品中的颗粒与菌落,可在每100 mL卵磷脂吐温80营养琼脂中加入1 mL 0.5%的TTC溶液,如有细菌存在,培养后菌落呈红色,而化妆品的颗粒颜色无变化。

6　菌落计数方法

先用肉眼观察,点数菌落数,然后再用5～10倍的放大镜检查,以防遗漏。记下各平皿的菌落数后,求出同一稀释度各平皿生长的平均菌落数。若平皿中有连成片状的菌落或花点样菌落蔓延生长时,该平皿不宜计数。若片状菌落不到平皿中的一半,而其余一半中菌落数分布又很均匀,则可将此半个平皿菌落计数后乘以2,以代表全皿菌落数。

7　菌落计数及报告方法

7.1　首先选取平均菌落数为30～300 CFU的平皿,作为菌落总数测定的范围。当只有一个稀释度的平均菌落数符合此范围时,即以该平皿菌落数乘其稀释倍数报告之(见表1中例1)。

7.2 若有两个稀释度,其平均菌落数均为 30～300 CFU,则应求出两菌落总数之比值来决定,若其比值小于或等于 2,应报告其平均数,若大于 2 CFU,则以其中稀释度较低的平皿的菌落数报告之(见表 1 中例 2 及例 3)。

7.3 若所有稀释度的平均菌落数均大于 300 CFU,则应按稀释度最高的平均菌落数乘以稀释倍数报告之(见表 1 中例 4)。

7.4 若所有稀释度的平均菌落数均小于 30 CFU,则应按稀释度最低的平均菌落数乘以稀释倍数报告之(见表 1 例 5)。

7.5 若所有稀释度的平均菌落数均不为 30～300 CFU,其中一个稀释度的平均菌落数大于 300 CFU,而相邻的另一稀释度的平均菌落数小于 30 CFU 时,则以接近 30 CFU 或 300 CFU 的平均菌落数乘以稀释倍数报告之(见表 1 中例 6)。

7.6 若所有的稀释度均无菌生长,报告数为每克或每毫升小于 10 CFU。

7.7 菌落计数的报告,菌落数在 10 CFU 以内时,按实有数值报告之,大于 100 CFU 时,采用两位有效数字,在两位有效数字后面的数值,应以四舍五入法计算。为了缩短数字后面零的个数,可用 10 的指数来表示(见表 1 报告方式栏)。在报告菌落数为"不可计"时,应注明样品的稀释度。

表 1 细菌计数结果及报告方式

例次	不同稀释度平均菌落数			两稀释度菌数之比	菌落总数 (CFU/mL 或 CFU/g)	报告方式 (CFU/mL 或 CFU/g)
	10^{-1}	10^{-2}	10^{-3}			
1	1 365	164	20	—	16 400	16 000 或 1.6×10^4
2	2 760	295	46	1.6	38 000	38 000 或 3.8×10^4
3	2 890	271	60	2.2	27 100	27 000 或 2.7×10^4
4	不可计	4 650	513	—	513 000	510 000 或 5.1×10^5
5	27	11	5	—	270	270 或 2.7×10^2
6	不可计	305	12	—	30 500	31 000 或 3.1×10^4
7	0	0	0	—	$<1 \times 10$	<10

注:CFU-菌落形成单位。

7.8 按重量取样的样品以 CFU/g 为单位报告;按体积取样的样品以 CFU/mL 为单位报告。

三、耐热大肠菌群检验方法

Thermotolerant Coliform Bacteria

1 范围

本规范规定了化妆品中耐热大肠菌群的检验方法。

本规范适用于化妆品中耐热大肠菌群的检验。

2 定义

2.1 耐热大肠菌群 Thermotolerant coliform bacteria。

系一群需氧及兼性厌氧革兰氏阴性无芽孢杆菌,在 44.5 ℃培养 24～48 h 能发酵乳糖产酸并产气。

该菌主要来自人和温血动物粪便,可作为粪便污染指标来评价化妆品的卫生质量,推断化妆品中有否污染肠道致病菌的可能。

3　仪器

3.1　恒温水浴箱或隔水式恒温箱:(44.5±0.5)℃。

3.2　温度计。

3.3　显微镜。

3.4　载玻片。

3.5　接种环。

3.6　电磁炉。

3.7　三角瓶,250 mL。

3.8　试管:18 mm×150 mm。

3.9　小倒管。

3.10　pH 计或 pH 试纸。

3.11　高压灭菌器。

3.12　灭菌刻度吸管,10 mL、1 mL。

3.13　灭菌平皿:直径90 mm。

4　培养基和试剂

4.1　双倍乳糖胆盐(含中和剂)培养基。

成分:蛋白胨　　　　　　　　　　　　40 g

猪胆盐　　　　　　　　　　　　10 g

乳糖　　　　　　　　　　　　10 g

0.4%溴甲酚紫水溶液　　　　　5 mL

卵磷脂　　　　　　　　　　　　2 g

吐温80　　　　　　　　　　　　14 g

蒸馏水　　　　　　　　　　　　1 000 mL

制法:将卵磷脂、吐温80溶解到少量蒸馏水中。将蛋白胨、胆盐及乳糖溶解到其余的蒸馏水中,加到一起混匀,调 pH 到7.4,加入0.4%溴甲酚紫水溶液,混匀,分装试管,每管10 mL(每支试管中加一个小倒管)。115 ℃高压灭菌20 min。

4.2　伊红美兰(EMB)琼脂。

成分:蛋白胨　　　　　　　　　　　　10 g

乳糖　　　　　　　　　　　　10 g

磷酸氢二钾　　　　　　　　　　2 g

琼脂　　　　　　　　　　　　20 g

2%伊红水溶液　　　　　　　　20 mL

0.5%亚甲蓝水溶液　　　　　　13 mL

蒸馏水　　　　　　　　　　　　1 000 mL

制法:先将琼脂加到900 mL 蒸馏水中,加热溶解,然后加入磷酸氢二钾蛋白胨,混匀,使之溶解。再以蒸馏水补足至1 000 mL。校正 pH 值为7.2～7.4,分装于三角瓶内,121 ℃高压灭菌15 min 备用。临用时加入乳糖并加热融化琼脂。冷至60 ℃左右无菌操作加入灭菌的伊红美蓝溶液,摇匀。倾注平皿备用。

4.3 蛋白胨水(作靛基质试验用)。

成分:蛋白胨(或胰蛋白胨)　　　　　20 g

　　　氯化钠　　　　　　　　　　　　5 g

　　　蒸馏水　　　　　　　　　　　　1 000 mL

制法:将上述成分加热融化,调 pH 值为 7.0～7.2,分装小试管,121 ℃高压灭菌 15 min。

4.4 靛基质试剂。

柯凡克试剂:将 5 g 对二甲氨基苯甲醛溶解于 75 mL 戊醇中,然后缓慢加入浓盐酸 25 mL。

试验方法:接种细菌于蛋白胨水中,于(44.5±0.5)℃培养(24±2)h。沿管壁加柯凡克试剂 0.3～0.5 mL,轻摇试管。阳性者于试剂层显深玫瑰红色。

注:蛋白胨应含有丰富的色氨酸,每批蛋白胨买来后,应先用已知菌种鉴定后方可使用。

4.5 革兰氏染色液。

4.5.1 染液制备。

4.5.1.1 结晶紫染色液:

　　　结晶紫　　　　　　　　　　　　1 g

　　　95%乙醇　　　　　　　　　　　20 mL

　　　1%草酸铵水溶液　　　　　　　80 mL

将结晶紫溶于乙醇中,然后与草酸铵溶液混合。

4.5.1.2 革兰氏碘液:

　　　碘　　　　　　　　　　　　　　1 g

　　　碘化钾　　　　　　　　　　　　2 g

　　　蒸馏水加至　　　　　　　　　　300 mL

将碘与碘化钾先进行混合,加入蒸馏水少许,充分振摇,待完全溶解后,再加蒸馏水至 300 mL。

4.5.1.3 脱色液:95%乙醇。

4.5.1.4 复染液。

(1)沙黄复染液:

　　　沙黄　　　　　　　　　　　　　0.25 g

　　　95%乙醇　　　　　　　　　　　10 mL

　　　蒸馏水　　　　　　　　　　　　90 mL

将沙黄溶解于乙醇中,然后用蒸馏水稀释。

(2)稀苯酚复红液:称取碱性复红 10 g,研细,加 95%乙醇 100 mL,放置过夜,滤纸过滤。取该液 10 mL,加 5%苯酚溶液 90 mL 混合,即为苯酚复红液。再取此液 10 mL 加水 90 mL,即为稀苯酚红液。

4.5.2 染色法。

4.5.2.1 将涂片在火焰上固定,滴加结晶紫染色液,染 1 min,水洗。

4.5.2.2 滴加革兰氏碘液,作用 1 min,水洗。

4.5.2.3 滴加 95%乙醇脱色,约 30 s,或将乙醇滴满整个涂片,立即倾去,再用乙醇滴满整个涂片,脱色 10 s,水洗。

4.5.2.4 滴加复染液,复染 1 min,水洗,待干,镜检。

4.5.3 染色结果。

革兰氏阳性菌呈紫色,革兰氏阴性菌呈红色。

注:如用 1:10 稀释苯酚复红染色液作复染,复染时间仅需 10 s。

5 操作步骤

5.1 取 10 mL 1:10 稀释的检液,加到 10 mL 双倍乳糖胆盐(含中和剂)培养基中,置 (44.5±0.5)℃培养箱中培养 24 h,如既不产酸也不产气,继续培养至 48 h,如仍既不产酸也不产气,则报告为耐热大肠菌群阴性。

5.2 如产酸产气,画线接种到伊红亚甲蓝琼脂平板上,置(36±1)℃培养(18~24)h。同时取该培养液 1~2 滴接种到蛋白胨水中,置(44.5±0.5)℃培养(24±2)h。

经培养后,在上述平板上观察有无典型菌落生长。耐热大肠菌群在伊红亚甲蓝琼脂培养基上的典型菌落呈深紫黑色,圆形,边缘整齐,表面光滑湿润,常具有金属光泽。也有的呈紫黑色,不带或略带金属光泽,或粉紫色,中心较深的菌落,亦常为耐热大肠菌群,应注意挑选。

5.3 挑取上述可疑菌落,涂片作革兰氏染色镜检。

5.4 在蛋白胨水培养液中,加入靛基质试剂约 0.5 mL,观察靛基质反应。阳性者液面呈玫瑰红色;阴性反应液面呈试剂本色。

6 检验结果报告

根据发酵乳糖产酸产气,平板上有典型菌落,并经证实为革兰氏阴性短杆菌,靛基质试验阳性,则可报告被检样品中检出耐热大肠菌群。

四、铜绿假单胞菌检验方法

Pseudomonas Aeruginosa

1 范围

本规范规定了化妆品中铜绿假单胞菌的检验方法。

本规范适用于化妆品中铜绿假单胞菌的检验。

2 定义

2.1 铜绿假单胞菌 Pseudomonas aeruginosa。

属于假单胞菌属,为革兰氏阴性杆菌,氧化酶阳性,能产生绿脓菌素。此外还能液化明胶,还原硝酸盐为亚硝酸盐,在(42±1)℃条件下能生长。

3 仪器

3.1 恒温培养箱:(36±1)℃、(42±1)℃。

3.2 三角瓶,250 mL。

3.3 试管:18 mm×150 mm。

3.4 灭菌平皿:直径 90 mm。

3.5 灭菌刻度吸管,10 mL、1 mL。

3.6 显微镜。

3.7 载玻片。

3.8 接种针、接种环。

3.9 电磁炉。

3.10 高压灭菌器。

3.11 恒温水浴箱。

4   培养基和试剂

4.1   SCDLP 液体培养基。

见总则中 3.2。

4.2   十六烷基三甲基溴化铵培养基。

成分:牛肉膏   3 g

蛋白胨   10 g

氯化钠   5 g

十六烷基三甲基溴化铵   0.3 g

琼脂   20 g

蒸馏水   1 000 mL

制法:除琼脂外,将上述成分混合加热溶解,调 pH 为 7.4~7.6,加入琼脂,115 ℃高压灭菌 20 min 后,制成平板备用。

4.3   乙酰胺培养基。

成分:乙酰胺   10.0 g

氯化钠   5.0 g

无水磷酸氢二钾   1.39 g

无水磷酸二氢钾   0.73 g

硫酸镁($MgSO_4 \cdot 7H_2O$)   0.5 g

酚红   0.012 g

琼脂   20 g

蒸馏水   1 000 mL

制法:除琼脂和酚红外,将其他成分加到蒸馏水中,加热溶解,调 pH 为 7.2,加入琼脂、酚红,121 ℃高压灭菌 20 min 后,制成平板备用。

4.4   绿脓菌素测定用培养基。

成分:蛋白胨   20 g

氯化镁   1.4 g

硫酸钾   10 g

琼脂   18 g

甘油(化学纯)   10 g

蒸馏水   1 000 mL

制法:将蛋白胨、氯化镁和硫酸钾加到蒸馏水中,加温使其溶解,调 pH 至 7.4,加入琼脂和甘油,加热溶解,分装于试管内,115 ℃高压灭菌 20 min. 后,制成斜面备用。

4.5   明胶培养基。

成分:牛肉膏   3 g

蛋白胨   5 g

明胶   120 g

蒸馏水   1000 mL

制法:取各成分加到蒸馏水中浸泡 20 min,随时搅拌加温使之溶解,调 pH 至 7.4,分装于试管内,经 115 ℃高压灭菌 20 min 后,直立制成高层备用。

4.6　硝酸盐蛋白胨水培养基。

成分：蛋白胨	10 g
酵母浸膏	3 g
硝酸钾	2 g
亚硝酸钠	0.5 g
蒸馏水	1 000 mL

制法：将蛋白胨和酵母浸膏加到蒸馏水中，加热使之溶解，调 pH 为 7.2，煮沸过滤后补足液量，加入硝酸钾和亚硝酸钠，溶解混匀，分装到加有小倒管的试管中，115 ℃高压灭菌 20 min 后备用。

4.7　普通琼脂斜面培养基。

成分：蛋白胨	10 g
牛肉膏	3 g
氯化钠	5 g
琼脂	15 g
蒸馏水	1 000 mL

制法：除琼脂外，将其余成分溶解于蒸馏水中，调 pH 为 7.2～7.4，加入琼脂，加热溶解，分装试管，121 ℃高压灭菌 20 min 后，制成斜面备用。

5　操作步骤

5.1　增菌培养：取 1∶10 样品稀释液 10 mL 加到 90 mL SCDLP 液体培养基中，置(36±1)℃培养(18～24) h。如有铜绿假单胞菌生长，培养液表面多有一层薄菌膜，培养液常呈黄绿色或蓝绿色。

5.2　分离培养：从培养液的薄膜处挑取培养物，画线接种在十六烷三甲基溴化铵琼脂平板上，置(36±1)℃培养(18～24)h。凡铜绿假单胞菌在此培养基上，其菌落扁平无定型，向周边扩散或略有蔓延，表面湿润，菌落呈灰白色，菌落周围培养基常扩散有水溶性色素。

在缺乏十六烷三甲基溴化铵琼脂时也可用乙酰胺培养基进行分离，将菌液画线接种于平板上，置(36±1)℃培养(24±2)h，铜绿假单胞菌在此培养基上生长良好，菌落扁平，边缘不整，菌落周围培养基呈红色，其他菌不生长。

5.3　染色镜检：挑取可疑的菌落，涂片，革兰氏染色，镜检为革兰氏阴性者应进行氧化酶试验。

5.4　氧化酶试验：取一小块洁净的白色滤纸片置于灭菌平皿内，用无菌玻璃棒挑取铜绿假单胞菌可疑菌落涂在滤纸片上，然后在其上滴加一滴新配制的 1‰二甲基对苯二胺试液，在(15～30)s 之内，出现粉红色或紫红色时，为氧化酶试验阳性；若培养物不变色，为氧化酶试验阴性。

5.5　绿脓菌素试验：取可疑菌落 2～3 个，分别接种在绿脓菌素测定培养基上，置(36±1)℃培养(24±2)h，加入氯仿 3～5 mL，充分振荡使培养物中的绿脓菌素溶解于氯仿液内，待氯仿提取液呈蓝色时，用吸管将氯仿移到另一试管中并加入 1 mol/L 的盐酸 1 mL 左右，振荡后，静置片刻。如上层盐酸液内出现粉红色到紫红色时为阳性，表示被检物中有绿脓菌素存在。

5.6　硝酸盐还原产气试验：挑取可疑的铜绿假单胞菌纯培养物，接种在硝酸盐胨水培养基中，置(36±1)℃培养(24±2)h，观察结果。凡在硝酸盐胨水培养基内的小倒管中有气体者，即为阳性，表明该菌能还原硝酸盐，并将亚硝酸盐分解产生氮气。

5.7　明胶液化试验：取铜绿假单胞菌可疑菌落的纯培养物，穿刺接种在明胶培养基内，置(36±1)℃培养(24±2)h，取出放置于(4±2)℃冰箱 10～30 min，如仍呈溶解状或表面溶解时即为明胶液化试验阳性；如凝固不溶者为阴性。

5.8 42 ℃生长试验：挑取可疑的铜绿假单胞菌纯培养物，接种在普通琼脂斜面培养基上，置于(42±1)℃培养箱中，培养(24～48)h,铜绿假单胞菌能生长，为阳性，而近似的荧光假单胞菌则不能生长。

6 检验结果报告

被检样品经增菌分离培养后，经证实为革兰氏阴性杆菌，氧化酶及绿脓菌素试验皆为阳性者，即可报告被检样品中检出铜绿假单胞菌；如绿脓菌素试验阴性而液化明胶、硝酸盐还原产气和在 42 ℃环境下生长试验三者皆为阳性时，仍可报告被检样品中检出铜绿假单胞菌。

五、金黄色葡萄球菌检验方法

Staphylococcus Aureus

1 范围

本规范规定了化妆品中金黄色葡萄球菌的检验方法。

本规范适用于化妆品中金黄色葡萄球菌的检验。

2 定义

2.1 金黄色葡萄球菌 Staphylococcus aureus。

为革兰氏阳性球菌，呈葡萄状排列，无芽孢，无荚膜，能分解甘露醇，血浆凝固酶阳性。

3 仪器和设备

3.1 显微镜。

3.2 恒温培养箱：(36±1)℃。

3.3 离心机。

3.4 灭菌刻度吸管，10 mL、1 mL。

3.5 试管：18 mm×150 mm。

3.6 载玻片。

3.7 酒精灯。

3.8 三角瓶，250 mL。

3.9 高压灭菌器。

3.10 恒温水浴箱。

4 培养基和试剂

4.1 SCDLP 液体培养基。

见总则中 3.2。

4.2 营养肉汤。

成分:蛋白胨   10 g

　　　牛肉膏   3 g

　　　氯化钠   5 g

　　　蒸馏水加至   1 000 mL

制法:将上述成分加热溶解，调 pH 为 7.4,分装,121 ℃高压灭菌 15 min。

4.3 7.5％的氯化钠肉汤。

成分:蛋白胨   10 g

　　　牛肉膏   3 g

氯化钠	75 g
蒸馏水加至	1 000 mL

制法:将上述成分加热溶解,调 pH 为 7.4,分装,121 ℃高压灭菌 15 min。

4.4　Baird Parker 平板。

成分:胰蛋白胨	10 g
牛肉膏	5 g
酵母浸膏	1 g
丙酮酸钠	10 g
甘氨酸	12 g
氯化锂(LiCl·6H_2O)	5 g
琼脂	20 g
蒸馏水	950 mL
	pH 7.0±0.2

增菌剂的配制:30%卵黄盐水 50 mL 与除菌过滤的 1%亚碲酸钾溶液 10 mL 混合,保存于冰箱内。

制法:将各成分加到蒸馏水中,加热煮沸完全溶解,冷至(25±1)℃校正 pH。分装每瓶 95 mL,121 ℃高压灭菌 15 min。临用时加热溶化琼脂,每 95 mL 加入预热至 50 ℃左右的卵黄亚碲酸钾增菌剂 5 mL,摇匀后倾注平板。培养基应是致密不透明的。使用前在冰箱贮存不得超过(48±2)h。

4.5　血琼脂培养基。

成分:营养琼脂	100 mL
脱纤维羊血(或兔血)	10 mL

制法:将营养琼脂加热融化,待冷至 50 ℃左右无菌操作加入脱纤维羊血,摇匀,制成平板,置冰箱内备用。

4.6　甘露醇发酵培养基。

成分:蛋白胨	10 g
氯化钠	5 g
甘露醇	10 g
牛肉膏	5 g
0.2%麝香草酚蓝溶液	12 mL
蒸馏水	1 000 mL

制法:将蛋白胨、氯化钠、牛肉膏加到蒸馏水中,加热溶解,调 pH 7.4,加入甘露醇和指示剂,混匀后分装试管中,68.95 kPa(115 ℃ 10 lb)20 min 灭菌备用。

4.7　液状石蜡。

见总则中 3.3。

4.8　兔(人)血浆制备。

取 3.8%枸橼酸钠溶液,121 ℃高压灭菌 30 min,1 份加兔(人)全血 4 份,混匀静置;2 000～3 000 rpm 离心 3～5 min。血球下沉,取上面血浆。

5　操作步骤

5.1　增菌:取 1:10 稀释的样品 10 mL 接种到 90 mL SCDLP 液体培养基中,置(36±

1)℃培养箱,培养(24±2)h。

注:如无此培养基也可用 7.5%氯化钠肉汤。

5.2 分离:自上述增菌培养液中,取 1～2 接种环,画线接种在 Baird Parker 平板培养基,如无此培养基也可画线接种到血琼脂平板,置(36±1)℃培养 48 h。在血琼脂平板上菌落呈金黄色,圆形,不透明,表面光滑,周围有溶血圈。在 Baird Parker 平板培养基上为圆形,光滑,凸起,湿润,颜色呈灰色到黑色,边缘为淡色,周围为一混浊带,在其外层有一透明带。用接种针接触菌落似有奶油树胶的软度。偶然会遇到非脂肪溶解的类似菌落,但无混浊带及透明带。挑取单个菌落分纯在血琼脂平板上,置(36±1)℃培养(24±2)h。

5.3 染色镜检:挑取分纯菌落,涂片,进行革兰氏染色,镜检。金黄色葡萄球菌为革兰氏阳性菌,排列成葡萄状,无芽孢,无荚膜,致病性葡萄球菌,菌体较小,直径约为 0.5 μm—1 μm。

5.4 甘露醇发酵试验:取上述分纯菌落接种到甘露醇发酵培养基中,在培养基液面上加入高度为 2～3 mm 的灭菌液状石蜡,置(36±1)℃培养(24±2)h,金黄色葡萄球菌应能发酵甘露醇产酸。

5.5 血浆凝固酶试验:吸取 1:4 新鲜血浆 0.5 mL,置于灭菌小试管中,加入待检菌(24±2)h 肉汤培养物 0.5 mL。混匀,置(36±1)℃恒温箱或恒温水浴中,每半小时观察一次,6 h 之内如呈现凝块即为阳性。同时以已知血浆凝固酶阳性和阴性菌株肉汤培养物及肉汤培养基各 0.5 mL,分别加入无菌 1:4 血浆 0.5 mL,混匀,作为对照。

6 检验结果报告

凡在上述选择平板上有可疑菌落生长,经染色镜检,证明为革兰氏阳性葡萄球菌,并能发酵甘露醇产酸,血浆凝固酶试验阳性者,可报告被检样品检出金黄色葡萄球菌。

六、霉菌和酵母菌检验方法

Molds and Yeast Count

1 范围

本规范规定了化妆品中霉菌和酵母菌数的检测方法。

本规范适用于化妆品中霉菌和酵母菌的测定。

2 定义

2.1 霉菌和酵母菌数测定 Determination of molds and yeast count。

化妆品检样在一定条件下培养后,1 g 或 1 mL 化妆品中所污染的活的霉菌和酵母菌数量,借以判明化妆品被霉菌和酵母菌污染程度及其一般卫生状况。

本方法根据霉菌和酵母菌特有的形态和培养特性,在虎红培养基上,置(28±2)℃培养 5 d,计算所生长的霉菌和酵母菌数。

3 仪器和设备

3.1 恒温培养箱:(28±2)℃。

3.2 振荡器。

3.3 三角瓶,250 mL。

3.4 试管:18 mm×150 mm。

3.5 灭菌平皿:直径 90 mm。

3.6 灭菌刻度吸管,10 mL、1 mL。

3.7 量筒,200 mL。

3.8　酒精灯。

3.9　高压灭菌器。

3.10　恒温水浴箱。

4　培养基和试剂

4.1　生理盐水。

见总则中3.1。

4.2　虎红(孟加拉红)培养基。

成分:蛋白胨　　　　　　　　　　5 g

　　　葡萄糖　　　　　　　　　　10 g

　　　磷酸二氢钾　　　　　　　　1 g

　　　硫酸镁(含7H$_2$O)　　　　　0.5 g

　　　琼脂　　　　　　　　　　　20 g

　　　1/3 000 虎红溶液　　　　　 100 mL

　　　(四氯四碘荧光素)

　　　蒸馏水加至　　　　　　　　1 000 mL

　　　氯霉素　　　　　　　　　　100 mg

制法:将上述各成分(除虎红外)加入蒸馏水中溶解后,再加入虎红溶液。分装后,121 ℃高压灭菌20 min,另用少量乙醇溶解氯霉素,溶解过滤后加入培养基中,若无氯霉素,使用时每1 000 mL加链霉素30 mg。

5　操作步骤

5.1　样品稀释。

见菌落总数测定中5.1。

5.2　取1:10、1:100、1:1 000的检液各1 mL分别注入灭菌平皿内,每个稀释度各用2个平皿,注入融化并冷至(45±1)℃左右的虎红培养基,充分摇匀。凝固后,翻转平板,置(28±2)℃培养5 d,观察并记录。另取一个不加样品的灭菌空平皿,加入约15 mL虎红培养基,待琼脂凝固后,翻转平皿,置(28±2)℃培养箱内培养5 d,为空白对照。

5.3　计算方法:先点数每个平板上生长的霉菌和酵母菌菌落数,求出每个稀释度的平均菌落数。判定结果时,应选取菌落数在5～50个范围之内的平皿计数,乘以稀释倍数后,即为每g(或每mL)检样中所含的霉菌和酵母菌数。其他范围内的菌落数报告应参照菌落总数的报告方法报告之。

5.4　每g(或每mL)化妆品含霉菌和酵母菌数以CFU/g(mL)表示。

参考文献

[1] 李平兰,贺稚非.食品微生物学实验原理与技术[M].北京:中国农业出版社,2005.

[2] 朱乐敏.食品微生物学[M].北京:化学工业出版社,2006.

[3] 全国认证认可标准化技术委员会.GB/T 27405—2008 实验室质量控制规范食品微生物检测理解与实施[M].北京:中国标准出版社,2009.

[4] 世界卫生组织.实验室生物安全手册[M].3 版.北京:人民卫生出版社,2004.

[5] 万萍.食品微生物基础与实验技术[M].北京:科学出版社,2006.

[6] 钱爱东.食品微生物学[M].北京:中国农业出版社,2008.

[7] 江汉湖.食品微生物学[M].北京:中国农业出版社,2007.

[8] 董明盛,贾英民.食品微生物学[M].北京:中国轻工出版社,2006.

[9] 何国庆,贾英民,丁立孝.食品微生物学[M].北京:中国农业大学出版社,2009.

[10] 魏明奎,段鸿斌.食品微生物检验技术[M].北京:化学工业出版社,2008.

[11] 陈红霞,李翠华.食品微生物及实验技术[M].北京:化学工业出版社,2008.

[12] 周德庆.微生物学实验手册[M].上海:上海科学技术出版社,1986.

[13] 刘慧.现代食品微生物学实验技术[M].北京:中国轻工业出版社,2006.

[14] 潘春梅,张晓静.微生物技术[M].北京:化学工业出版社,2010.

[15] 陈玮,董秀芹.微生物学及实验实训技术[M].北京:化学工业出版社,2010.

[16] 黄高明.食品检验工(中级)[M].北京:机械工业出版社,2006.

[17] 刘用成.食品检验技术(微生物检验部分)[M].北京:中国轻工业出版社,2006.

[18] 李志明.食品卫生微生物检验学[M].北京:化学工业出版社,2009.

[19] 苏世彦.食品微生物检验手册[M].北京:中国轻工业出版社,1998.

[20] 周德庆.微生物学教程[M].2 版.北京:高等教育出版社,2006.

[21] 吴松刚.微生物工程[M].北京:科学出版社,2004.

[22] 陈彦长.常见细菌及检验实用技术[M].北京:中国科学技术出版社,2006.

[23] 张文治.新编食品微生物学[M].北京:中国轻工业出版社,1995.

[24] 郝士海.现代细菌学培养基和生化试验手册[M].北京:中国科学技术出版社,1992.

[25] 李松涛.食品微生物学检验[M].北京:中国计量出版社,2005.

[26] 徐春.食品检验工(初级)[M].北京:机械工业出版社,2005.

[27] 黄高明.食品检验工(中级)[M].北京:机械工业出版社,2006.

[28] 刘长春.食品检验工(高级)[M].北京:机械工业出版社,2006.

[29] 丁兴华.食品检验工(技师、高级技师)[M].北京:机械工业出版社,2006.

[30] 郭本恒.乳品微生物学[M].北京:中国轻工业出版社,2001.

[31] Gerald M. Sapers,James R. Gomy,Ahmed E. Yousef.果蔬微生物学[M].陈卫,田丰伟,译.北京:中国轻工业出版社,2011.

[32] 食品安全国家标准 食品微生物学检验.4789 系列:2010 版,2012 版,2016 版.

(a) 阴性　　　(b) 阳性

彩图 1　糖发酵培养基阴阳性颜色

(a) 阴性　　　(b) 阳性

彩图 2　靛基质(吲哚)试剂

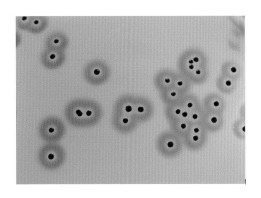

彩图 3　B-P 琼脂培养基,金黄色葡萄球菌

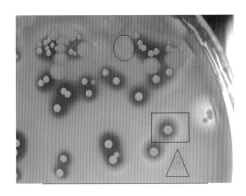

彩图 4　血平板:金黄色葡萄球菌,β 溶血

△—肺炎链球菌 α 溶血;○—木糖葡萄球菌 不溶血

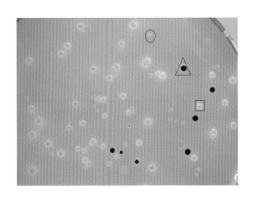

彩图 5　木糖-赖氨酸-去氧胆酸盐琼脂(XLD)

△—沙门氏菌;○—志贺氏菌;□—大肠埃希氏菌

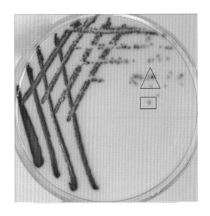

彩图 6　沙门氏菌属显色培养基

□—沙门氏菌;△—大肠埃希氏菌

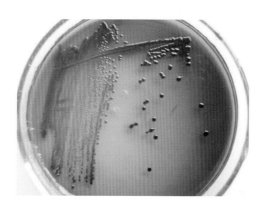

彩图 7　副溶血性弧菌在 TCBS 上的特征

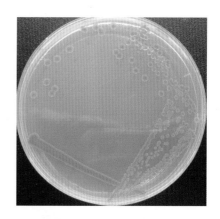

彩图 8　副溶血性弧菌在显色培养基上的特征

彩图 9　乙型溶血性链球菌在血平板上的特征

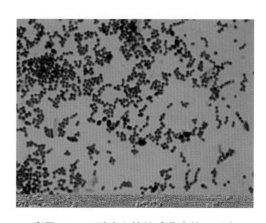

彩图 10　乙型溶血性链球菌在镜下形态

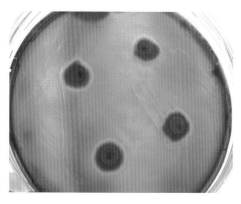

彩图 11　乙型溶血性链球菌杆菌肽敏感试验

彩图 12　志贺氏菌在 XLD 平板上的特征

彩图 13　志贺氏菌在 MAC 平板上的特征

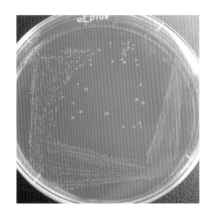

彩图 14　志贺氏菌在显色培养基平板上的特征

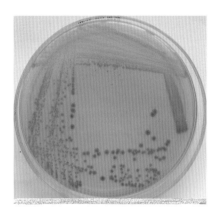

彩图 15　阪崎肠杆菌在显色培养基上的特征

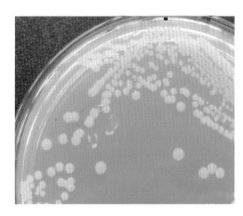

彩图 16　阪崎肠杆菌在 TSA 培养基上纯化的特征

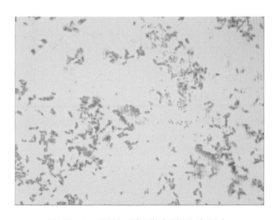

彩图 17　阪崎肠杆菌在镜下的形态

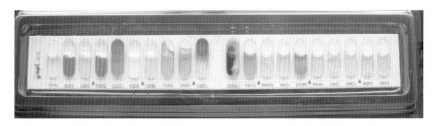

彩图 18　阪崎肠杆菌 API20E 生化试剂条的反应

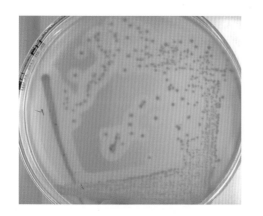

彩图 19　单核细胞增生李斯特菌
在显色培养基上的特征

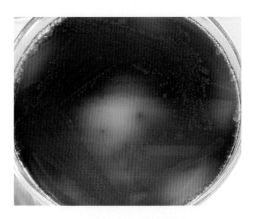

彩图 20　单核细胞增生李斯特菌在
PALCAM 琼脂上的特征

彩图 21　单核细胞增生李斯特菌
在 SIM 上的动力试验

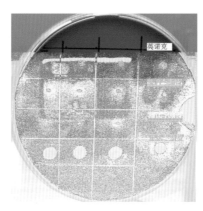

彩图 22　李斯特氏菌溶血试验

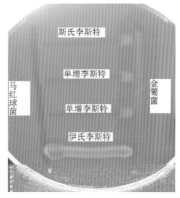

彩图 23　李斯特氏菌 cAMP 试验